Interfacial Interactions
Between Nanoscale Titanium Dioxide
and Representative Pollutants

纳米二氧化钛与典型污染物界面交互作用

王腾 著

化学工业出版社
·北京·

内容简介

《纳米二氧化钛与典型污染物界面交互作用》聚焦纳米材料环境行为这一前沿领域，系统揭示纳米二氧化钛（n-TiO_2）与重金属 Cd^{2+}、有机污染物四环素（TC）在正负电荷界面的交互作用机制。本书以多尺度研究为核心，通过微观机制解析、介观行为表征，首次对比了沸石、椰壳炭等负电荷表面与磁化高岭土正电荷表面的作用差异：在负电荷界面，n-TiO_2 与污染物呈拮抗效应，竞争吸附位点导致去除效率下降；在正电荷界面，n-TiO_2 通过静电引力促进重金属吸附，但有机污染物会削弱其稳定性。本书构建了“界面电荷-吸附构型”的跨尺度研究框架，量化了表面官能团的数量种类、溶液 pH 值等关键因子对多污染物共吸附效应的影响。该研究成果不仅深化了纳米材料环境效应的科学认知，更为工业废水处理、土壤修复等场景提供了“材料设计—工艺优化—风险管控”的全链条技术路径，可作为环境科学、材料科学及其交叉领域研究者的重要参考。

图书在版编目（CIP）数据

纳米二氧化钛与典型污染物界面交互作用 / 王腾著.
北京 ： 化学工业出版社, 2026. 2. -- ISBN 978-7-122
-49567-9

Ⅰ. TB383；X5

中国国家版本馆 CIP 数据核字第 2025AB0999 号

责任编辑：褚红喜　　文字编辑：李　静
责任校对：田睿涵　张茜越　　装帧设计：刘丽华

出版发行：化学工业出版社
（北京市东城区青年湖南街 13 号　邮政编码 100011）
印　　装：北京建宏印刷有限公司
787mm × 1092mm　1/16　印张 $9\frac{3}{4}$　彩插 2　字数 240 千字
2026 年 2 月北京第 1 版第 1 次印刷

购书咨询：010-64518888　　售后服务：010-64518899
网　　址：http://www.cip.com.cn
凡购买本书，如有缺损质量问题，本社销售中心负责调换。

定　　价：98.00 元

前言

在全球环境问题日益复杂的当下，纳米材料尤其是纳米二氧化钛（n-TiO_2）因其独特的物理化学性质，在环境修复领域展现出巨大潜力，但其与典型污染物在环境界面的交互作用机制及环境效应，成为学术界和工业界共同关注的核心科学问题。本书聚焦于n-TiO_2与无机污染物（如Cd^{2+}）、有机污染物［如四环素（TC）］在正负电荷表面的交互作用，系统揭示其界面行为规律，旨在为纳米材料的环境安全应用提供理论支撑与技术路径。

环境介质的复杂性（如多污染物共存、动态环境因子波动）使得传统单一体系研究难以准确预测n-TiO_2的实际环境行为。本书通过构建多维度实验体系，整合微观机制解析、介观行为表征与宏观效应评估，首次系统对比了正负电荷表面的交互作用差异，填补了跨界面机制研究的空白。

本书以n-TiO_2与典型污染物的界面交互为主线，通过以下两部分展开研究。

（1）负电荷表面交互作用：以沸石、椰壳炭为代表，揭示Cd^{2+}、TC与n-TiO_2的拮抗作用机制。如在沸石表面，n-TiO_2与Cd^{2+}竞争—OH吸附位点，导致二者吸附量分别减少；而TC与n-TiO_2通过氢键形成复合体，虽然促进了n-TiO_2的吸附，但降低了其稳定性，脱附率增加。

（2）正电荷表面交互作用：以磁化高岭土为模型，发现n-TiO_2对Cd^{2+}的吸附具有促进作用，而TC对n-TiO_2的稳定吸附态具有抑制作用，揭示了电荷反转条件下的协同-拮抗双重效应。

本书创新点体现在：提出界面电荷调控吸附竞争的普适性模型；发现n-TiO_2与典型污染物的共吸附效应及二者复合体的环境归趋。

本书研究成果为纳米材料的环境安全评估提供了关键数据支撑。例如，在工业废水处理中，可通过调控pH值（如将体系调至n-TiO_2等电点以下）增强对阳离子污染物的吸附；在土壤修复领域，利用磁化高岭土的正电荷特性，可设计“n-TiO_2-重金属”定向吸附体系，降低重金属生物有效性。

本书研究承蒙山西省基础研究计划项目（项目编号：202103021223377）、山西省高等学校科技创新项目（项目编号：2021L525）、山西省高等学校教学改革创新项目（项目编号：J20241379）的资助，感谢课题组全体成员的辛勤付出。特别感谢西北农林科技大学资源环境学院、长治学院生命科学系提供的实验平台支持。

面对全球环境治理的迫切需求，纳米材料的环境行为研究仍需深化。我们坚信，本书的出版将为环境科学、材料科学及其交叉领域的研究者提供新的视角与方法，共同推动纳米技术向绿色、可持续方向发展。

王腾
2025 年 5 月于长治学院

目录

第1章 绪论

在当今全球环境问题不断恶化的大背景下，多污染物界面交互作用及行为已然成为环境领域的核心研究要点。随着工业化进程的高歌猛进以及城市化规模的持续扩张，大量且种类繁杂的污染物源源不断地被排放到环境中。有机污染物，从常见的多环芳烃、持久性有机污染物，到各类农药、酚类化合物等，都在环境中广泛分布。重金属污染物，如汞、铅、镉、铬等，因其高毒性、难降解性以及生物累积性等特性，对生态环境和人体健康构成严重威胁。与此同时，新污染物如纳米材料（图 1-1），特别是纳米二氧化钛，凭借其独特的光催化活性、小尺寸效应和高比表面积等特性，在众多领域得到广泛应用，但其大量生产和使用也导致其不可避免地进入环境体系中。这些不同类型的污染物并非以孤立的状态存在于环境中，而是在大气、水、土壤等环境介质的界面频繁发生复杂的交互作用。这一过程深刻影响着污染物在环境中的迁移路径、转化机制、最终归趋以及生态毒性表现[1]。

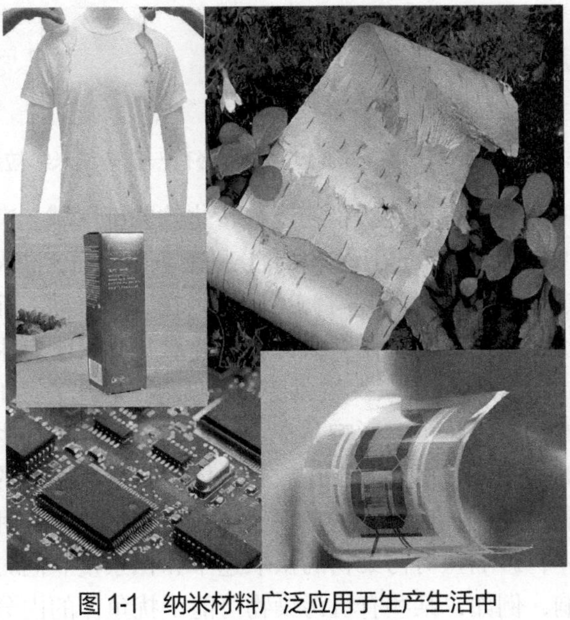

图 1-1　纳米材料广泛应用于生产生活中

一、多污染物与环境界面

环境中的界面作为物质、能量和信息交换的关键区域，广泛存在于气-液、气-固、液-固、生物-非生物等各类体系中。多污染物在这些界面上的交互作用，对环境质量、生态系统功能以及人体健康均有着不可估量的影响。

在大气环境中，气态污染物与颗粒物表面所发生的界面反应，有着多方面的影响。以二氧化硫（SO_2）和氮氧化物（NO_x）为例，它们在大气颗粒物表面的催化作用下，可通过一系列复杂的化学反应生成硫酸盐和硝酸盐气溶胶。这不仅改变了颗粒物的粒径分布、化学组成等理化性质，还极大地影响了颗粒物的光学特性，如增加了颗粒物对太阳光的散射和吸收能力，进而降低大气能见度，引发雾霾天气[2,3]。同时，颗粒物的吸湿性改变后，其在大气中的云凝结核活性也会发生变化，影响云的形成和降水过程，最终对区域乃至全球气候产生深远影响。此外，大气颗粒物表面吸附的多种污染物，如挥发性有机物（VOCs）与氮氧化物在光照条件下，通过复杂的光化学反应，可生成光化学烟雾。光化学烟雾中含有的高浓度臭氧（O_3）、过氧乙酰硝酸酯（PAN）等二次污染物，对人体呼吸系统、眼睛等造成强烈刺激，严重威胁人体健康[4]。

另外，纳米材料在转移、使用或处置过程中势必有一部分纳米颗粒进入水-土环境（图 1-2）。

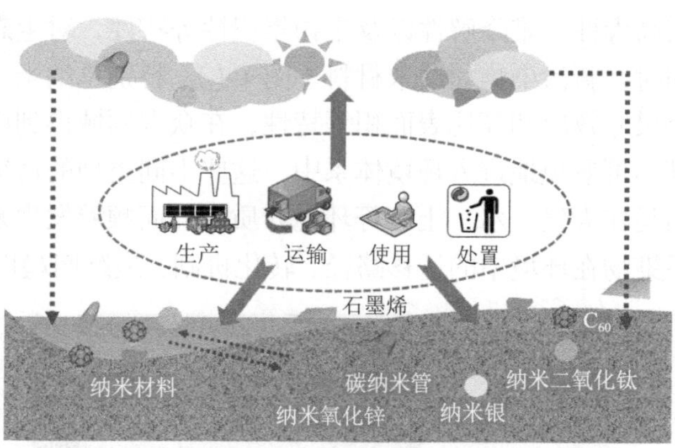

图 1-2　纳米材料在转移、使用或处置过程中势必有一部分纳米颗粒进入水-土环境

在水环境中，水体与底泥界面是污染物迁移转化的关键区域。有机污染物如多氯联苯（PCB）与重金属如汞在底泥表面的交互作用十分复杂。一方面，底泥中的有机质等成分可为 PCB 提供吸附位点，通过疏水作用等将 PCB 吸附在底泥表面；而汞离子在底泥表面可发生还原反应生成零价汞，部分零价汞又可能被重新氧化为离子态汞。在一定条件下，如水体的溶解氧浓度、pH 值等环境因素发生改变时，吸附在底泥表面的 PCB 可能发生解吸，重新进入水体，而汞的形态转化也会影响其在水体中的浓度分布和生物可利用性。一旦环境条件适宜，底泥中的污染物就可能重新释放到水体中，造成水体的二次污染。此外，水生生物如鱼类的体表黏液层与周围水体中的污染物存在界面交互作用[5]。水体中的污染物可通过黏液层进入鱼体，影响鱼对污染物的摄取速率和积累量。同时，污染物在鱼体内的代谢过程也会受到影响，例如，某些有机污染物可能干扰鱼体的内分泌系统，影响鱼的生长、繁殖等，对水生生态系统的结构和功能稳定性构成潜在威胁[6]。

在土壤环境中，土壤颗粒表面作为多种污染物的重要载体，有机污染物、重金属和纳米材料等在土壤颗粒-水-空气界面的交互作用极为复杂。以土壤中的多环芳烃（PAH）与重金属铜为例，PAH 可通过分子间作用力、π-π 堆积等作用吸附在土壤颗粒表面，而铜离子可与土壤颗粒表面的官能团发生配位反应。当纳米二氧化钛进入土壤后，可能改变土壤颗粒表面的电荷性质和微观结构，进而影响 PAH 和铜离子在土壤颗粒表面的吸附与解吸行为。这种交互作用不仅会改变土壤的物理化学性质，如土壤的团聚体稳定性、孔隙结构等，还会对土壤微生物的活性和群落结构产生影响。土壤微生物在土壤生态系统的物质循环和能量流动中起着关键作用，例如土壤中参与氮循环的硝化细菌和反硝化细菌，其活性可能因污染物的交互作用而受到抑制，从而影响土壤中氮素的转化和有效性，进一步对植物生长产生不利影响。再如，纳米材料与土壤中重金属的交互作用可能改变重金属的生物有效性，研究发现某些纳米材料可与重金属形成复合物，增加重金属在土壤溶液中的溶解性，从而提高其对植物和土壤微生物的毒性；而在另一些情况下，纳米材料可能通过吸附作用将重金属固定在土壤颗粒表面，降低其生物有效性，间接影响整个陆地生态系统的健康[1,7]。

二、多污染物界面交互的复杂性

多污染界面交互作用呈现出超乎寻常的复杂性，其根源主要包括污染物种类的多样性、环境界面的复杂性以及交互作用机制的多元性[8]。环境中存在着数以万计不同类型的污染物，它们在物理、化学性质上差异显著。从分子结构来看，有机污染物的分子结构千差万别，如直链烃、支链烃、环烃以及含有各种官能团的化合物等，不同的分子结构决定了其在界面上的吸附、反应等行为不同。在极性方面，有的污染物极性较强，如醇类、羧酸类，在水环境中倾向于与极性水分子相互作用；而有的污染物极性较弱，如烷烃类，更易在非极性或弱极性的界面上被吸附。水溶性和挥发性也极大地影响污染物在环境中的迁移和分布，水溶性高的污染物在水体中的迁移能力较强，而挥发性高的污染物则更容易在大气中扩散。这些差异使得不同污染物在界面上的行为表现各不相同，且相互之间的交互作用方式极为复杂。例如，有机污染物中的芳香族化合物，因其具有共轭 π 电子体系，可通过 π-π 堆积作用与同样具有共轭结构的颗粒物表面或其他有机污染物发生相互作用；而重金属离子如铅离子（Pb^{2+}），其外层电子结构决定了它易与界面上带有负电荷的活性位点，如土壤颗粒表面的羧基、羟基等发生离子交换和配位反应，不同作用机制之间相互影响，大大增加了研究的难度。

环境界面本身具有极为复杂的物理化学性质和微观结构。以土壤颗粒表面为例，其表面电荷性质多样，有永久电荷和可变电荷。永久电荷主要来源于土壤矿物晶格内的同晶置换，而可变电荷则与土壤表面的质子化和去质子化过程相关，这使得土壤颗粒表面在不同 pH 值条件下呈现出不同的带电状态，从而影响污染物的吸附行为。土壤颗粒的比表面积大小决定了其对污染物的吸附容量，比表面积越大，可提供的吸附位点越多。孔隙结构方面，土壤颗粒存在微孔、介孔和大孔，不同孔径的孔隙对污染物的扩散和吸附具有选择性，小分子污染物更容易进入微孔和介孔，而大分子污染物则主要在大孔表面或较大孔隙内发生吸附。此外，土壤颗粒表面的官能团种类和数量也十分丰富，如羧基（—COOH）、羟基（—OH）、氨基（$—NH_2$）等，这些官能团可与污染物发生化学反应或形成化学键合，进一步影响污染物在土壤颗粒表面的吸附、解吸和反应过程。而且，环境界面并非处于静态，而是时刻处于动态变化之中。温度的升高会加快污染物分子的热运动，从而加快污染物在界面上的扩散速率，同时改变吸附平衡和反应速率常数。湿度的变化会影响环境界面的水分含量，对于气-固界面，水分可作为媒介促进气态污染物在固体表面的吸附和反应；对于液-固界面，水分含量的改变会影响污染物在溶液中的溶解度和离子强度，进而影响其在固体表面的吸附行为。光照作为重要的环境因素，对于一些具有光活性的污染物如多环芳烃、纳米二氧化钛等，可引发光化学反应，改变污染物的结构和性质，从而影响其与其他污染物的交互作用。pH 值的变化可改变污染物的存在形态，如重金属离子在不同 pH 值下可能以不同的水解产物形式存在，同时也会改变界面活性位点的质子化状态，进而改变交互作用的方向和强度。氧化还原电位的波动则会影响具有氧化还原活性的污染物的价态变化，如六价铬［Cr(Ⅵ)］在还原条件下可被还原为三价铬［Cr(Ⅲ)］，其毒性和环境行为也随之发生改变。

多污染物之间的交互作用机制丰富多样，涵盖协同作用、拮抗作用和加和作用等。在协同作用下，两种或多种污染物联合作用产生的毒性或环境效应显著大于它们单独作用时的总和[9]。例如，在某些工业废水中，有机磷农药与重金属锌共存时，有机磷农药可改变细胞膜的通透性，使得细胞对锌离子的摄取增加，从而增强锌对生物体的毒性。拮抗作用则相反，即两种或多种污染物联合作用时产生的毒性或环境效应小于它们单独作用时的总和。如土壤中存在的腐殖酸等天然有机质，其含有大量的羧基、酚羟基等官能团，可与重金属镉形成稳定的配合物，降低镉离子在土壤溶液中的浓度，从而减轻镉对植物和土壤微生物的毒性。加和作用是指两种或多种污染物联合作用时产生的毒性或环境效应等于它们单独作用时的总和。然而，在真实的环境体系中，多污染物之间的交互作用往往并非单一的作用模式，而是多种作用机制同时存在且相互交织。例如，在一个含有有机污染物、重金属和纳米材料的土壤体系中，有机污染物可能与纳米材料发生吸附作用，改变纳米材料的表面性质，进而影响纳米材料与重金属之间的交互作用；同时，重金属与有机污染物之间可能存在协同或拮抗作用，这种复杂的交互关系使得准确预测和评估多污染界面交互作用的环境影响变得极为困难。

生物因素在多污染界面的交互作用中扮演着关键角色。生物膜广泛分布于自然环境界面，如河流中的生物膜是由细菌、藻类、真菌等微生物及其分泌的胞外聚合物组成的复杂结构体。生物膜中的微生物通过自身的代谢活动，可改变环境界面的化学性质。例如，硝化细菌可将氨氮氧化为硝酸盐，改变水体或土壤界面的氮素形态和浓度，影响其他污染物（如重金属）在界面上的吸附和沉淀行为。微生物本身也可与污染物发生交互作用，如假单胞菌属的某些细菌能够利用多环芳烃作为碳源和能源进行生长代谢，通过一系列酶促反应将多环芳烃逐步降解为小分子物质。对于重金属，一些微生物可通过生物转化作用降低其毒性，如硫酸盐还原菌可将六价铬还原为三价铬，降低铬的毒性。而且，生物体内存在的生物转化酶系统可对进入体内的污染物进行代谢转化。以细胞色素 P450 酶系为例，它参与多种有机污染物的氧化代谢过程，而不同污染物之间可能会相互影响生物转化酶的活性。如某些有机污染物可诱导细胞色素 P450 酶的表达，使其活性增强，从而加速其他共存污染物的代谢；而另一些污染物可能会抑制该酶的活性，改变污染物在生物体内的代谢途径和毒性效应。这种生物-污染物-环境界面之间错综复杂的交互关系进一步加剧了多污染界面交互作用研究的复杂性。

综上所述，多污染物界面交互作用及行为在环境领域占据着举足轻重的地位，其复杂性给环境科学研究带来了前所未有的挑战。深入探究纳米二氧化钛与典型污染物在环境界面上的交互作用，不仅有助于揭示多污染界面交互作用的内在机制，为环境污染物的精准控制和有效治理提供坚实的科学依据，还能为全面评估纳米材料的环境安全性提供有力的理论支持，对推动环境科学与工程领域的可持续发展具有不可替代的重要现实意义[5]。

第2章

纳米材料概述

纳米材料（nanomaterial，NM）由于具有大比表面积、高表面活性、良好的电催化或光催化性能，近年来被广泛应用于能源、环境修复、食品药品和个人护理品等多个领域。例如，纳米二氧化钛（n-TiO_2）被直接应用于防晒霜、牙膏等产品中或作为添加剂加入食品和饮料中；塑料微珠被添加于磨砂洗面奶中；纳米银（n-Ag）被添加于衣物、化妆品和药物中用来提高抗菌能力；此外 n-TiO_2 或碳纳米管（carbon nanotube，CNT）等也会作为环境修复中的高效吸附剂、催化剂或催化剂载体。据调查，2024 年全球纳米材料市场规模增长至 1562 亿美元，北美地区和欧洲地区仍然保持着全球领先的地位。其中北美地区仍是全球最大的纳米材料市场，市场占比为 33.4%，欧洲地区占比为 28.4%，亚太地区占比为 26.6%。2024 年我国纳米新材料市场规模增长至 1555.2 亿元。随着纳米材料的广泛生产与应用，其在转移、使用或处置过程中势必有一部分纳米材料进入水-土环境中。已有研究证实，环境（水环境、土壤环境及大气环境）中存在纳米材料。进入环境中的纳米材料会与环境中的多种污染物共存，形成纳米材料-污染物共存的新型污染形式。

进入环境中的纳米材料可以与环境中的固体表面发生相互作用。由于尺寸小、表面富含官能团及稳定性较高的特点，进入环境中的纳米材料可以吸附于环境中的固体表面（如植物根系表面、土壤颗粒、动物黏膜等），填充固体表面的孔隙结构或为固体表面提供新的官能团，进而改变环境中固体颗粒表面的物理化学性质，而环境中固体表面的物理化学性质可以直接影响环境中污染物在固体表面的环境化学行为。可见，环境中的纳米材料可以通过改变固体表面的物理化学性质从而影响污染物在环境中的行为特征和迁移转化过程。

环境中的纳米材料还可以通过吸附作用与环境中存在的有机、重金属污染物相结合，进而改变环境中污染物与纳米材料的迁移。环境中的水溶性污染物与纳米材料之间可以通过多种方式结合，如静电引力、离子交换、共价键和孔隙填充作用等[10]。镉离子（cadmium，Cd^{2+}）等阳离子重金属污染物可以通过离子交换作用取代 n-TiO_2 表面—OH 中的 H^+吸附于 n-TiO_2 表面，而环境中的有机污染物或有机质，则可以通过苯环之间的 π-π 键作用与大多数的碳基纳米材料相结合。环境中的水溶性污染物与纳米材料之间的相互作用也会影响纳米材料在环境中的行为，吸附于纳米材料表面的水溶性污染物可以加速纳米材料的团聚与沉降，从而改变纳米材料在环境中的迁移。

在实际环境中，水溶性污染物、纳米材料和固体表面以共存形式存在，三者之间的交互作用对于解释和评估实际环境中纳米材料和污染物的环境命运具有重要意义。现有的大量研究阐述了环境中纳米材料与水溶性污染物之间的相互作用及机制，为解释纳米材料与水溶性污染物之间的相互作用提供了理论基础。但有关纳米材料与污染物共存体系中，纳米材料与污染物在固体表面的共吸附行为的研究还未见报道。少量有关纳米材料与环境中固体表面相互作用的报道则多以某一种纳米材料为例，研究了单一纳米材料与环境中的固体表面的相互作用，忽略了环境中可能共存的水溶性污染物。

第一节　纳米材料的定义与分类

纳米材料（NM）通常具有较大的比表面积、独特的电化学、光学性质。这些特性使得纳米材料被广泛应用于农业、生物化学、电子通信、能源、环境修复、材料科学等领域。纳米材料根据组成成分及理化性质的不同可大致分为以下几种类型。

一、碳基纳米材料

碳基纳米材料是指至少有一维处于纳米量级（1～100nm）且以碳元素为主要构成的材料体系。从原子结构层面来看，碳元素具有独特的电子轨道特性，其可通过 sp、sp^2、sp^3 杂化形成多样的化学键合方式。这种独特的杂化特性使得碳基纳米材料能够呈现出丰富多样的结构，从三维的金刚石晶体，到二维的石墨层片、一维的碳纳米管，再到零维的富勒烯分子等。

从 20 世纪末至 21 世纪初，碳基纳米材料领域取得了众多突破性进展，如 1985 年富勒烯的发现以及 1991 年碳纳米管的首次报道。这些发现极大地推动了碳基纳米材料的研究热潮，使人们逐渐认识到这类材料在诸多领域具有巨大的应用潜力。根据国际纯粹与应用化学联合会（IUPAC）的相关定义，碳基纳米材料因其纳米尺度的特征，展现出与宏观碳材料截然不同的物理化学性质。例如，纳米尺度下的量子限域效应、表面效应等，赋予了碳基纳米材料独特的电学、光学、力学及化学活性等性质。

（一）零维碳基纳米材料

1. 富勒烯

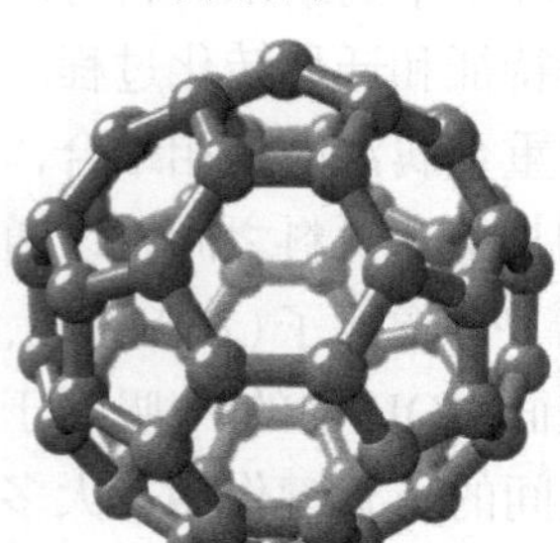

图 2-1　典型富勒烯 C_{60}

富勒烯（fullerene）是一类由碳原子组成的笼状分子，其中最具代表性的是 C_{60}（图 2-1）。C_{60} 分子由 12 个正五边形和 20 个正六边形组成，形似足球，也被称为足球烯，其结构高度对称。这种独特的笼状结构使其具有特殊的电子性质，C_{60} 分子中的 π 电子离域分布，赋予其良好的电子接受能力，在光电器件、催化剂载体以及生物医学等领域展现出潜在应用价值。例如，在太阳能电池中，C_{60} 及其衍生物可作为电子受体材料，提高电池的光电转换效率。此外，由于具有良好的生物相容性，富勒烯在药物递送和生物成像等生物医学领域也备受关注。

2. 碳量子点

碳量子点（carbon quantum dot，CQD）是尺寸小于 10nm 的零维碳纳米材料（图 2-2，书后另见彩图），通常由碳、氢、氧等元素组成。其具有优异的荧光性能，荧光发射波长可通过调节尺寸、表面状态及化学组成等进行调控。碳量子点在生物成像领域表现出显著优势，相较于传统的有机荧光染料和半导体量子点，其具有低毒性、良好的水溶性和生物相容性等特点。例如，在细胞成像实验中，碳量子点能够清晰标记细胞，且对细胞的生理功能影响较小。此外，碳量子点在光催化、传感器等领域也有广泛应用，如作为光催化剂用于降解有机污染物，或作为荧光传感器检测环境中的重金属离子等。

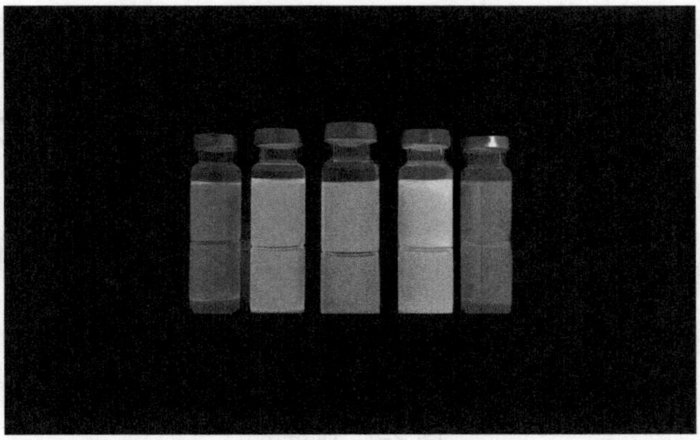

图 2-2　具有显著荧光性能的零维碳纳米材料：碳量子点

（二）一维碳基纳米材料

1. 碳纳米管

碳纳米管是由石墨烯片层卷曲而成的无缝、中空管状结构（图 2-3）。根据管壁层数，碳纳米管可分为单壁碳纳米管（SWCNT）、双壁碳纳米管（DWCNT）和多壁碳纳米管（MWCNT）。单壁碳纳米管由一层石墨烯片层卷曲而成，直径通常在 0.4～2nm 之间，具有极高的长径比和优异的电学性能，可分为金属性和半导体性。多壁碳纳米管则由多层石墨烯片层同轴卷曲而成，管径范围较宽，从几纳米到几十纳米不等。碳纳米管具有优异的力学性能，其强度比钢高数百倍，同时具有良好的热导率和电学性能。在复合材料领域，碳纳米管可作为增强相添加到聚合物、金属或陶瓷基体中，以显著提高材料的力学性能。在电子器件方面，碳纳米管可用于制备场效应晶体管、传感器等。例如，基于碳纳米管的场效应晶体管具有高迁移率和低功耗等优点，有望在未来的集成电路中得到应用。

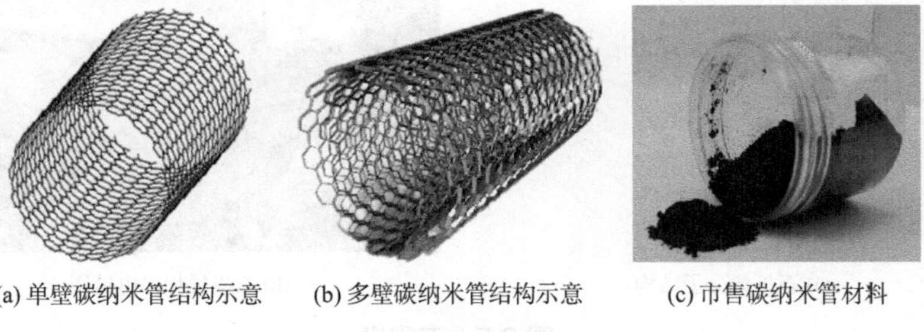

(a) 单壁碳纳米管结构示意　(b) 多壁碳纳米管结构示意　(c) 市售碳纳米管材料

图 2-3　碳纳米管

2. 碳纤维

碳纤维（图 2-4）是一种含碳量高于 90%的无机高分子纤维，其直径一般在 5～10μm。根据原料不同，碳纤维可分为聚丙烯腈（PAN）基碳纤维、沥青基碳纤维和黏胶基碳纤维等。碳纤维具有高强度、高模量、低密度、耐高温、耐化学腐蚀等优异性能。在航空航天领域，碳纤维增强复合材料被广泛应用于制造飞机机身、机翼等结构部件，可有效减轻飞行器重量，提高燃油效率和飞行性能。在体育用品领域，碳纤维常用于制造高尔夫球杆、网球拍等高端运动器材，赋予产品良好的强度和轻量化特性。此外，碳纤维在建筑加固、能源储存等领域也有重要应用，如用于建筑物的抗震加固和锂离子电池电极材料的制备等。

(a) 碳纤维材料　　(b) 使用碳纤维材料的汽车轮毂

图 2-4　碳纤维

（三）二维碳基纳米材料

1. 石墨烯

石墨烯（图 2-5）是由一层碳原子以 sp^2 杂化方式紧密排列成蜂窝状晶格结构的二维碳纳米材料。自 2004 年被首次成功制备以来，石墨烯因其独特的二维结构而展现出诸多优异性能。其具有极高的电子迁移率，在室温下可达 $200000cm^2/(V \cdot s)$以上，同时具有出色的力学性能，弹性模量约为 1TPa，断裂强度高达 130GPa。此外，石墨烯还具有良好的热导率和光学透过率。在电子学领域，石墨烯有望用于制备高性能的集成电路、晶体管、传感器等。例如，基于石墨烯的晶体管能够实现更高的开关速度和更低的功耗。在能源领域，石墨烯可用于超级电容器和锂离子电池电极材料的制备，提高电池的充放电性能和循环寿命。在复合材料领域，石墨烯可作为增强相显著提高复合材料的力学、电学和热学性能。

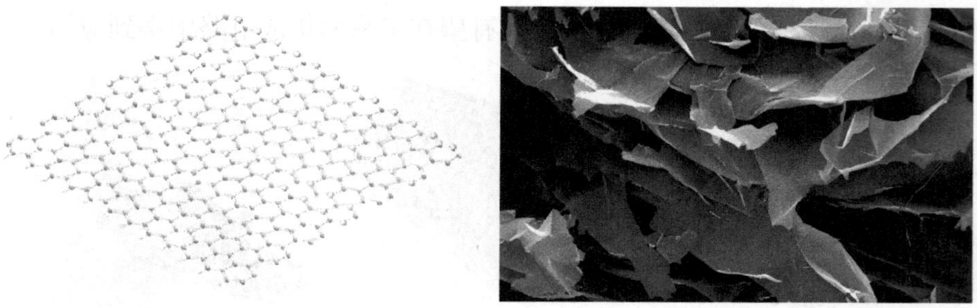

(a) 石墨烯分子结构　　(b) 石墨烯扫描电镜图

图 2-5　石墨烯

2. 石墨炔

石墨炔是一种新型的二维碳纳米材料，由 sp 和 sp^2 杂化的碳原子组成，具有由独特的炔键（—C ≡ C—）连接的二维平面网络结构（图 2-6）。与石墨烯不同，石墨炔的结构中存在孔洞，使其具有较大的比表面积。这种特殊的结构赋予石墨炔独特的电学、光学和催化性能。由于具有丰富的 π 电子共轭体系和合适的带隙，石墨炔在半导体器件、光催化、气体吸附与分离等领域具有潜在应用价值。例如，在光催化分解水制氢反应中，石墨炔表现出较高的光催化活性，有望成为一种新型的光催化材料。此外，石墨炔对某些气体分子具有选择性吸附作用，可用于气体传感器的制备。

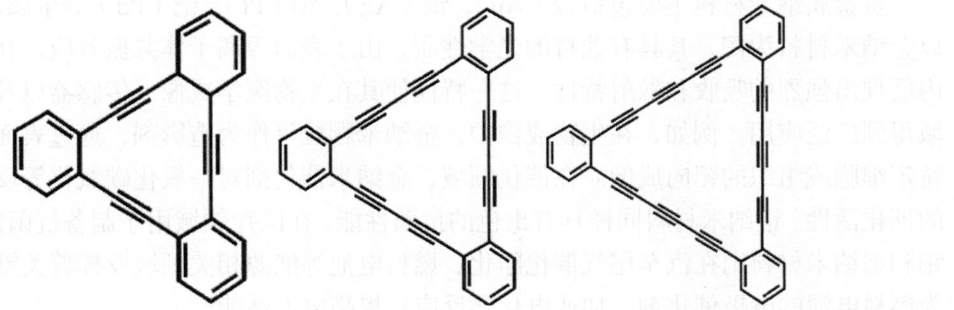

(a) 石墨单炔　　(b) 石墨二炔　　(c) 石墨三炔

图 2-6　石墨炔分子结构示意

（四）三维碳基纳米材料

三维碳基纳米材料通常是由零维、一维或二维碳基纳米材料通过物理或化学方法组装而成的具有三维网络结构的材料体系。例如，通过化学气相沉积（CVD）法在模板上生长碳纳米管，然后去除模板可得到三维多孔碳纳米管网络结构。这种三维结构材料具有大比表面积、良好的导电性和机械稳定性等特点。在能源存储领域，三维碳基纳米材料可作为超级电容器的电极材料，其三维网络结构有利于离子的快速传输和存储，从而提高超级电容器的功率密度和循环寿命。在催化领域，三维碳基纳米材料可作为催化剂载体，为活性组分提供丰富的附着位点，同时其三维结构有助于反应物和产物的扩散，提高催化反应效率。此外，在吸附分离领域，三维碳基纳米材料的高比表面积和多孔结构使其对气体、液体中的杂质具有良好的吸附能力，可用于环境净化和资源回收等方面。

二、金属及金属氧化物纳米材料

（一）金属纳米材料

金属纳米材料是指由金属元素构成，且至少有一维尺寸处于纳米量级（1～100nm）的材料体系。从原子层面剖析，金属原子通过金属键相互结合，在纳米尺度下，金属原子的排列方式及电子状态发生显著变化[11]。以纳米金属颗粒为例，随着粒径减小，表面原子所占比例急剧增加。当粒径从 100nm 降至 5nm 时，颗粒表面能与总能量之比由 0.8%增至 14%，晶界比例从 3%提升至 50%，表面原子比例在 2nm 时更是高达 80%。

这种特殊的结构赋予金属纳米材料独特的物理化学性质。小尺寸效应使得金属纳米颗粒对光的吸收显著增强，同时熔点大幅下降。例如，块状金属熔点可达 1337K，而 2nm 的金属颗粒熔点为 600K。在磁性方面，纳米金属粒子的磁畴结构与大块材料明显不同，可能呈现单磁畴结构。量子效应在纳米金属材料中也十分显著，包括量子尺寸效应和宏观量子隧道效应。量子尺寸效应致使大块金属材料连续的能带在纳米尺度下分裂为分立能级，能级间距随颗粒尺寸减小而增大，进而引发如金属纳米颗粒由导电转变为绝缘等反常特性。宏观量子隧道效应则使得纳米金属粒子具备特殊的电子输运性质。这些效应共同作用，使金属纳米材料在催化、电子、能源存储等众多领域展现出巨大的应用潜力。

1. 贵金属纳米材料

贵金属纳米材料主要包括金（Au）、银（Ag）、铂（Pt）、钯（Pd）等金属的纳米材料。以金纳米材料为例，其具有独特的光学性质，由于表面等离子体共振效应，在可见光范围内展现出强烈的吸收和散射特性。这一特性使其在生物医学成像、传感器以及光催化等领域得到广泛应用。例如，在生物成像中，金纳米颗粒可作为造影剂，通过表面修饰实现对特定细胞或组织的靶向成像。在催化领域，金纳米催化剂对一氧化碳氧化等反应具有较高的催化活性。银纳米材料同样具有出色的抗菌性能，在医疗领域用于制备抗菌敷料等产品。铂和钯纳米材料则在汽车尾气催化净化、燃料电池等能源相关领域发挥着关键作用，如作为燃料电池的电极催化剂，加速电化学反应，提高电池性能。

2. 过渡金属纳米材料

过渡金属纳米材料涵盖铁（Fe）、钴（Co）、镍（Ni）等金属的纳米材料。这类材料往往具有优异的磁性。以铁纳米颗粒为例，其磁导率高、矫顽力低，在磁记录介质、电磁屏蔽材料等方面具有重要应用。例如，在硬盘等磁记录设备中，铁基纳米材料作为记录介质，可实现更高密度的数据存储；钴纳米材料在磁性材料领域也占据重要地位，常用于制备高性能永磁体；镍纳米材料除了具有磁性外，还在催化领域表现出一定的活性，可用于有机合成反应中的加氢、脱氢等反应。此外，过渡金属纳米材料还可通过合金化等手段，进一步调控其性能，以满足不同应用场景的需求。

（二）金属氧化物纳米材料

金属氧化物纳米材料是指至少在一维方向上尺寸处于纳米量级（1～100nm），且由金属元素与氧元素通过化学键结合而成的材料体系。从化学键角度来看，金属与氧之间形成离子键或共价键，其具体性质取决于金属的电负性和价态。在纳米尺度下，金属氧化物的晶体结构、电子结构以及表面性质发生显著改变。例如，随着粒径减小，表面原子配位不足，导致表面活性位点增加，表面能显著提高。量子效应使得金属氧化物纳米材料的能带结构发生变化，影响其电学和光学性能。这种特殊的结构和性质赋予金属氧化物纳米材料在催化、光电器件、传感器等领域广阔的应用前景。

1. 单一金属氧化物纳米材料

单一金属氧化物纳米材料是指仅含有一种金属元素的氧化物纳米材料。常见的有纳米二氧化钛（TiO_2）、纳米氧化锌（ZnO）、纳米氧化铝（Al_2O_3）等（图 2-7）。纳米二氧化钛因其独特的光催化性能而备受关注，在紫外光照射下，能够产生电子-空穴对，引发一系列氧化还原反应，可用于降解有机污染物、杀菌消毒以及光解水制氢等领域。纳米氧化锌具有宽禁带和高激子束缚能，在压电材料、紫外光探测器以及橡胶添加剂等方面具有应用价值。纳米氧化铝则具有高硬度、高熔点和良好的化学稳定性，常用于制备高性能陶瓷、催化剂载体以及磨料等[12]。

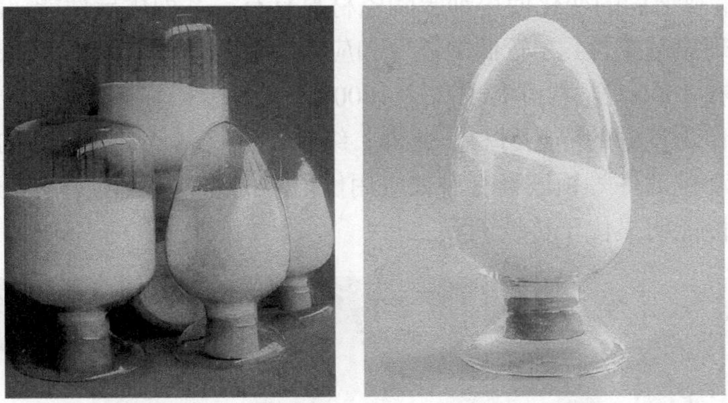

(a) 市售纳米二氧化钛　　(b) 纳米氧化锌

图 2-7　单一金属氧化物纳米材料

2. 复合金属氧化物纳米材料

复合金属氧化物纳米材料是指含有两种或两种以上金属元素的氧化物纳米材料。例如，尖晶石结构的铁酸锌（$ZnFe_2O_4$），其结合了锌和铁元素的特性，具有良好的磁性和催化性能，在磁存储、污水处理等领域展现出潜在应用价值。还有钙钛矿型复合氧化物（ABO_3），其中 A 位和 B 位可分别由不同的金属离子占据，通过调控离子种类和比例，可实现对材料电学、催化等性能的精确调控。这类材料在固体氧化物燃料电池、传感器等领域具有重要应用前景。在燃料电池中，钙钛矿型复合氧化物可作为电极材料，提高电池的能量转换效率。在传感器领域，可利用其对特定气体的吸附和催化作用，实现对气体的高灵敏度检测。

三、非金属纳米材料

非金属纳米材料指的是至少有一维尺寸处于纳米量级（1～100nm），且主要由非金属元素构成的材料体系。从原子结构角度而言，非金属元素通过共价键、氢键等化学键合方式形成特定结构。在纳米尺度下，其电子云分布、原子间相互作用等发生显著变化。以纳米二氧化硅（SiO_2）为例，随着粒径减小，表面硅原子与氧原子的配位不饱和程度增加，表面能大幅上升。当粒径从 100nm 减小到 5nm 时，表面能可从约 $100mJ/m^2$ 增至 $1000mJ/m^2$ 以上。这种表面原子配位的变化导致纳米二氧化硅表面存在大量的活性位点，使其化学活性显著增强。量子限域效应在非金属纳米材料中也较为突出。由于尺寸的减小，电子的运动空间受限，能级发生分裂，形成离散的能级结构。这一效应使得非金属纳米材料在光学、电学等方面表现出与宏观材料截然不同的特性。例如，纳米硫化镉（CdS）量子点由于量子限域效应，其吸收光谱和荧光发射光谱呈现出明显的蓝移现象。这些独特的物理化学性质使得非金属纳米材料在众多领域展现出巨大的应用潜力[13]。

（一）纳米陶瓷材料

纳米陶瓷材料是由陶瓷相的晶粒尺寸处于纳米量级的材料构成（图 2-8）。传统陶瓷材料由于存在较大的晶粒和晶界缺陷，往往呈现出脆性。而纳米陶瓷材料的晶粒尺寸极小，晶界比例大幅增加。例如，纳米氧化铝陶瓷的晶粒尺寸可小于100nm，晶界原子比例可达50%以上。这种微观结构的变化使得纳米陶瓷材料具有一系列优异性能。在力学性能方面，纳米陶瓷材料表现出超塑性，在较低的温度和应力下即可发生较大的塑性变形。研究表明，纳米氧化锆陶瓷在1000℃左右可实现高达1000%的延伸率。在热学性能方面，纳米陶瓷的热导率较低，可作为良好的隔热材料。此外，纳米陶瓷材料还具有较高的硬度和耐磨性，在切削刀具、发动机部件等领域具有潜在应用价值。例如，纳米碳化硅陶瓷刀具在加工硬脆材料时，切削性能明显优于传统刀具。

(a) 纳米陶瓷多孔材料　(b) 纳米陶瓷球扫描电镜图　(c) 纳米陶瓷隔热材料

图 2-8　纳米陶瓷多孔材料

（二）纳米半导体材料

纳米半导体材料是指半导体晶粒尺寸处于纳米量级的材料。常见的有纳米硫化锌（ZnS）、纳米硒化镉（CdSe）等。由于量子限域效应，纳米半导体材料的能带结构发生变化，其禁带宽度增大。以纳米硫化镉为例，随着粒径从5nm减小到2nm，其禁带宽度从2.42eV增加到2.8eV左右。这种能带结构的改变使得纳米半导体材料在光学和电学性能方面具有独特优势。在光学领域，纳米半导体量子点具有荧光发射波长可调控的特性，可通过改变粒径大小和组成成分实现从蓝光到红光的连续发射。在光电器件方面，纳米半导体材料可用于制备高效的太阳能电池、发光二极管等。例如，基于纳米硒化镉量子点的太阳能电池，其光电转换效率得到显著提高。此外，纳米半导体材料在传感器领域也有广泛应用，可用于检测气体、生物分子等[14]。

（三）纳米玻璃材料

纳米玻璃材料是指在玻璃基体中引入纳米级的颗粒、晶相或气孔等结构的材料。通过控制纳米结构的种类、尺寸和分布，可显著改善玻璃的性能。例如，在玻璃中引入纳米二氧化钛（TiO_2）颗粒，可赋予玻璃光催化性能。在紫外光照射下，纳米 TiO_2 颗粒能够产生电子-空穴对，引发一系列氧化还原反应，可用于降解有机污染物，实现玻璃的自清洁功能。此外，纳米玻璃材料还具有良好的光学性能，如低散射、高透光率等。在建筑领域，纳米自洁净玻璃可有效减少玻璃表面的污垢附着，保持玻璃的清洁和透光性。在光学仪器领域，纳米玻璃可用于制造高精度的光学镜片，提高成像质量。

（四）纳米碳材料（部分非金属特性）

虽然前文已对碳基纳米材料有详细阐述，但从非金属特性角度出发，部分碳材料可进一步说明。如碳纳米管，其由碳原子以 sp^2 杂化方式卷曲而成。单壁碳纳米管的管径通常在 0.4～2nm 之间，具有优异的电学性能，可分为金属性和半导体性。多壁碳纳米管则由多层石墨烯片层同轴卷曲而成，管径范围较宽。碳纳米管具有极高的长径比和优异的力学性能，其强度比钢高数百倍。在复合材料领域，碳纳米管可作为增强相添加到聚合物、金属或陶瓷基体中，显著提高材料的力学性能。在电子器件方面，碳纳米管可用于制备场效应晶体管、传感器等。此外，石墨烯作为二维碳纳米材料，具有极高的电子迁移率、出色的力学性能和良好的热导率，在电子学、能源存储、复合材料等领域展现出巨大的应用潜力。

（五）纳米黏土材料

纳米黏土材料主要是指层状硅酸盐黏土矿物经插层、剥离等处理后形成的具有纳米尺度结构的材料。常见的有蒙脱土、高岭土、沸石等。纳米黏土具有较大的比表面积和阳离子交换量。通过有机改性，可将有机阳离子插入黏土片层间，扩大片层间距，使其与聚合物等基体材料具有更好的相容性（图 2-9，书后另见彩图）。在聚合物基纳米复合材料中，纳米黏土片层可均匀分散在聚合物基体中，形成纳米尺度的增强相。例如，在聚丙烯/蒙脱土纳米复合材料中，蒙脱土片层的存在可显著提高聚丙烯的拉伸强度、弯曲模量等力学性能，同时改善其热稳定性和阻隔性能。在涂料领域，纳米黏土可作为流变助剂，改善涂料的施工性能和储存稳定性。

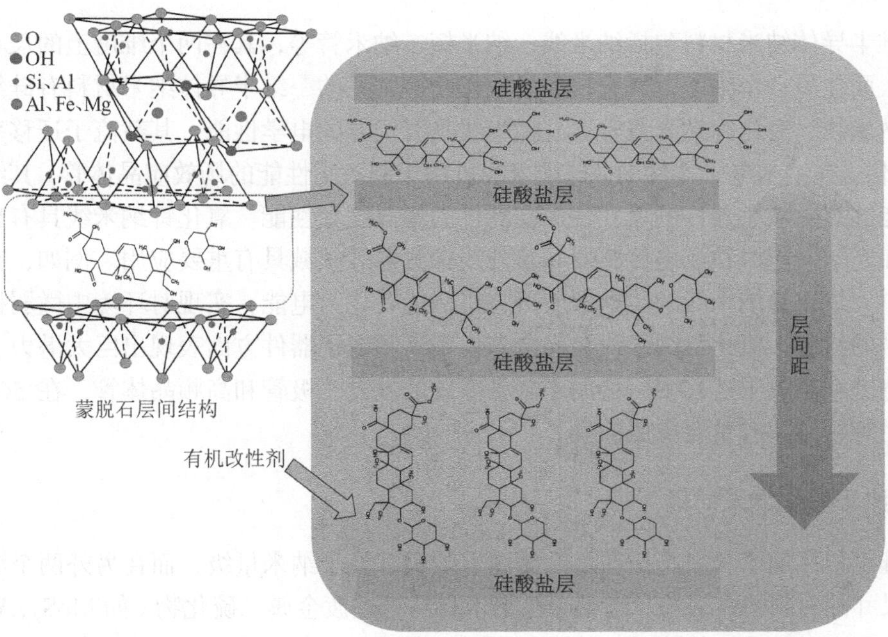

图 2-9　纳米黏土矿物的有机改性机制（层间插层）示意（有机改性在层间的不同排列方式改变了蒙脱石层间距）

四、半导体纳米材料

半导体纳米材料是指晶粒尺寸或至少有一维特征尺寸处于纳米量级（1～100nm）的半导体材料体系。从原子层面看，半导体材料的原子通过共价键或离子键结合形成晶体结构。在纳米尺度下，半导体的晶体结构、电子态密度及载流子行为发生显著变化。随着半导体纳米颗粒尺寸的减小，表面原子所占比例急剧增加。当粒径从 100nm 降至 5nm 时，表面原子比例从约 3%增至 50%以上。这种表面原子配位不饱和程度的增大，导致表面能显著上升，同时产生大量的表面悬键。这些表面悬键成为电子陷阱或反应活性位点，极大地影响了半导体纳米材料的电学、光学及化学性质[15]。

（一）零维半导体纳米材料

零维半导体纳米材料主要指量子点，其在三维空间尺度上均处于纳米量级。量子点通常由Ⅱ～Ⅵ族（如 CdS、CdSe、ZnS 等）、Ⅲ～Ⅴ族（如 InP、InAs 等）或Ⅳ族（如 Si、Ge 等）半导体化合物构成。如 CdSe 量子点具有优异的荧光性能，荧光量子产率可高达 80%以上。通过控制量子点的尺寸和组成，可以精确调控其荧光发射波长，覆盖从紫外到近红外的宽光谱范围。在生物医学成像领域，量子点作为荧光探针具有灵敏度高、稳定性好、可实现多色成像等优势。例如，在肿瘤细胞成像中，不同发射波长的量子点可以同时标记不同的细胞表面标志物，实现对肿瘤细胞的精准定位和成像。在光电器件方面，量子点可用于制备量子点发光二极管（QLED）。相较于传统的有机发光二极管（OLED），QLED 具有更高的发光效率、更窄的发射光谱和更好的色纯度，有望在下一代显示技术中占据重要地位。

（二）一维半导体纳米材料

一维半导体纳米材料包括纳米线、纳米棒、纳米管等，其在两个维度上的尺寸处于纳米量级，而在另一个维度上具有较大的长径比。常见的一维半导体纳米材料有硅纳米线、氧化锌纳米线、氮化镓纳米线等。硅纳米线具有优异的电学性能，其载流子迁移率比体硅高 2～3 倍。在纳米电子器件中，硅纳米线可用于制备高性能的场效应晶体管。其纳米尺度的尺寸能够有效减小器件的尺寸，提高器件的集成度和性能。氧化锌纳米线具有良好的压电性能和光学性能，在压电传感器和紫外线探测器等领域具有重要应用。例如，在自供电传感器中，氧化锌纳米线的压电效应可将机械能转化为电能，实现对环境中微弱振动、压力等信号的检测。氮化镓纳米线在光电器件和高频电子器件方面表现出巨大潜力。其具有宽禁带宽度和高电子迁移率，可用于制备高效的发光二极管和高频晶体管，在 5G 通信、固态照明等领域具有重要应用前景。

（三）二维半导体纳米材料

二维半导体纳米材料是指在一个维度上的尺寸处于纳米量级，而在另外两个维度上具有较大尺寸的材料。典型的二维半导体纳米材料有过渡金属二硫化物（如 MoS_2、WS_2 等）、黑磷等。MoS_2 由三层原子组成，中间一层为钼原子，两侧各有一层硫原子，通过分子间作用力相互堆叠。MoS_2 具有直接带隙，其带隙宽度约为 1.8eV，在可见光范围内具有良好的光吸收和光发射性能。在光电器件方面，MoS_2 可用于制备场效应晶体管、光电探测器等。基于 MoS_2 的场效应晶体管具有较高的开关比和迁移率，可实现低功耗、高性能的电子器件。黑磷是一种新型的二维半导体材料，具有独特的各向异性电学和光学性质。其带隙宽度可在 0.3～2.0eV 之间调节，通过机械剥离或化学气相沉积等方法制备的黑磷纳米片在晶体管、传感器、光电器件等领域展现出潜在应用价值。例如，在传感器领域，黑磷纳米片对某些气体分子具有选择性吸附和电学响应，可用于高灵敏度气体传感器的制备。

（四）复合半导体纳米材料

复合半导体纳米材料是由两种或两种以上不同的半导体材料通过特定的制备方法组合而成的纳米材料体系。常见的有核-壳结构量子点（如 CdSe/ZnS）、异质结纳米结构（如 GaN/AlGaN）等。以 CdSe/ZnS 核-壳结构量子点为例，内部的 CdSe 作为核心提供发光中心，外部的 ZnS 壳层起到钝化表面缺陷、提高荧光量子产率和稳定性的作用。这种核-壳结构量子点在生物成像、太阳能电池等领域具有广泛应用。在太阳能电池中，核-壳结构量子点可作为敏化剂，提高电池的光电转换效率。GaN/AlGaN 异质结纳米结构则在高电子迁移率晶体管（HEMT）等高频电子器件中发挥关键作用。由于 AlGaN 和 GaN 之间的能带差异，在异质结界面处形成二维电子气，具有高迁移率和高电子浓度，使得 HEMT 器件能够实现高频、高功率的信号处理，在 5G 通信基站、雷达等领域具有重要应用。

第二节　纳米材料的环境行为

一、纳米颗粒的特性及运用

纳米材料是粒径小于 100nm 的固体颗粒，由于粒径较小，纳米材料通常具有比表面积大、表面官能团丰富及吸附性能强的特点。这些特性使得纳米材料的应用范围十分广泛，覆盖日常生活、医药、环境工程及农业生产等领域。

（一）纳米材料在环境领域的应用

纳米材料因其独特的物理化学性质，在环境领域展现出广泛且极具潜力的应用前景，为解决各类环境问题提供了新的策略与方法。

1. 水处理方面的应用

在水处理过程中，纳米材料可用于去除水中的各类污染物，包括重金属离子、有机污染物以及微生物等。以纳米零价铁（nZVI）为例，其具有高比表面积和强还原性，能够有效还原降解水中的重金属离子，如 Cr(Ⅵ)、Pb(Ⅱ)等。研究表明，nZVI 对 Cr(Ⅵ)的去除率在适宜条件下可达 90%以上。其反应机制主要是通过纳米零价铁表面的电子转移，将高价态的重金属离子还原为低价态，从而降低其毒性并实现沉淀去除。在去除有机污染物方面，纳米二氧化钛（n-TiO_2）光催化技术备受关注。在紫外光或可见光照射下，n-TiO_2 可产生电子-空穴对，引发一系列氧化还原反应，将水中的有机污染物（如酚类、染料等）降解为二氧化碳和水。例如，在处理含酚废水时，n-TiO_2 光催化体系能在数小时内将酚类物质的浓度降低至排放标准以下。此外，纳米材料还可用于制备高性能的分离膜。如纳米纤维素复合膜，其具有良好的亲水性和纳米级的孔径，对水中的细菌、病毒等微生物以及小分子有机污染物具有高效的截留能力。在实际应用中，这种纳米复合膜可显著提高水的过滤效率并改善水质。

2. 大气污染治理中的应用

纳米材料在大气污染治理领域同样发挥着重要作用。在废气处理方面，纳米催化剂可用于催化氧化挥发性有机物（VOCs）。例如，负载型纳米钯催化剂对甲苯等 VOCs 具有较高的催化活性，能够在较低温度下将其完全氧化为二氧化碳和水。研究表明，相较于传统催化剂，纳米钯催化剂的起燃温度可降低 50～100℃，大大提高了废气处理效率。在脱硫脱硝领域，纳米材料也展现出良好的应用前景。如纳米氧化铁可作为脱硫剂，通过化学吸附作用去除烟气中的二氧化硫。其具有吸附容量大、反应速率快等优点，能够有效降低烟气中的硫含量。此外，纳米材料还可用于制备高效的空气净化材料。纳米二氧化钛负载的活性炭纤维可对空气中的有害气体（如甲醛、苯等）进行吸附和光催化降解。在室内空气净化中，这种复合材料能够持续净化空气，改善室内空气质量。

3. 土壤修复中的应用

纳米材料在土壤修复方面具有巨大潜力。对于受重金属污染的土壤，纳米材料可通过吸附、沉淀、氧化还原等作用降低重金属的生物有效性和迁移性。纳米羟基磷灰石能够与土壤中的重金属离子如 Cd(Ⅱ)、Pb(Ⅱ)等发生化学反应，形成稳定的沉淀，从而减少重金属对土壤生态系统的危害。研究发现，添加纳米羟基磷灰石后，土壤中可交换态重金属含量显著降低，有效降低了重金属的环境风险。在有机污染土壤修复方面，纳米材料可作为催化剂促进有机污染物的降解。如纳米铁基催化剂可用于催化降解土壤中的多环芳烃等有机污染物。通过表面催化作用，加速有机污染物的分解转化，使其无害化。此外，纳米材料还可改善土壤结构，提高土壤的保水保肥能力。纳米黏土矿物能够与土壤颗粒相互作用，形成稳定的团聚体结构，改善土壤的通气性和透水性。在农业生产中，这种作用有助于提高土壤质量，促进农作物生长。

4. 环境监测领域的应用

纳米材料为环境监测提供了高灵敏度、高选择性的检测手段。纳米传感器在检测环境污染物方面具有独特优势。例如，基于碳纳米管的传感器可用于检测空气中的 NO_2、NH_3 等有害气体。碳纳米管具有优异的电学性能，当气体分子吸附在其表面时，会引起电学性能的变化，从而实现对气体的快速检测。研究表明，这种传感器对 NO_2 的检测限可低至 ppb（10^{-9}）级别。在水体污染物检测中，量子点荧光传感器可用于检测重金属离子和有机污染物。以检测汞离子为例，量子点与汞离子发生特异性相互作用后，荧光强度发生变化，通过检测荧光强度的改变可实现对汞离子的定量分析。这种检测方法具有灵敏度高、响应速度快等优点。此外，纳米材料还可用于环境监测设备的制造，提高监测设备的性能。如纳米材料修饰的传感器电极，能够增强电极的导电性和选择性，提高检测的准确性和稳定性。

5. 农业领域的应用

纳米材料凭借其独特的小尺寸效应、大比表面积、量子尺寸效应等特性，在农业领域展现出广阔的应用前景，为解决农业生产中的诸多问题提供了新的途径和方法，对推动农业的可持续发展具有重要意义。

（1）纳米农药

纳米农药是利用纳米材料与制备技术，将原药、载体与助剂进行有效、高效配比创制的农药制剂产品。传统农药粒子尺寸较大，通常在微米级，导致其在叶面的附着性较差，容易脱落，从而降低了农药的有效利用率。而纳米农药通过将农药粒子尺寸从传统的 5μm 降低至 100nm，利用小尺寸效应有效减少了叶面农药的脱落，显著提高了农药的功效。例如，研究人员充分利用纳米技术对多种农药进行改良，在实际应用中发现，纳米农药在病虫害防治效果相同的前提下，相较于传统农药可降低投放量30%以上。

此外，纳米材料负载农药粒子并结合微囊化技术，能够根据作物防治的时效性等需求，实现药物的控制释放，延长持效期。这不仅减少了农药的施用次数，还避免了因农药滥用引发的食品安全问题。在剂型方面，农药微乳剂是较早应用纳米技术的农药剂型之一。1943年，首次报道水与大量表面活性剂和助表面活性剂混合能自发分散在油中形成微乳液，其分散相质点为球形，半径通常在10～100nm范围内，是热力学稳定体系。例如，将药物有效成分作为分散相加工成微乳剂，即农药微乳剂。自20世纪70年代起，美国、德国、日本、印度等国家就开始了农药微乳剂的研究。我国在20世纪90年代真正进入农用微乳剂的研究和开发阶段，陆续研制出多种菊酯类杀虫剂及复合微乳剂等。农药悬浮剂也是重要的纳米农药剂型。它是在助剂作用下，将不溶于水或难溶于水的原药分散到水中形成均匀稳定的分散体系，粒径范围为1～5nm，属于热力学不稳定多相分散体系。悬浮剂自20世纪60年代问世以来，因安全、高效、环境相容性好等优点，在发达国家已成为基本且重要的农药剂型。我国自20世纪70年代开始研制悬浮剂，截至2003年已登记了多种主要悬浮剂品种。

以n-TiO_2为主体的纳米农药具有独特的性能。n-TiO_2半导体颗粒表面在光激发状态下生成的超氧阴离子和羟基自由基等活性氧类物质，具有很强的光氧化活性，能够将各种有机物逐步分解成二氧化碳和水，还能杀灭细菌、病毒、真菌等各种微生物。这种纳米农药具有广谱抗菌抑菌功能，对人畜与环境高度安全，且能改善光合机能、促进植物生长发育，是一种新型环境友好型纳米农药。载药纳米微粒剂型包括将农药包裹于纳米胶囊中以及将农药吸附在纳米级的载体上。将n-TiO_2作为农药载体开发的农药制剂，一方面可提高农药的生物活性，另一方面还能原位降解残留农药。纳米生物农药则是将生物农药纳米化，改善了制剂有效成分的粒径细度及稳定性等，提高了其速效性和防治效果。虽然国内关于纳米生物农药的研究刚刚起步，但它集纳米技术和生物农药的优点于一身，是未来环境友好型农药的主要发展方向。

（2）纳米肥料

纳米肥料能够提高肥料的利用率，减少肥料的浪费和对环境的污染。一些纳米级的金属氧化物或单质金属粉体，如纳米铁、纳米锌等，可作为肥料添加剂。以纳米铁为例，甘肃省科学院纳米应用技术研究室首席专家闫鹏勋提出“纳米高效农业”的理念，将高质量单质金属纳米铁粉体用于农业。研究发现，1亩（1亩 = 666.67m^2）地的粮食只需使用1g金属纳米粉体，便可实现几百斤的增产。纳米铁能促进农作物根系发达、壮苗，促进叶面生长阔厚，提高叶绿素含量，还可增强农作物的抗病、抗旱、抗寒等能力。此外，纳米铁还能使所种粮食作物中的铁含量大幅提升，可有效改善缺铁性贫血问题。甘肃谷硕纳米农业科技有限责任公司已推出铁、铜、锌、硅4种纳米微肥产品，并在国内29个省份示范推广，覆盖粮油、果蔬、牧草、中草药、园林花卉等80余种作物，累计推广面积32万亩，平均增产24%～42%。该技术显著提升了农作物的光合作用效率和水肥利用率，在减少化肥农药使用的情况下依然能够稳产高产，实现了经济效益与生态效益的双赢。

（3）土壤改良中的应用

纳米材料在土壤改良方面具有重要作用。纳米黏土矿物能够与土壤颗粒相互作用，形成稳定的团聚体结构，改善土壤的通气性和透水性。在农业生产中，这种作用有助于提高土壤质量，促进农作物生长。此外，一些纳米材料还能调节土壤的酸碱度，改善土壤微生物环境，为农作物生长创造良好的土壤条件。

（4）农业废弃物处理与利用中的应用

在农业废弃物处理与利用方面，纳米材料也发挥着积极作用。武汉科技大学的“志同‘稻’合”学生团队采用低温镁热技术，从稻秆、稻壳中提取制作出纳米碳化硅，颗粒尺寸可细达 30nm，纯度达 99.99%。我国每年产生数亿吨类似水稻的农业副产物，传统焚烧处理严重污染环境，而常作饲料和生物能源又收益小、附加值低。该团队通过将稻秆、稻壳中的天然纳米氧化硅与碳反应，转化为颗粒均匀的纳米碳化硅产品。这一成果实现了农业副产物的高附加值利用，提高了农民收入，探索出了一种科技助力乡村振兴的新方式。纳米碳化硅可用于芯片制造、高端陶瓷等领域，市场前景广阔。通过对农业废弃物进行纳米技术处理，不仅解决了废弃物污染问题，还创造了新的经济价值，为农业的可持续发展提供了有力支持。

6. 日常用品领域的应用

纳米材料以其独特的小尺寸效应、大比表面积、量子尺寸效应及表面效应等，在日常生活的诸多方面展现出卓越的应用价值，显著提升了生活品质，为人们带来了全新的体验与便利。

（1）纳米材料在服饰领域的应用

在纺织与化纤制品中，纳米材料的加入为衣物性能带来了革命性提升。将纳米微粒添加到纤维中，可赋予衣物除味杀菌功能。例如，纳米银粒子因其出色的抗菌性能，能有效抑制大肠埃希菌、金黄色葡萄球菌等常见细菌的滋生。研究表明，添加纳米银微粒的纺织品对上述细菌的抑制率可达 99%以上。同时，化纤布常因摩擦产生静电，给穿着者带来诸多不便。而引入少量金属纳米微粒，如纳米铜、纳米锌等，可有效消除静电现象。这是因为金属纳米微粒具有良好的导电性，能够将摩擦产生的静电及时传导出去。通过在化纤织物中添加 0.5%～1%的金属纳米微粒，即可显著降低织物表面的静电电压。此外，纳米技术还能用于开发功能性服装，如具有防水、防污、防紫外线等特性的户外服装（图 2-10）。例如，在织物表面涂覆纳米二氧化钛（n-TiO_2）和纳米氧化锌（n-ZnO）涂层，可有效阻挡紫外线的侵袭，其紫外线防护系数（UPF）可高达 50+。这种功能性服装为人们在户外活动提供了更全面的保护。

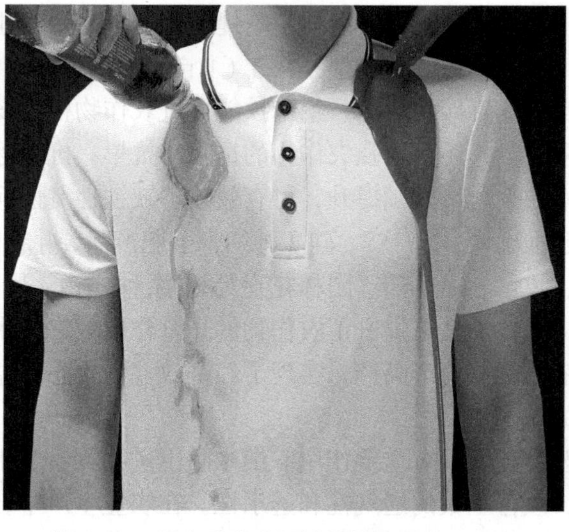

图 2-10 具有防水防污性能的纳米涂层服饰

（2）纳米材料在食品与餐饮领域的应用

纳米材料在食品与餐饮领域的应用日益广泛，为食品保鲜、食品安全及食品加工等方面带来了创新变革。在食品保鲜方面，纳米复合材料制成的食品包装袋具有出色的保鲜性能。例如，含有纳米银粒子的食品包装材料，不仅能有效抑制细菌、霉菌等微生物的生长，延长食品的保质期，还能保持食品的色泽、口感和营养成分。研究显示，使用纳米银复合包装材料的食品，其保质期可比普通包装延长2～3倍。在食品安全检测领域，纳米传感器发挥着重要作用。如基于纳米金颗粒的比色传感器，可快速、灵敏地检测食品中的重金属离子、农药残留及微生物等有害物质。对于汞离子的检测，该类传感器的检测限可低至10^{-9}mol/L。此外，纳米材料还可用于食品加工过程。如将淀粉等原料制成纳米纤维，最新研究制造出的纳米意大利面，其直径约为人类发丝的 1/200。纳米纤维可用于改善食品的质地、口感及营养成分的释放。在某些烘焙食品中添加适量的纳米纤维，可使产品口感更加松软，同时提高其膳食纤维含量。

（3）纳米材料在居住环境中的应用

纳米技术在居住环境的改善方面贡献突出，涵盖建筑材料、室内空气净化及家居用品等多个方面。在建筑材料领域，纳米技术的运用大幅提升了材料的性能。以墙面涂料为例，添加纳米粒子后，墙面涂料的耐洗刷性可提高10倍以上。纳米二氧化硅（n-SiO_2）和纳米碳酸钙（$CaCO_3$）等粒子可增强涂料的耐磨性和附着力。在玻璃和瓷砖表面涂上纳米薄层，如n-TiO_2涂层，可制成自洁玻璃和自洁瓷砖。含有纳米微粒的建筑材料，如纳米纤维素增强的复合材料，还能吸收对人体有害的紫外线。在室内空气净化方面，纳米材料同样发挥着重要作用。n-TiO_2负载的活性炭纤维可有效吸附和降解室内空气中的有害气体，如甲醛、苯等。研究表明，在 $10m^3$ 的空间内放置适量的 n-TiO_2-活性炭纤维复合材料，可在 24h 内将甲醛浓度降低80%以上。在家居用品方面，纳米材料也带来了诸多创新。纳米陶瓷颗粒改善了玻璃和陶瓷表面的光滑度，使表面更易清洗。例如，纳米陶瓷涂层的餐具，其表面的污垢附着力显著降低，只需简单冲洗即可清洁干净。

（4）纳米材料在交通出行领域的应用

纳米材料为交通出行领域带来了显著的性能提升与创新发展。在交通工具制造方面，纳米材料可提高和改进交通工具的性能指标。纳米陶瓷因其高强度、高硬度和良好的耐磨性，有望成为汽车、轮船、飞机等发动机部件的理想材料。使用纳米陶瓷制造的发动机部件，能大大提高发动机的效率、工作寿命和可靠性。研究表明，采用纳米陶瓷涂层的发动机活塞，其磨损率可降低30%～50%。此外，纳米材料还可用于制造轻量化的交通工具部件。如纳米碳纤维增强复合材料，具有高强度、低密度的特点，可用于制造汽车车身、飞机机翼等部件，有效减轻交通工具的重量，降低能耗。在交通辅助系统方面，纳米卫星等纳米技术产品可随时向驾驶人员提供交通信息，帮助其安全驾驶。纳米卫星具有体积小、成本低、功能强等优点，能够实现更精准的定位和实时的交通数据采集。通过与车载导航系统的连接，为驾驶员提供路况信息、最佳行驶路线规划等服务，提高出行效率和安全性。

二、纳米材料的环境效应

随着纳米材料在众多领域的广泛应用，其不可避免地会进入自然环境，进而对生态系统和人体健康产生一系列潜在影响。由于纳米材料独特的物理化学性质，如小尺寸效应、大比表面积、量子尺寸效应等，其环境行为与传统污染物存在显著差异，使得对其环境效应的研究成为当前环境科学领域的重要课题。

（一）纳米材料在环境介质中的迁移转化

在水环境中，纳米材料的迁移受多种因素影响。例如，纳米颗粒的表面电荷、粒径大小以及水体的 pH 值、离子强度等均会对其迁移能力产生影响。研究表明，带正电荷的纳米颗粒在中性或碱性水体中，由于与水中带负电荷的胶体物质相互作用，更容易发生团聚，从而降低其在水体中的迁移性。而在酸性条件下，部分纳米颗粒表面电荷发生改变，可能增强其分散性，促进迁移。此外，纳米材料在水体中还可能发生转化。以纳米二氧化钛（n-TiO_2）为例，在光照条件下，其表面会产生光生电子-空穴对，引发一系列氧化还原反应，导致自身的表面性质发生变化，甚至可能与水体中的其他物质发生化学反应，生成新的化合物。

在土壤环境中，纳米材料的迁移转化同样复杂。土壤颗粒的性质，如黏土矿物含量、有机质含量等，对纳米材料的吸附与解吸过程起着关键作用。纳米材料易被土壤颗粒表面吸附，尤其是富含黏土矿物和有机质的土壤，其对纳米材料的吸附能力更强。这是因为黏土矿物的层状结构和有机质的官能团能够与纳米材料发生物理或化学吸附。然而，在某些情况下，如土壤溶液中离子强度发生变化或存在竞争吸附物质时，已吸附的纳米材料可能发生解吸，重新进入土壤孔隙水中，从而影响其在土壤中的迁移路径。同时，土壤中的微生物也可能对纳米材料产生作用。一些微生物能够分泌胞外聚合物，这些聚合物可与纳米材料相互作用，改变纳米材料的表面性质，进而影响其在土壤中的迁移和转化。

在大气环境中，纳米材料主要以气溶胶形式存在。其迁移距离与粒径大小密切相关，粒径较小的纳米颗粒更容易在大气中长时间悬浮，并随着大气环流进行远距离传输。例如，碳纳米管等一维纳米材料在大气中可能会发生团聚，但团聚体的粒径若仍处于可悬浮状态，仍能随气流扩散。此外，大气中的纳米材料会受到光、热、湿度以及化学物质等因素的影响而发生转化。如纳米金属氧化物在光照和湿度条件下，可能发生表面氧化或水解反应，改变其化学组成和物理性质。

（二）纳米材料对生物体的毒性效应

纳米材料对生物体的毒性效应具有多样性，涵盖了从细胞水平到个体水平的多个层面。在细胞水平上，纳米材料能够通过多种途径进入细胞。例如，纳米颗粒可通过细胞膜的内吞作用进入细胞内部，其大比表面积使其能够与细胞内的生物分子（如蛋白质、核酸等）发生相互作用。研究发现，纳米银粒子进入细胞后，会与细胞内的巯基等基团结合，干扰细胞内的氧化还原平衡，导致活性氧（ROS）水平升高，进而引发细胞氧化应激损伤。这种氧化应激可能进一步导致细胞凋亡或坏死。

在个体水平上，不同生物体对纳米材料的响应各异。以水生生物为例，研究表明，纳米二氧化钛会对鱼类的生长发育产生影响。暴露于 n-TiO_2 环境中的斑马鱼，其胚胎发育过程可能出现畸形，如脊柱弯曲、心包水肿等。这可能是由于纳米材料干扰了鱼类胚胎发育过程中的基因表达和信号传导通路。在陆生生物方面，土壤中的纳米材料可能被植物根系吸收，进而影响植物的生长。有研究发现，纳米氧化锌会抑制植物根系的生长，减少植物对养分的吸收，最终影响植物的整体生物量和光合作用效率。对于哺乳动物，纳米材料通过呼吸道、消化道等途径进入体内后，可能在器官中累积，对器官功能造成损害。例如，吸入的碳纳米管可能在肺部沉积，引发肺部炎症反应，长期暴露可能增加患肺部疾病的风险。

（三）纳米材料对生态系统的影响

纳米材料进入环境后，可能对生态系统的结构和功能产生深远影响。在生态系统结构方面，纳米材料对生物多样性可能造成威胁。由于不同生物对纳米材料的敏感性存在差异，某些物种可能因纳米材料的毒性作用而数量减少，甚至灭绝，从而改变生态系统的物种组成和群落结构。例如，在水生生态系统中，对纳米材料较为敏感的浮游生物数量减少，可能会影响以浮游生物为食的其他生物的生存，进而破坏整个食物链结构。

从生态系统功能角度来看，纳米材料可能干扰生态系统的物质循环和能量流动。例如，在土壤生态系统中，纳米材料可能影响土壤微生物的活性，而土壤微生物在土壤有机质分解、养分转化等过程中起着关键作用。若纳米材料抑制了土壤微生物的功能，可能导致土壤中碳、氮等元素的循环受阻，影响土壤肥力和植物的生长。此外，纳米材料对生态系统的服务功能也可能产生影响。如纳米材料污染可能降低水体的自净能力，影响水资源的质量和供应，进而对人类社会的生产生活产生负面影响。

（四）纳米材料环境效应的不确定性与研究挑战

尽管目前对纳米材料的环境效应已有一定认识，但仍存在诸多不确定性。首先，由于纳米材料种类繁多，不同类型纳米材料的环境行为和毒性效应差异巨大，且实际环境中往往存在多种纳米材料的复合污染，其联合效应更为复杂，目前对此的研究还相对匮乏。其次，纳米材料在环境中的浓度监测存在困难，现有的分析检测技术在纳米材料的定量分析方面还不够完善，难以准确获取环境中纳米材料的真实浓度水平。最后，纳米材料与环境中其他污染物之间的相互作用机制尚不明确，这也增加了评估其环境风险的难度。在研究方法上，目前实验室模拟研究与实际环境条件存在一定差距，如何将实验室研究成果更好地外推至实际环境，也是亟待解决的问题。为了更全面、准确地评估纳米材料的环境效应，未来需要进一步加强多学科交叉研究，发展更先进的分析检测技术和环境风险评估模型。

第 3 章

典型环境污染物与纳米材料的交互作用

环境中的纳米材料具有比表面积大、体积小、迁移能力强的特点，因此纳米材料可以作为污染物在环境中的迁移载体。环境中的有机、无机污染物可以通过多种作用吸附于纳米材料表面，例如有机污染物可以通过疏水作用、π-π 键相互作用或氢键作用，而重金属污染物多以静电引力作用、氢键或表面配位作用。关于疏水性较强的有机污染物（萘、菲和农业杀虫剂艾氏剂）与纳米材料（n-TiO_2 和多壁碳纳米管）之间的相互作用已有大量研究。研究结果表明，水体中的有机污染物可以通过静电引力和表面配位作用吸附在纳米材料上，在纳米材料表面富集并残留在水体中，从而增加了水体中有机污染物的含量。对碳纳米管（CNT）吸附重金属的研究发现，羟基、羧基和酚羟基在重金属阳离子吸附过程中起到重要作用，表面配位作用、氢键作用和静电引力作用是主要吸附方式，单壁碳纳米管（SWCNT）对重金属离子的吸附性能强于多壁碳纳米管（MWCNT），这是由于重金属离子难以接触到多层结构中的吸附位点。还有研究证实了碳基纳米颗粒（生物炭、活性炭和碳纳米管）降低了沉积物中污染物的迁移效率，导致沉积物对番茄幼苗产生毒性，碳基纳米颗粒通过吸附沉积物中的有机、无机污染物，减轻了沉积物对番茄种子发芽的抑制作用，提升了种子发芽率。除了拮抗作用外，环境中出现的纳米材料与污染物之间也存在协同作用，如环境中共存的 n-TiO_2 可以增强铜和三丁基锡对生物的毒性，这是由于污染物通过吸附作用与 n-TiO_2 相结合，并以 n-TiO_2 为载体进入生物体内。可见污染物-纳米材料复合体的存在会改变污染物在环境中的环境行为。

纳米材料在环境中的环境化学行为也会被污染物所影响。纳米材料在环境中的环境行为（吸附、团聚和沉降）受到表面电荷性质及表面官能团的控制，而吸附于纳米材料表面的污染物则会改变纳米材料的表面性质。有研究表明，纳米材料与污染物之间的相互作用会造成纳米材料的聚集或使沉积率受到影响。纳米材料在环境中的聚集或沉积率变化，会直接影响纳米材料的迁移性。如 n-TiO_2 在水体中的环境行为会被表面吸附的四环素（TC）所影响，研究证实 n-TiO_2 表面吸附 TC 后零电荷点增大，更容易在水体中团聚，这是由于 TC 在 n-TiO_2 表面吸附过程中 TC 分子的二甲胺基质子化造成 n-TiO_2 表面正电性增强。研究证实，水体中共存的 TC 会影响 n-TiO_2 对藻类的生物毒性。在低浓度 TC 条件下，共存的 TC 对 n-TiO_2 的生物毒性无显著影响，但随着 TC 浓度增大，TC 对 n-TiO_2 的生物毒性作用表现为拮抗作用。主要原因是共存体系中出现的 TC 吸附于 n-TiO_2 表面，增大了 n-TiO_2 的团聚性，降低了 n-TiO_2 在藻类细胞表面的吸附量。与之类似的还有水体中的钙镁盐可通过桥联作用来促进氧化石墨烯（GO）的聚集，从而降低 GO 在环境中的迁移效率。

第一节　典型无机污染物与纳米材料的交互作用

随着纳米技术的迅猛发展，纳米材料在各个领域的应用日益广泛，与此同时，环境中典型无机污染物的存在也成为不容忽视的问题。纳米材料与典型无机污染物在环境中相遇，二者之间会发生复杂的交互作用，这些作用对环境的影响和效应逐渐成为环境科学领域的研究热点。

一、纳米材料与典型无机污染物的交互作用方式

（一）吸附作用

纳米材料因其巨大的比表面积和特殊的表面性质，对多种典型无机污染物具有较强的吸附能力。例如，纳米零价铁（nZVI）对重金属离子如 Pb^{2+}、Cd^{2+}、Cr(Ⅵ)等表现出优异的吸附性能。研究表明，nZVI 对 Pb^{2+}的吸附容量可高达 100～300mg/g。这主要归因于 nZVI 表面丰富的活性位点以及其表面电荷与重金属离子之间的静电相互作用。在吸附过程中，重金属离子通过离子交换、表面配位等机制被固定在 nZVI 表面。

此外，纳米黏土矿物对无机阴离子［如磷酸根（PO_4^{3-}）、硝酸根（NO_3^-）等］污染物也具有吸附作用。蒙脱石等纳米黏土矿物的层间结构和表面电荷特性使其能够与无机阴离子发生静电吸附。研究发现，蒙脱石对PO_4^{3-}的吸附量随着溶液 pH 值的降低而增加，在酸性条件下，蒙脱石表面的正电荷增多，与PO_4^{3-}的静电引力增强，从而促进了吸附过程。

（二）氧化还原反应

纳米材料在与某些无机污染物接触时，能够发生氧化还原反应，改变污染物的化学形态和毒性。以纳米二氧化钛（n-TiO_2）为例，在光照条件下，n-TiO_2 产生的光生电子-空穴对具有强氧化性和还原性。对于 Cr(Ⅵ)，n-TiO_2 表面的光生电子能够将其还原为 Cr(Ⅲ)。研究表明，在模拟太阳光照射下，n-TiO_2 对 Cr(Ⅵ)的还原效率在数小时内可达 80%以上。Cr(Ⅲ)的毒性远低于 Cr(Ⅵ)，通过这种氧化还原反应，降低了铬污染物对环境的危害。

纳米零价铁同样具有强还原性，可与多种氧化性无机污染物发生反应。如 nZVI 能够将硝基苯等含氮有机污染物还原为苯胺，同时也能与水中的溶解氧发生反应，消耗水中的溶解氧，改变水体的氧化还原电位，进而影响其他污染物的存在形态和迁移转化。

（三）化学反应与沉淀

纳米材料与某些无机污染物之间还可能发生化学反应，生成难溶性沉淀，从而降低污染物的迁移性和生物有效性。例如，纳米羟基磷灰石（n-HAP）与重金属离子如 Pb^{2+}、Cd^{2+} 等反应，可生成相应的金属磷酸盐沉淀。研究显示，n-HAP 对 Pb^{2+} 的去除率在适宜条件下可达 95%以上。其反应机制为 n-HAP 表面的羟基与重金属离子发生交换反应，生成稳定的金属磷酸盐沉淀，将重金属离子固定在材料表面。

在水体中，一些纳米材料还可能与碳酸根、硫酸根等阴离子结合，与重金属离子共同形成沉淀。如纳米铁氧化物在含有碳酸根的水体中，能够与重金属离子如 Zn^{2+} 发生共沉淀反应，生成碳酸锌铁等沉淀物质，从而降低水体中重金属离子的浓度。

二、交互作用对环境的影响和效应

（一）对水体环境的影响

纳米材料与无机污染物的交互作用对水体环境的影响较为显著。一方面，通过吸附和沉淀等作用，纳米材料能够降低水体中无机污染物的浓度，在一定程度上净化水体。例如，利用纳米材料处理含重金属离子的废水，可使废水中重金属离子浓度达到排放标准以下。另一方面，纳米材料的加入也可能改变水体的物理化学性质。如纳米材料在水体中的团聚和沉降可能影响水体的浊度和透明度，进而影响水生生物的光合作用和呼吸作用。

此外，纳米材料与无机污染物的交互作用可能导致二次污染问题。例如，当纳米材料吸附污染物达到饱和后，如果环境条件发生变化，如 pH 值、离子强度改变，已吸附的污染物可能重新释放到水体中，造成二次污染。而且，纳米材料在水体中可能与其他物质发生反应，生成新的有毒、有害物质。有研究发现，纳米银在含有氯离子的水体中，可能生成氯化银纳米颗粒，其毒性和环境行为与纳米银有所不同。

（二）对土壤环境的影响

在土壤环境中，纳米材料与无机污染物的交互作用对土壤质量和生态系统具有重要影响。通过吸附和化学反应，纳米材料能够降低土壤中无机污染物的生物有效性和迁移性。例如，纳米材料对土壤中重金属离子的固定作用，可减少重金属离子向农作物的迁移，降低农产品的重金属污染风险。

然而，纳米材料在土壤中的累积也可能对土壤微生物群落结构和功能产生影响。研究表明，某些纳米材料可能抑制土壤中微生物的生长和代谢活性，从而影响土壤有机质分解、养分转化等生态过程。例如，纳米二氧化钛可能影响土壤中氨氧化细菌的活性，进而影响土壤氮循环。此外，纳米材料与土壤中其他成分的相互作用还可能改变土壤的理化性质，如土壤团聚体结构、孔隙度等，从而影响土壤的透气性和保水性。

（三）对大气环境的影响

虽然关于纳米材料与无机污染物在大气环境中交互作用的研究相对较少，但其影响也不容忽视。大气中的纳米材料可能与无机污染物如二氧化硫（SO_2）、氮氧化物（NO_x）等发生反应。例如，纳米金属氧化物可作为催化剂促进 SO_2 的氧化反应，生成硫酸根等二次气溶胶。这些二次气溶胶的形成会影响大气的能见度，加剧雾霾等大气污染现象。

此外，纳米材料与无机污染物在大气中的存在形态和迁移转化也会影响其对人体健康的危害。粒径较小的纳米颗粒更容易被人体吸入肺部，与大气中的无机污染物协同作用，可能对人体呼吸系统、心血管系统等造成更严重的损害。例如，纳米颗粒与重金属离子结合后，可能增强其在肺部的沉积和毒性效应。

（四）对生态系统和生物的影响

纳米材料与无机污染物的交互作用对生态系统和生物的影响是多方面的。从生物个体层面来看，这种交互作用可能改变污染物的生物可利用性和毒性。例如，当纳米材料吸附重金属离子后，其进入生物体内的途径和方式可能发生变化，从而影响生物对重金属的吸收和累积。研究发现，某些水生生物对吸附在纳米材料表面的重金属离子的摄取量高于游离态的重金属离子。

在生态系统层面，纳米材料与无机污染物的交互作用可能影响生态系统的结构和功能。如前所述，对水体和土壤环境的影响可能导致生态系统中物种组成和群落结构的改变。此外，这种交互作用还可能干扰生态系统的物质循环和能量流动。例如，土壤中纳米材料对微生物活性的影响可能进一步影响土壤中碳、氮等元素的循环，从而影响整个生态系统的稳定性。

三、研究现状与展望

目前，关于纳米材料与典型无机污染物的交互作用及其环境影响的研究已取得一定进展，但仍存在诸多不足。在交互作用机制方面，虽然对吸附、氧化还原等作用有了一定认识，但对于复杂环境条件下多种纳米材料与多种无机污染物之间的联合作用机制尚不清楚。在环境影响评估方面，现有的研究主要集中于单一纳米材料或单一污染物的影响，对于实际环境中纳米材料与无机污染物复合污染综合影响的评估方法还不完善。

未来的研究需要进一步加强多学科交叉，综合环境科学、材料科学、生物学等学科的理论和技术手段，深入探究纳米材料与典型无机污染物的交互作用机制。同时，应发展更先进的分析检测技术，准确监测纳米材料与无机污染物在环境中的浓度、形态和迁移转化过程。此外，应建立更加完善的环境风险评估模型，综合考虑纳米材料与无机污染物的复合污染效应，为纳米材料的合理应用和环境管理提供科学依据。

第二节　典型有机污染物与纳米材料的交互作用

在当今环境科学领域，随着纳米材料的广泛应用以及有机污染物在环境中的大量存在，纳米材料与典型有机污染物之间的交互作用及其引发的环境影响成为研究的重点。纳米材料独特的物理化学性质，如大比表面积、小尺寸效应和量子尺寸效应等，使其与有机污染物在环境介质中相遇时，能够发生一系列复杂且多样的交互过程，这些过程对环境的各个层面产生深远影响。

一、纳米材料与典型有机污染物的交互作用方式

（一）吸附作用

纳米材料凭借其巨大的比表面积和特殊的表面性质，对各类典型有机污染物展现出强大的吸附能力。例如，碳纳米管（CNT）对多环芳烃（PAH）类有机污染物具有优异的吸附性能。研究表明，单壁碳纳米管（SWCNT）对萘、菲等 PAH 的吸附容量可高达数百毫克每克。这主要归因于 CNT 表面的 π 电子云与 PAH 分子的 π-π 共轭体系之间的相互作用。在吸附过程中，PAH 分子通过分子间作用力和 π-π 堆积作用被固定在 CNT 表面。

此外，纳米黏土矿物也常用于吸附有机污染物。蒙脱石等纳米黏土矿物的层间结构和表面电荷特性使其能够与有机污染物发生多种形式的吸附作用。对于阳离子型有机污染物，如十六烷基三甲基溴化铵（CTAB），蒙脱石可通过离子交换作用将其吸附到层间。研究发现，蒙脱石对 CTAB 的吸附量随着溶液中 CTAB 浓度的增加而增大，且在一定范围内，吸附过程符合 Langmuir（朗缪尔）吸附等温模型。对于非离子型有机污染物，如苯酚，蒙脱石主要通过表面吸附和分配作用将其吸附。在酸性条件下，蒙脱石表面的质子化程度增加，其对苯酚的吸附能力有所增强。

（二）光催化降解作用

纳米半导体材料在光照条件下能够产生光生电子-空穴对，从而引发一系列氧化还原反应，实现对有机污染物的降解。其中，纳米二氧化钛（n-TiO_2）是研究最为广泛的光催化材料之一。在紫外光或可见光照射下，n-TiO_2 表面产生的光生电子-空穴对具有强氧化性，能够将吸附在其表面的有机污染物逐步氧化为二氧化碳和水等小分子物质。以对氯苯酚为例，研究表明，在 n-TiO_2 光催化体系中，对氯苯酚在数小时内的降解率可达 90%以上。其降解过程主要包括光生空穴对有机物的直接氧化以及光生电子与水中溶解氧反应生成的超氧自由基（$\cdot O_2^-$）和光生空穴与水反应生成的羟基自由基（$\cdot OH$）对有机物的间接氧化。

除了 n-TiO_2，其他纳米半导体材料如纳米氧化锌（n-ZnO）、纳米硫化镉（CdS）等也具有光催化降解有机污染物的能力。n-ZnO 对亚甲基蓝等有机染料的光催化降解效率较高，在可见光照射下，能够在较短时间内使亚甲基蓝溶液的颜色明显褪去。然而，CdS 由于存在光腐蚀等问题，其实际应用受到一定限制。但通过对其进行表面修饰或与其他材料复合等方法，可以提高其稳定性和光催化性能。

（三）化学反应与转化

纳米材料与某些有机污染物之间还可能发生化学反应，导致有机污染物的结构发生改变，生成新的物质。例如，纳米零价铁（nZVI）能够与卤代有机污染物发生脱卤反应。以四氯化碳（CCl_4）为例，nZVI 表面的铁原子能够提供电子，使 CCl_4 中的 C—Cl 键断裂，发生逐步脱卤反应，最终生成甲烷等小分子物质。研究表明，在适宜的条件下，nZVI 对 CCl_4

的脱卤率可达 80%以上。

此外，一些纳米材料还可以作为催化剂促进有机污染物的转化反应。如纳米金属氧化物负载的贵金属催化剂，在有机污染物的加氢、脱氢等反应中表现出较高的催化活性。在苯乙烯的加氢反应中，以纳米二氧化硅负载的钯催化剂（Pd/SiO_2）能够显著降低反应的活化能，提高反应速率。在一定的反应条件下，苯乙烯的转化率可达 95%以上，生成乙苯的选择性也较高。

二、交互作用对环境的影响和效应

（一）对水体环境的影响

纳米材料与有机污染物的交互作用对水体环境有着多方面的影响。一方面，通过吸附和光催化降解等作用，纳米材料能够有效去除水体中的有机污染物，改善水质。例如，利用 n-TiO_2 光催化技术处理含酚废水，可使废水中酚类物质的浓度降低至排放标准以下。另一方面，纳米材料在水体中的存在也可能带来一些负面效应。纳米材料的团聚和沉降可能改变水体的浊度和透明度，影响水生生物的光合作用和呼吸作用。

纳米材料与有机污染物的交互作用可能导致二次污染问题。当纳米材料吸附有机污染物达到饱和后，如果环境条件发生变化，如 pH 值、离子强度改变，已吸附的污染物可能重新释放到水体中。而且，纳米材料在水体中可能与其他物质发生反应，生成新的有毒有害物质。有研究发现，纳米银在含有腐殖酸的水体中，可能与腐殖酸发生配位反应，改变纳米银的表面性质和毒性。

（二）对土壤环境的影响

在土壤环境中，纳米材料与有机污染物的交互作用对土壤质量和生态系统同样具有重要影响。通过吸附和化学反应，纳米材料能够降低土壤中有机污染物的生物有效性和迁移性。例如，纳米材料对土壤中农药残留的吸附作用，可减少农药向农作物的迁移，降低农产品的农药污染风险。纳米材料在土壤中的累积也可能对土壤微生物群落的结构和功能产生影响。研究表明，某些纳米材料可能抑制土壤中微生物的生长和代谢活性，从而影响土壤有机质分解、养分转化等生态过程。例如，n-TiO_2 可能影响土壤中纤维素分解菌的活性，进而影响土壤中纤维素的分解和碳循环。此外，纳米材料与土壤中其他成分的相互作用可能改变土壤的理化性质，如土壤团聚体结构、孔隙度等，从而影响土壤的透气性和保水性。

（三）对大气环境的影响

虽然关于纳米材料与有机污染物在大气环境中的交互作用的研究相对较少，但近年来也逐渐受到关注。大气中的纳米材料可能与挥发性有机物（VOCs）等有机污染物发生反应。例如，纳米金属氧化物可作为催化剂促进 VOCs 的氧化反应，生成二氧化碳和水等物质。然而，在某些情况下，纳米材料与有机污染物的反应可能生成二次污染物，如二次气溶胶等。二次气溶胶的形成会影响大气的能见度，加剧雾霾等大气污染现象。

纳米材料与有机污染物在大气中的存在形态和迁移转化也会影响其对人体健康的危

害。粒径较小的纳米颗粒更容易被人体吸入肺部，其与大气中的有机污染物协同作用，可能对人体的呼吸系统、心血管系统等造成更严重的损害。例如，纳米颗粒与多环芳烃结合后，可能增加其在肺部的沉积和致癌风险。

（四）对生态系统和生物的影响

纳米材料与有机污染物的交互作用对生态系统和生物的影响是复杂且多方面的。从生物个体层面来看，这种交互作用可能改变污染物的生物可利用性和毒性。例如，当纳米材料吸附有机污染物后，其进入生物体内的途径和方式可能发生变化，从而影响生物对有机污染物的吸收和累积。研究发现，某些水生生物对吸附在纳米材料表面的有机污染物的摄取量高于游离态的有机污染物。

在生态系统层面，纳米材料与有机污染物的交互作用可能影响生态系统的结构和功能。对水体和土壤环境的影响可能导致生态系统中物种组成和群落结构的改变。此外，这种交互作用还可能干扰生态系统的物质循环和能量流动。例如，土壤中纳米材料对微生物活性的影响可能进一步影响土壤中碳、氮等元素的循环，从而影响整个生态系统的稳定性。

三、研究现状与展望

目前，关于纳米材料与典型有机污染物的交互作用及其环境影响的研究已取得一定进展，但仍存在诸多不足。在交互作用机制方面，虽然对吸附、光催化降解等作用有了一定认识，但对于复杂环境条件下多种纳米材料与多种有机污染物之间的联合作用机制尚不清楚。在环境影响评估方面，现有的研究主要集中于单一纳米材料或单一污染物的影响，对于实际环境中纳米材料与有机污染物复合污染的综合影响评估方法还不完善。

未来的研究需要进一步加强多学科交叉，综合环境科学、材料科学、生物学等学科的理论和技术手段，深入探究纳米材料与典型有机污染物的交互作用机制。同时，应发展更先进的分析检测技术，准确监测纳米材料与有机污染物在环境中的浓度、形态和迁移转化过程。此外，应建立更加完善的环境风险评估模型，综合考虑纳米材料与有机污染物的复合污染效应，为纳米材料的合理应用和环境管理提供科学依据。

第4章

纳米二氧化钛与典型污染物在负电荷表面的交互作用及机制

环境中广泛存在着各类带有负电荷的表面，这些表面既可能来源于自然矿物，如黏土矿物、金属氧化物等，也可能源于人工合成材料，如某些纳米复合材料、工业膜材料等。以黏土矿物为例，其表面由于晶格取代等原因，常带有永久性的负电荷。这些负电荷表面能够通过静电吸引、离子交换等作用与周围环境中的物质发生相互作用。

纳米二氧化钛（n-TiO_2）作为一种极具应用潜力的纳米材料，因其独特的光催化性能、化学稳定性和强氧化能力，在环境领域备受关注。典型污染物，包括有机污染物如多环芳烃、农药，以及无机污染物如重金属离子、无机阴离子等，在环境中大量存在，对生态系统和人体健康构成严重威胁。当 n-TiO_2 与这些典型污染物在负电荷表面相遇时，会发生一系列复杂的交互作用。

从物理吸附角度来看，n-TiO_2 的大比表面积使其能够通过分子间作用力、氢键等与污染物在负电荷表面发生吸附作用。研究表明，在含有蒙脱石（一种典型的带负电荷的黏土矿物）的体系中，n-TiO_2 对有机染料的吸附量显著增加。这是因为蒙脱石的负电荷表面为 n-TiO_2 和有机染料提供了吸附位点，促进了它们之间的相互作用。

在化学作用方面，n-TiO_2 在光照条件下产生的光生电子-空穴对，能够引发一系列氧化还原反应。例如，对于吸附在负电荷表面的重金属离子，光生电子可将其还原，改变其化学形态和毒性。对于有机污染物，光生空穴和产生的羟基自由基等强氧化性物种能够将其逐步降解为二氧化碳和水等小分子物质。有研究发现，在以带负电荷的纳米纤维素为载体负载 n-TiO_2 的体系中，对多环芳烃的降解效率明显提高。

然而，目前对于 n-TiO_2 与典型污染物在负电荷表面的交互作用机制的研究仍存在诸多不足。不同类型负电荷表面对 n-TiO_2 和污染物的吸附选择性及吸附容量的影响机制尚未完全明确。在复杂环境条件下，多种污染物共存时，n-TiO_2 与它们在负电荷表面的竞争吸附、协同反应等过程也有待深入探究。此外，这些交互作用对环境中的物质循环、生态系统结构和功能的影响，以及由此引发的环境风险等，也需要进一步研究。本章将围绕这些关键问题，综合运用实验研究、理论计算等手段，深入剖析 n-TiO_2 与典型污染物在负电荷表面的交互行为及机制，以期为环境污染物的治理和生态环境保护提供科学依据。

第一节 n-TiO_2及Cd^{2+}在负电荷黏土矿物表面的交互作用及机制

天然沸石（zeolite，Zeo）广泛存在于土壤环境中，通常以 Si、Al 和 O 为主要骨架元素，骨架外存在电荷互补的阳离子，如K^+、Na^+、Ca^{2+}或Mg^{2+}。沸石是沸石族硅铝酸盐矿物的总称，迄今为止已发现 40 多种天然沸石，如斜发沸石、丝光沸石、片沸石及辉沸石等。天然沸石以纤维状、柱状、板状或块状结构居多，天然沸石的晶体结构是由硅/铝氧四面体联结而成的骨架结构，骨架结构具有的规则形状、孔隙结构及骨架中存在的阳离子使之具有良好的吸附性能和离子交换性能，可以通过孔隙填充、离子交换或静电引力作用吸附固定环境中的污染物。

n-TiO_2表面大多携带大量电荷，吸附于沸石表面及孔隙中的n-TiO_2可能影响沸石的表面电荷性质和孔隙结构，因此环境中出现的n-TiO_2必然会影响水溶性污染物在沸石上的吸附行为，而现有研究以污染物和沸石之间的相互作用为主，关于n-TiO_2和水溶性污染物共存体系中n-TiO_2和水溶性污染物在沸石上的共吸附过程的研究尚未见报道，但这种在复合体系中的吸附行为对于解释和预测n-TiO_2和水溶性污染物在实际环境中的环境化学行为十分重要。

镉（cadmium，Cd^{2+}）是一种具有高度毒性的重金属元素，其污染现状在全球范围内日益严重，且具有广泛的分布和深远的影响。Cd^{2+}污染不是局限于特定的地区，而是呈现出全球性的分布特点。在我国，Cd^{2+}污染的耕地面积超过 $1.3\times10^4hm^2$，涉及 11 个省市的 25 个地区。从地理分布来看，Cd^{2+}污染呈现出从西北到东南、从东北到西南方向逐渐升高的态势，南方Cd^{2+}污染重于北方。此外，全球范围内，Cd^{2+}污染问题在工业发达的国家和地区尤为突出，如欧洲、北美和亚洲的一些工业化国家。Cd^{2+}污染的来源广泛，主要包括工业排放、农业投入品的使用以及城市生活污水灌溉等。工业“三废”的排放是镉污染的主要来源之一，如采矿、电镀、电池生产、油漆制造、金属冶炼等工业过程中产生的废水、废气、废渣中都含有大量的Cd^{2+}。此外，含Cd^{2+}的农药、化肥的施用以及城市生活污水的灌溉也使得 Cd 元素不断进入土壤环境，导致Cd^{2+}污染的普遍发生。Cd^{2+}污染不仅影响农田土壤，还涉及林地、草地、园地以及未利用地等多种土地利用类型。例如，城镇周边的菜地常年大量使用化肥和农药，Cd^{2+}的输入量较高，导致菜地的Cd^{2+}污染情况极其严重。茶园、果园等土壤中的Cd^{2+}污染情况也同样突出，随着栽培年限的延长，土壤中Cd^{2+}的全量和有效态浓度呈明显的累积趋势。

Cd^{2+}是一种对人体健康具有严重危害的重金属，具有生殖发育毒性、神经毒性、致癌性等多种毒害性。Cd^{2+}主要通过呼吸道和消化道侵入人体，在人体内主要蓄积在肾脏和骨骼组织中，造成肾脏功能损害，并增加患癌症、畸形、肺功能不全、心血管疾病和骨质疏松等疾病的风险。国际癌症研究机构已将Cd^{2+}列为 I 类致癌物。Cd^{2+}污染对土壤生态系统造成了严重的破坏。一方面，Cd^{2+}会影响土壤中原有的微生物群落结构、数量和新陈代谢，从而破坏土壤的微生态平衡。另一方面，Cd^{2+}在土壤中的累积会改变土壤的组成、结构和功能，导致土壤质量退化，影响植物的生长和发育。此外，Cd^{2+}还可能通过食物链的富集作用，对整个生态系统中的生物造成潜在的威胁。Cd^{2+}污染具有隐蔽性、滞后性和难可逆性等特点，一旦土壤受到Cd^{2+}污染，其修复和治理难度极大。目前，虽然已经有一些土壤

Cd^{2+}污染治理技术，如化学修复、生物修复等，但这些技术往往存在成本高、效果有限、容易引发二次污染等问题，难以在大面积污染土壤的治理中得到广泛应用。因此，Cd^{2+}污染的治理面临着巨大的挑战，需要投入大量的资金、技术和人力进行长期的研究和实践。

在本节中，以沸石模拟表面荷负电并具有较大孔隙结构的负电性固体表面，考察了单一 Cd^{2+}和单一 n-TiO_2 体系中 Cd^{2+}和 n-TiO_2 在沸石上的吸附行为差异、Cd + n-TiO_2 复合体系中 Cd^{2+}在 n-TiO_2 上的吸附行为、Cd + n-TiO_2 复合体系中 Cd^{2+}和 n-TiO_2 在沸石上的共吸附行为。采用条件实验考察了温度和初始 pH 值对 Cd^{2+}和 n-TiO_2 在沸石上共吸附行为的影响。通过多种表征手段对单一和复合体系中吸附 Cd^{2+}和 n-TiO_2 后的沸石的表面结构特性进行分析，并探讨了 Cd^{2+}和 n-TiO_2 在沸石上的共吸附行为机制。

本节中使用的天然沸石（zeolite，Zeo）购自河北灵寿。预处理后平均粒径为 0.15～0.30mm，CEC（阳离子交换量）为 55.3mmol/kg，比表面积为 2.16m^2/g，零电荷点 pH 为 5.2。预处理方法如下：称取一定质量的沸石，研磨后过筛，取粒径为 0.15～0.30mm 的沸石。为了去除沸石表面及孔结构中可能存在的杂质，取过筛后的沸石，按照 1∶5 的固-液比例加入 1%的稀盐酸，常温下磁力搅拌 24h 后，蒸馏水清洗直至 pH 值为中性。将稀盐酸清洗后的 Zeo 按 1∶5 的固-液比例加入无水乙醇中，以去除沸石表面及孔隙中可能存在的有机物，于无水乙醇中浸泡 24h 后取出，蒸馏水清洗至 pH 值为中性。清洗后的沸石在 80℃条件下烘干至恒重，备用。

n-TiO_2（99.8%）购自上海阿拉丁生物试剂有限公司，n-TiO_2 的基础理化性质如下：平均粒径小于 20nm，零电荷点 pH 为 4.5，CEC 为 316.9mmol/kg，比表面积为 63.24m^2/g。

称取一定质量的 n-TiO_2 于烧杯中，加入一定体积的去离子水，磁力搅拌 30min 后进行超声处理（35kHz，30min），即得到不同浓度的 n-TiO_2 悬浮液。

实验所用化学试剂见表 4-1。

表 4-1　实验主要化学试剂

试剂名称	规格	生产厂家
硫酸镉（$CdSO_4 \cdot 8H_2O$）	GR	国药集团化学试剂有限公司
氢氧化钠（NaOH）	AR	西陇科学股份有限公司
盐酸（HCl）	AR	西陇科学股份有限公司
氢氟酸（HF）	AR	西陇科学股份有限公司
硫酸（H_2SO_4）	AR	西陇科学股份有限公司
过氧化氢（H_2O_2）	AR	西陇科学股份有限公司
溴化钾（KBr）	SP	国药集团化学试剂有限公司
氯化钠（NaCl）	AR	西陇科学股份有限公司

实验主要仪器设备见表 4-2。

表 4-2　实验主要仪器设备

仪器名称	型号	生产厂商
电子天平	PTX	华志，美国

续表

仪器名称	型号	生产厂商
恒温摇床	2012C	上海智诚精密机械有限公司，中国
恒温磁力搅拌器	78HW-1	上海恒准仪器科技有限公司，中国
恒温水浴装置	HH-2A/HH-S4A	常州润华电器有限公司，中国
高速离心机	LXJ-IIB	上海安亭科学仪器厂，中国
电热板	C-MB-400	上海舍岩仪器有限公司，中国
紫外-可见分光光度计	UV-3200	美谱达仪器有限公司，中国
火焰分光光度计	FP640	上海精密仪器仪表有限公司，中国
火焰原子吸收光谱仪	PinAAciie 900F	珀金埃尔默，美国
pH 计	PHS-3D	上海三信仪表厂，中国
真空干燥箱	DFA-7000	上海喆图科学仪器有限公司，中国
超声波清洗仪	SB5200DT	宁波新芝生物科技股份有限公司，中国
透射电子显微镜	Tecnai G2 F30	赛默飞世尔，美国
扫描电子显微镜	S-4800	日立，日本
比表面积分析仪	V-Sorb 2800P	国仪精测，中国
傅里叶变换红外光谱	5DX	赛默飞世尔，美国
X 射线光电子能谱仪	EscaLab 250Xi	赛默飞世尔，美国
X 射线衍射仪	D/mas 2500	理学株式会社，日本

一、研究方案的设计

所有吸附实验均在避光条件下进行，以避免可能出现的 n-TiO_2 的光催化反应。

（一）吸附动力学

采用吸附动力学来确定单一/复合体系中 Cd^{2+}和 n-TiO_2 在沸石上的平衡吸附时间。动力学中单一/复合体系中 Cd^{2+}和 n-TiO_2 浓度均为 20mg/L，pH = 6，温度为 25℃，背景离子为 0.01mol/L 的 NaCl。取样时间为 0min、5min、10min、15min、20min、30min、60min、90min、120min、180min、240min。沸石添加量为 0.2g，溶液及悬浮液体积为 50mL。

（二）平衡吸附

采用吸附等温实验来考察污染物初始浓度对单一/复合体系中 Cd^{2+}和 n-TiO_2 吸附量的影响。单一 Cd^{2+}和单一 n-TiO_2 体系中，Cd^{2+}和 n-TiO_2 的浓度均设为 0mg/L、2mg/L、5mg/L、10mg/L、15mg/L、20mg/L，共 6 个浓度梯度；Cd + n-TiO_2 复合体系中，Cd^{2+}和 n-TiO_2 浓度梯度均为（0 + 0）mg/L、（2 + 2）mg/L、（5 + 5）mg/L、（10 + 10）mg/L、

（15 + 15）mg/L、（20 + 20）mg/L，即复合体系中 Cd^{2+}：n-TiO_2 的质量比均为 1：1。单一和复合体系中 pH = 6，背景离子为 0.01mol/L 的 NaCl。平衡吸附时间设为 3h（由吸附动力学实验结果确定）。单一 Cd、单一 n-TiO_2 和 Cd + n-TiO_2 复合体系中的沸石添加量为 0.2g，溶液或悬浮液体积为 50mL。同时为了考察复合体系中 n-TiO_2 对 Cd^{2+}的吸附量，设置了无沸石对照组。对照组中 Cd^{2+}和 n-TiO_2 浓度与复合体系相同，pH = 6，背景离子为 0.01mol/L 的 NaCl，但实验中不添加沸石。

为了考察不同初始 pH 值对 Cd^{2+}和 n-TiO_2 的吸附量的影响，将单一 Cd 溶液（Cd^{2+}浓度为 20mg/L）、单一 n-TiO_2 悬浮液（n-TiO_2 浓度为 20mg/L）和 Cd + n-TiO_2 悬浮液（Cd^{2+}和 n-TiO_2 的浓度均为 20mg/L）的初始 pH 值设定为 3、4、5、6、7、8，温度为 25℃，背景离子为 0.01mol/L 的 NaCl。平衡吸附时间设为 3h。

为了考察温度对单一/复合体系中 Cd^{2+}和 n-TiO_2 吸附量的影响，将吸附等温实验温度设定为 10℃、25℃和 40℃，单一 Cd 和单一 n-TiO_2 体系中 Cd^{2+}和 n-TiO_2 的浓度梯度为 0mg/L、2mg/L、5mg/L、10mg/L、15mg/L、20mg/L；Cd + n-TiO_2 复合体系中，Cd^{2+}和 n-TiO_2 浓度梯度均为（0 + 0）mg/L、（2 + 2）mg/L、（5 + 5）mg/L、（10 + 10）mg/L、（15 + 15）mg/L、（20 + 20）mg/L，pH = 6，背景离子为 0.01mol/L 的 NaCl。单一 Cd、单一 n-TiO_2 和 Cd + n-TiO_2 复合体系中的沸石添加量为 0.2g，溶液或悬浮液体积为 50 mL。平衡吸附时间设为 3h。

二、研究方法

（一）吸附动力学实验

动力学实验采用序批处理法进行，称取 0.2g 沸石于 50mL 聚四氟乙烯离心管中，加入 50mL 浓度为 20mg/L 的溶液（单一 Cd）或悬浮液（单一 n-TiO_2、Cd + n-TiO_2），将混合物于摇床中恒温振荡，取样时间设定为 0min、5min、10min、15min、20min、30min、60min、90min、120min、180min、240min。取样后测定溶液或悬浮液中的 Cd^{2+}和 n-TiO_2 浓度，并使用差减法计算吸附量。单一 Cd 体系和 Cd + n-TiO_2 复合体系中的 Cd^{2+}吸附量采用火焰原子吸收光谱法（FAAS）法测定，而单一 n-TiO_2 体系、Cd + n-TiO_2 复合体系中的 n-TiO_2 吸附量采用紫外-可见分光光度计测定。

（二）平衡吸附实验

吸附等温实验采用序批处理法进行。称取 0.2g 沸石于 50mL 聚四氟乙烯离心管中，加入调节好 pH 值的 50mL 不同浓度的单一 Cd、单一 n-TiO_2 和 Cd + n-TiO_2 溶液或悬浮液，按设定温度，与对照组一同恒温振荡一定时间（根据吸附动力学实验确定）后，取出静置 1min，待沸石自然沉降至离心管底部后，取上层溶液或悬浮液，单一 Cd 体系和 Cd + n-TiO_2 复合体系中的 Cd^{2+}吸附量采用火焰原子吸收光谱法（FAAS）测定，单一 n-TiO_2 体系、Cd + n-TiO_2 复合体系中的 n-TiO_2 吸附量采用紫外-可见分光光度计测定，通过差减法计算 Cd^{2+}和 n-TiO_2 的吸附量。

无沸石对照组在达到吸附平衡时间后，采用火焰原子吸收光谱法（FAAS）测定 Cd^{2+}

浓度，采用紫外-可见分光光度计测定 n-TiO_2 浓度，通过差减法计算 Cd^{2+}和 n-TiO_2 的吸附量。

（三）Cd^{2+}及 n-TiO_2 吸附量的测定方法

1. Cd^{2+}吸附量的测定方法

将单一 Cd 体系中的 Cd^{2+}吸附量表示为 S-Cd，Cd + n-TiO_2 复合体系中的 Cd^{2+}吸附量表示为 C-Cd，无沸石对照组中 Cd^{2+}的吸附量表示为 N-Cd。

单一/复合体系中 Cd 的吸附量采用火焰原子吸收光谱法（FAAS）测定。待吸附达到平衡后，通过静置沉降使沸石自然沉降在离心管底部，取上层溶液或悬浮液 10mL，4500r/min 离心 10min 后，使用火焰原子吸收光谱仪（PinAAciie 900F，珀金埃尔默，美国）测定其中 Cd^{2+}浓度，并通过式(4-1)计算 Cd^{2+}吸附量。

$$q_e = \frac{(c_0 - c_e)V}{m} \tag{4-1}$$

式中 c_0——吸附质初始浓度，mg/L；

c_e——平衡浓度，mg/L；

V——溶液体积，L；

m——吸附剂质量，g；

q_e——平衡吸附量，mg/g。

2. n-TiO_2 吸附量的测定方法

将单一 n-TiO_2 体系中 n-TiO_2 的吸附量表示为 S-TiO_2，Cd + n-TiO_2 复合体系中的 n-TiO_2 吸附量表示为 C-TiO_2。单一/复合体系中 n-TiO_2 的吸附量采用紫外-可见分光光度计测定。待吸附达到平衡后，通过静置沉降使沸石自然沉降至离心管底部，取上层悬浮液 10mL 于聚四氟乙烯坩埚中，使用电热板（C-MB-400，上海舍岩仪器有限公司，中国）加热至水分完全蒸发，冷却至室温后加入 5mL 浓硫酸和 3mL 氢氟酸，加盖后在电热板上消解至产生白烟，冷却后将溶液转移至 25mL 比色管中，并加入少量去离子水混匀，待溶液冷却后加入 3mL 过氧化氢显色，并使用去离子水定容，使用紫外-可见分光光度计（UV-3200，美谱达仪器有限公司，中国）在 410nm 波长处测定溶液中 Ti 含量，并通过式(4-1)计算单一/复合体系中沸石对 n-TiO_2 的吸附量。

（四）比表面积及孔径分布（S_{BET}）

比表面积采用比表面积分析仪（V-Sorb 2800P，国仪精测，中国）测定，通过 Brunauer-Emmett-Teller 理论测定。称取一定质量样品于玻璃管中，低温条件下（−196℃）测试样品对氮气的吸附-脱附等温线，并计算样品比表面积（S_{BET}）和孔径分布结果。

（五）傅里叶变换红外光谱（FT-IR）

采用傅里叶变换红外光谱仪（5DX，赛默飞世尔，美国）分析样品表面结构性质差异，样品中加入光谱纯 KBr（样品质量 10%），混匀后研磨，使用压片机将混合物压制为半透明薄片状后进行测试，扫描范围为 400～4000cm^{-1}。FT-IR 谱图使用 OMINIC 8.2 进行分析。

（六）X 射线衍射（XRD）

采用 X 射线衍射仪（D/mas 2500，理学株式会社，日本）对样品进行晶体结构分析，实验条件为一级衍射，Cu 靶 Kα 射线。所得结果通过布拉格方程［式(4-2)］计算供试样品层间距。

$$2d\sin\theta = n\lambda \tag{4-2}$$

式中 d——晶面间距，nm；

θ——入射角度，(°)；

λ——X 射线波长，nm；

n——衍射级数。

XRD 测定结构使用 MDI Jade 6 进行分析。

（七）扫描电子显微镜及能量色散 X 射线谱（SEM & EDS）

采用场发射扫描电子显微镜（S-4800，日立，日本）观察样品表面微观形貌，样品经过真空干燥 24h 后，进行表面喷金处理，观察过程中结合能量色散 X 射线光电子能谱仪对样品表面某区域进行成分定性和半定量分析（EDS）。

（八）X 射线光电子能谱（XPS）

使用 X 射线光电子能谱仪（EscaLab 250Xi，赛默飞世尔，美国）对沸石吸附前后的表面官能团进行定性、定量分析。将真空干燥后的样品粘在样品托上进行测定。XPS 谱图使用 Avantage 进行分析。

（九）零电荷点（pH_{ZPC}）

沸石的零电荷点采用惰性电解质滴定法测定。首先使用 KCl 淋洗样品，得到 K^+饱和样品，称取约 4.00g 的 K^+饱和样品于数个 50mL 聚四氟乙烯离心管中，使用 KCl、HCl 和 KOH 将 pH 值调节为 2～10，将离心管塞紧，每天振荡 1h，4d 后测定 pH 值，记为 pH_1。向每支离心管中加入 0.5mL 的 2mol/L 的 KCl，振荡 3h 后测定 pH 值，记为 pH_2，并计算ΔpH（$\Delta pH = pH_2 - pH_1$）。以ΔpH 为纵坐标，pH_1 为横坐标，$\Delta pH = 0$ 处则为样品零电荷点（pH_{ZPC}）。

（十）阳离子交换量（CEC）

样品吸附前后表面 CEC 通过乙酸钠-火焰光度法测定。采用乙酸铵-乙酸钠交换法，测定样品表面阳离子交换量即负电荷数量，通过火焰分光光度计（FP640，上海精密仪器仪表有限公司，中国）测定 Na^+含量，并通过式(4-3)计算样品阳离子交换量。

$$\text{CEC} = \frac{pV}{m \times 23.0 \times 10^3} \times 1000 \tag{4-3}$$

式中 p——由 Na^+标准曲线查得的 Na^+浓度，mg/L；

V——测试体积，mL；

m——样品质量，g；

23.0——Na 的摩尔质量，g/mol；

CEC——样品阳离子交换量，mmol/kg。

（十一）阴离子交换量（AEC）

样品吸附前后表面 AEC 通过钙-磷酸根交换法测定。将样品钙饱和后，加入已知浓度的磷酸盐，测定钙饱和样品对磷酸根的吸附量，并根据磷酸根吸附量计算样品表面 AEC，用以表示样品表面正电荷的数量。

三、研究结果与分析

（一）沸石 XRD 与 SEM 分析结果

沸石的 X 射线衍射（XRD）结果如图 4-1 所示。XRD 结果显示，沸石具有片沸石（JCPDS#00-002-0292）和辉沸石（JCPDS#00-002-0065）结构，二者均为常见的沸石矿物，为架状构造含水铝硅酸盐矿物，通常具有片层状或块状结构。此外，沸石的 XRD 谱图中还出现了部分石英的特征峰（$2\theta = 21.03°$和 $26.78°$），这表明沸石中存在部分石英杂质。由布拉格方程计算可知，$2\theta = 17.33°$处的d_{001}特征峰的层间距$d_{001} = 0.11\text{nm}$。沸石表面为光滑的层状结构，并具有少量孔状结构，整体呈块状结构。

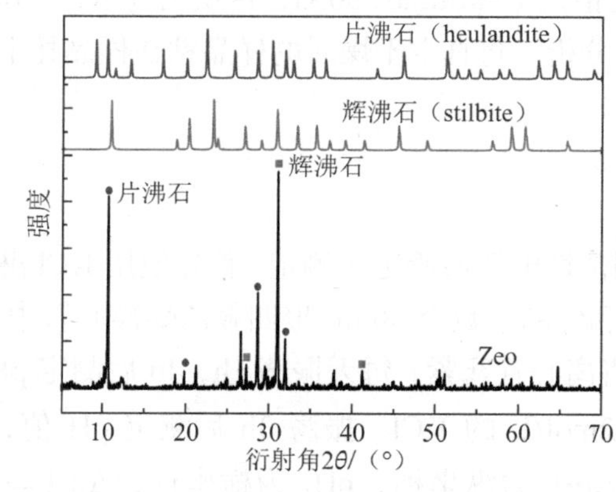

图 4-1 沸石（Zeo）的 XRD 谱图

（二）沸石 CEC、AEC、pH_{ZPC}、S_{BET}及孔径分布结果

图 4-2（a）为沸石表面的氮气（N_2）吸附-脱附等温线。由图中可以看出，沸石的 N_2 吸附-脱附等温线为Ⅱ型具有 H3 型滞后环，表明 N_2 在沸石表面的吸附为大孔固体表面的单层可逆吸附过程，并且 Zeo 的孔结构没有被吸附质完全填充，这证实沸石表面孔结构的孔径可能较大。

由 N_2 吸附-脱附等温线计算得出的孔径分布结果见图 4-2（b）。由图中可以看出，沸石的孔隙以 20～50nm 的介孔为主，存在少量＜10nm 的介孔结构；结合 SEM 及孔径分布结果可知沸石以颗粒或层状结构堆积而成的介孔结构为主，孔径主要分布在 10～50nm 之间。

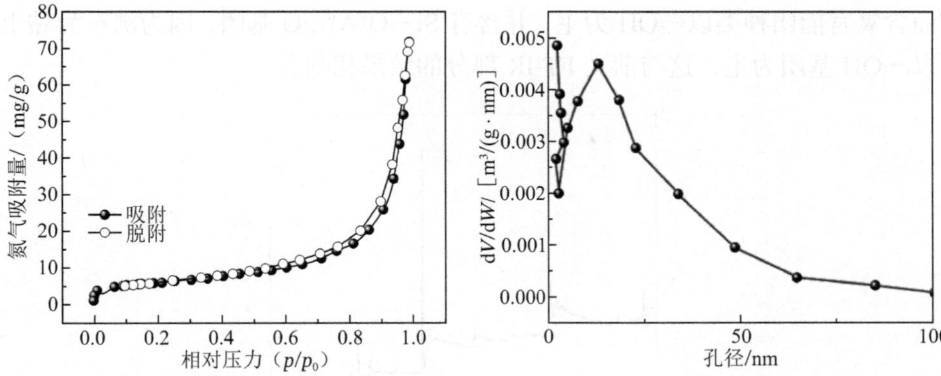

(a) 沸石的氮气（N_2）吸附-脱附等温线　　(b) 孔径分布结果

图 4-2　沸石的氮气（N_2）吸附-脱附等温线及由其计算得出的孔径分布结果

沸石的阳离子交换量（CEC）、阴离子交换量（AEC）及零电荷点（pH_{ZPC}）见表 4-3。由表中可以看出，在 pH = 6 条件下，沸石表面荷负电。沸石表面阳离子交换量为 55.3mmol/kg，阴离子交换量为 20.8mmol/kg，平均孔径为 22.83nm。

表 4-3　供试沸石的 CEC、AEC、S_{BET}、pH_{ZPC} 及平均孔径

样品	零电荷点 pH_{ZPC}	阳离子交换量 CEC/（mmol/kg）	阴离子交换量 AEC/（mmol/kg）	比表面积 S_{BET}/（m^2/g）	平均孔径/nm
Zeo	5.2	55.3	20.8	2.16	22.83

（三）沸石 FT-IR 分析结果

沸石在 458cm^{-1}、755cm^{-1} 和 992cm^{-1} 处分别为沸石层间的 Si—O—Si 伸缩振动峰、沸石结构边缘的 Ca—O 和 Mg—O 伸缩振动峰，1621cm^{-1} 处出现的峰为沸石表面 O—H 伸缩振动峰，而在 3427cm^{-1} 和 3670cm^{-1} 处则为沸石表面吸附水的—OH 振动峰。FT-IR 结果表明，沸石表面以—OH 为主，同时含有 Ca—O、Mg—O 和 Si—O 官能团。图 4-3 为沸石的 FT-IR 图谱。

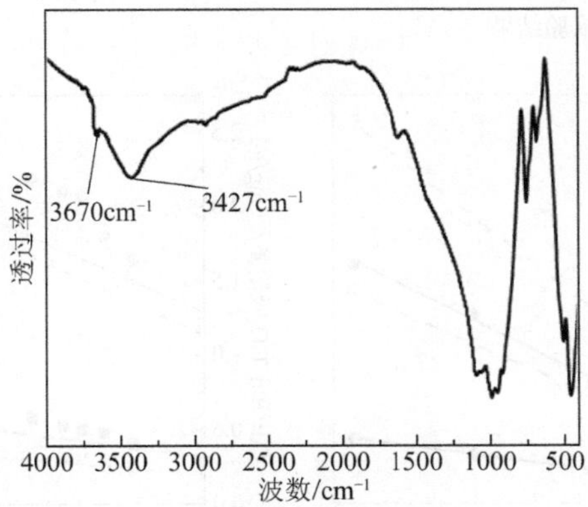

图 4-3　沸石的 FT-IR 图谱

（四）沸石 XPS 分析结果

沸石表面以 O、Si、Ca 和 Mg 元素为主，沸石的高分辨率 O 1s 谱图（图 4-4）表明，沸石表面含氧官能团种类以—OH 为主，并含有 Si—O/Al—O 基团，因为沸石为黏土矿物，故表面以—OH 基团为主，这与前文 FT-IR 部分的结果相吻合。

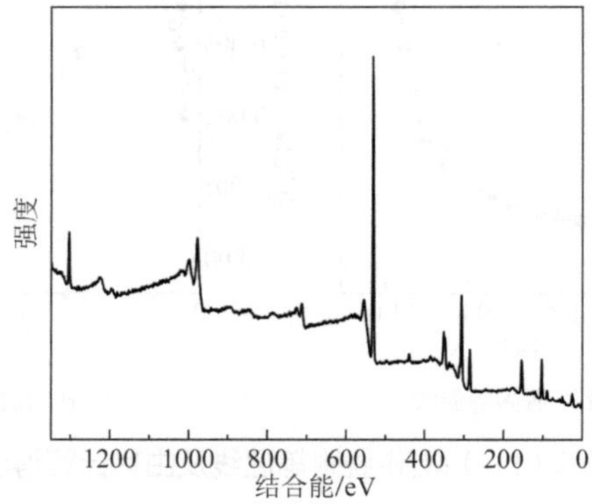

图 4-4　沸石的 XPS 谱图

（五）单一/复合体系中沸石吸附 Cd^{2+}和 n-TiO_2 的吸附动力学实验结果

吸附动力学实验被用来评价单一和复合体系中沸石对 Cd^{2+}和 n-TiO_2 的吸附速率、吸附平衡时间和平衡吸附量，沸石对 Cd^{2+}和 n-TiO_2 的吸附动力学结果见图 4-5（a）。

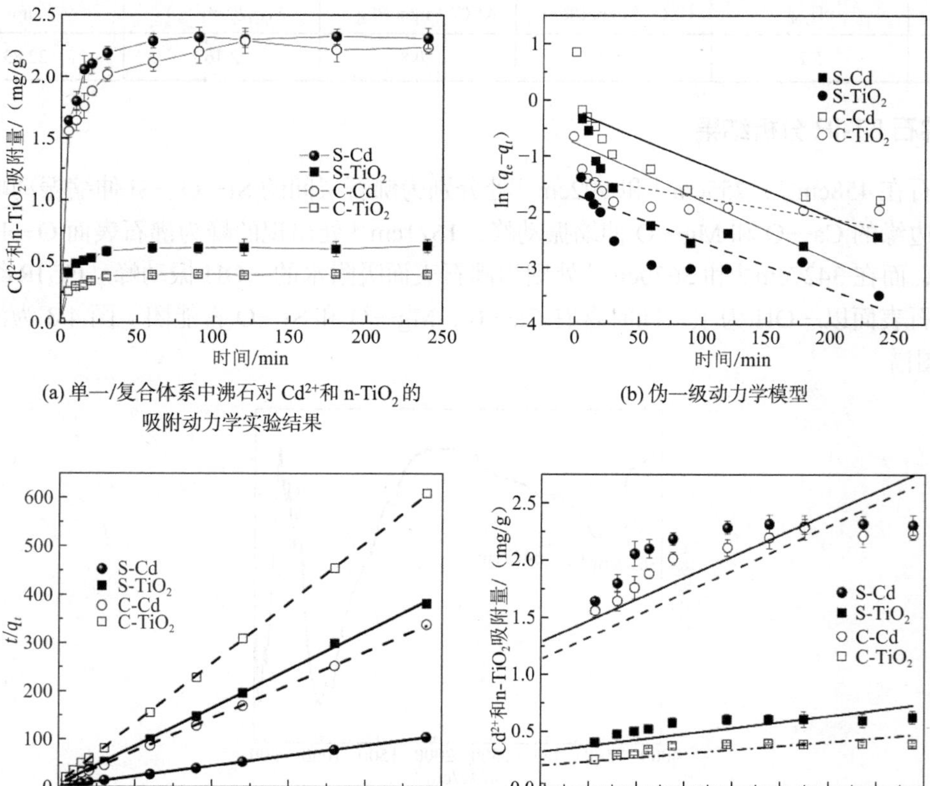

(a) 单一/复合体系中沸石对 Cd^{2+}和 n-TiO_2 的吸附动力学实验结果

(b) 伪一级动力学模型

(c) 伪二级动力学模型

(d) 颗粒内扩散模型

图 4-5　单一/复合体系中沸石对 Cd^{2+}和 n-TiO_2 的吸附动力学实验结果、伪一级动力学模型拟合结果、伪二级动力学模型拟合结果及颗粒内扩散模型拟合结果

由图 4-5（a）可以看出，单一体系中沸石对 Cd^{2+}及 n-TiO_2 均在 0～20min 内发生快速吸附，100min 后吸附基本达到平衡，达到吸附平衡后吸附量不随时间而变化。这是由于在吸附反应的最初阶段，沸石表面有大量吸附位点，Cd^{2+}和 n-TiO_2 可以快速吸附于沸石表面，而随着沸石表面吸附位点被逐渐占据，可供吸附的吸附位点数量减少，Cd^{2+}和 n-TiO_2 吸附难度增大，吸附速率降低，吸附量逐渐达到平衡。

在 Cd + n-TiO_2 复合体系中，沸石对 Cd^{2+}和 n-TiO_2 的吸附量在 0～20min 内快速上升，而在 100min 后吸附逐渐达到平衡，这与单一 Cd 和单一 n-TiO_2 体系中所得的结果相似。但与单一体系相比，Cd + n-TiO_2 复合体系中 Cd^{2+}和 n-TiO_2 的平衡吸附量降低，说明复合体系中 Cd^{2+}和 TiO_2 在沸石表面的吸附存在拮抗作用，二者可能存在吸附位点的竞争关系，导致复合体系中 Cd^{2+}和 n-TiO_2 的平衡吸附量降低。

吸附动力学实验结果证实，单一/复合体系中沸石对 Cd^{2+}和 n-TiO_2 的吸附均可在 100min 后达到吸附平衡，吸附量不再发生变化，复合体系中 Cd^{2+}和 n-TiO_2 的平衡吸附量低于单一体系。根据上述动力学实验结果，将后续吸附等温实验的平衡吸附时间设定为 3h。

吸附动力学模型是用于描述吸附过程中吸附质在吸附剂表面的吸附速率和吸附量随时间变化关系的数学模型，在化学、环境科学、材料科学等多个领域都具有重要意义。常见的吸附动力学模型包括伪一级动力学模型、伪二级动力学模型、颗粒内扩散模型和伊洛维奇（Elovich）模型。伪一级动力学模型适用于吸附初期，吸附质在吸附剂表面的吸附速率主要受液膜扩散控制的过程，即物理吸附占主导的情况。例如，活性炭对水中某些小分子有机物的快速吸附阶段，可用该模型描述。伪二级动力学模型通常适用于化学吸附起主要作用的吸附过程，吸附质与吸附剂之间发生了电子转移、化学键合等化学反应。比如，金属离子在离子交换树脂上的吸附，往往符合伪二级动力学模型。颗粒内扩散模型主要用于研究吸附质在吸附剂颗粒内部的扩散过程。当吸附过程存在明显的颗粒内扩散步骤，且液膜扩散阻力较小可忽略不计时，该模型能较好地描述吸附动力学。例如，研究多孔吸附剂对大分子物质的吸附时，颗粒内扩散模型可用于分析吸附质在孔道内的扩散情况。伊洛维奇（Elovich）模型适用于非均相表面的吸附过程，尤其是吸附剂表面存在多种不同能量的吸附位点，且吸附质与吸附剂之间的相互作用较为复杂的情况。在土壤对农药的吸附等研究中，伊洛维奇（Elovich）模型有较好的应用，因为土壤表面性质复杂，存在多种吸附机制。

本节采用伪一级动力学模型［式(4-4)］、伪二级动力学模型［式(4-5)］和颗粒内扩散模型［式(4-6)］对吸附动力学实验中所得数据进行拟合，模型公式如下：

$$\ln(q_e - q_t) = \ln(q_e) - k_1 t \tag{4-4}$$

$$\frac{t}{q_t} = \frac{1}{k_2 q_e^2} + \frac{t}{q_e} \tag{4-5}$$

$$q_t = k_{ip}^{t^{1/2}} + c \tag{4-6}$$

式中　q_t——t时间的吸附量，mg/g；

k_1，k_2，k_{ip}——伪一级动力学模型、伪二级动力学模型和颗粒内扩散模型常数；

t——吸附时间，min；

q_e——平衡吸附量，mg/g；

c——颗粒内扩散模型常数。

伪一级动力学方程［图 4-5（b）］、伪二级动力学方程［图 4-5（c）］和颗粒内扩散模型［图 4-5（d）］动力学模型拟合参数见表 4-4。根据拟合所得决定系数R^2的大小可知，伪二级动力学模型拟合所得R^2值最大（≥ 0.9994**），因此采用伪二级动力学模型对动力学数据进行分析。

由表 4-4 可以看出，与 S-Cd 相比，复合体系中 C-Cd 的平衡吸附量（q_e）和吸附速率常数（k_2）分别减小 2.99%和 23.81%。而 Cd + n-TiO_2复合体系中的 C-TiO_2与 S-TiO_2相比，q_e减小 36.51%，k_2增大 68.75%。上述结果表明，与单一 Cd 和单一 n-TiO_2体系相比，Cd + n-TiO_2复合体系中沸石对Cd^{2+}的平衡吸附量和吸附速率均减小。这可能是由于复合体系中出现的 n-TiO_2占据了部分沸石表面的吸附位点，造成Cd^{2+}吸附速率及吸附量减小。而复合体系中 n-TiO_2的平衡吸附量减小，但吸附速率增大。

表 4-4　单一/复合体系中沸石对Cd^{2+}和 n-TiO_2的动力学模型拟合结果

样品	伪一级动力学模型			伪二级动力学模型			颗粒内扩散模型		
	k_1/［g/(mg · min)］	q_e/（mg/g）	R^2	q_e/（mg/g）	k_2/［g/(mg · min)］	R^2	k_{ip}/［mg/(g · $min^{-1/2}$)］	c/（mg/L）	R^2
S-Cd	0.010	0.50	0.5107	2.34	0.21	0.9999**	0.09	1.29	0.3959
S-TiO_2	0.009	0.19	0.5589	0.73	0.48	0.9994**	0.03	0.32	0.4639
C-Cd	0.009	0.73	0.5621	2.27	0.16	0.9995**	0.10	1.14	0.4877
C-TiO_2	0.003	0.25	0.3651	0.40	0.81	0.9998**	0.02	0.20	0.4846

注：*表示达到显著水平，$p < 0.05$；**表示达到极显著水平，$p < 0.01$。下同。

（六）单一/复合体系中沸石对Cd^{2+}和 n-TiO_2的吸附等温实验结果

通过吸附等温实验考察了初始浓度对Cd^{2+}和 n-TiO_2在沸石表面吸附的影响，实验结果见图 4-6。由图 4-6（a）可以看出，单一/复合体系中沸石对Cd^{2+}的吸附等温线均为非线性，Cd^{2+}吸附量随着平衡浓度增大而增大，并逐渐趋于饱和。在 25℃条件下，单一 Cd 体系中沸石对Cd^{2+}的最大吸附量为 2.77mg/g，而 Cd + n-TiO_2复合体系中沸石对Cd^{2+}的最大吸附量为 2.67mg/g，与单一 Cd 体系相比减小 3.61%。这表明复合体系中的 n-TiO_2抑制了Cd^{2+}在沸石表面的吸附。

单一 n-TiO_2和 Cd + n-TiO_2复合体系中沸石对 n-TiO_2的吸附等温线如图 4-6（b）所示。单一/复合体系中沸石对 n-TiO_2的吸附等温线均为非线性，与Cd^{2+}等温线相类似，n-TiO_2吸附量随平衡浓度增大而增大并逐渐趋于吸附平衡，表明 n-TiO_2在沸石表面存在饱和吸附量。25℃条件下，单一 n-TiO_2和 Cd + n-TiO_2复合体系中 n-TiO_2的最大吸附量分别为 0.76mg/g 和 0.72mg/g，复合体系中 n-TiO_2的最大吸附量减小 5.26%，可见复合体系中出现的Cd^{2+}同样抑制了 n-TiO_2在沸石上的吸附。

图 4-6（c）为无沸石对照组中 n-TiO_2对 Cd 的吸附等温线。由图中可以看出，Cd + n-TiO_2复合体系中 n-TiO_2对 Cd 的吸附量随Cd^{2+}平衡浓度增大而增大，并逐渐趋于稳定。这表明复合体系中 n-TiO_2对Cd^{2+}具有吸附作用，同时Cd^{2+}在 n-TiO_2上的吸附存在饱和，证实了复合体系中共存的 Cd^{2+}和 n-TiO_2之间同样存在相互作用。25℃条件下，N-Cd 最大吸附量为 0.46mg/g。

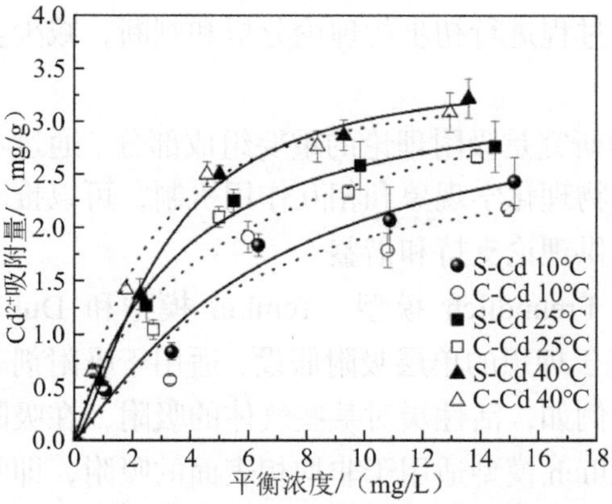

(a) 单一/复合体系中沸石对 Cd^{2+} 的吸附等温实验结果

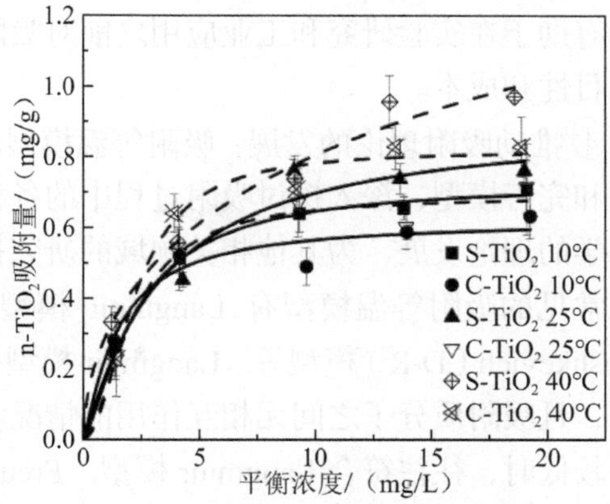

(b) 单一/复合体系中沸石对 n-TiO_2 的吸附等温实验结果

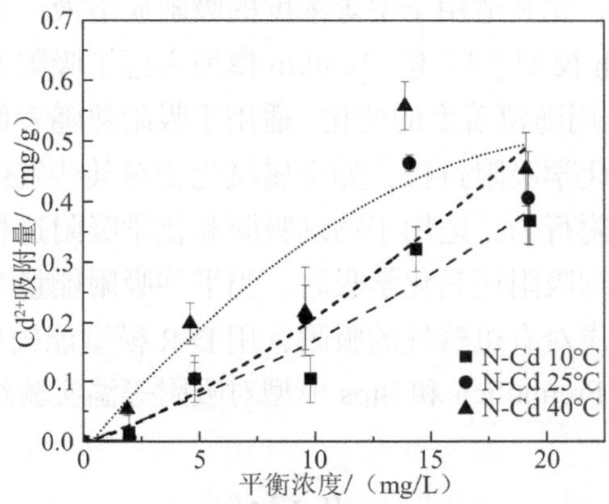

(c) 对照组中 n-TiO_2 对 Cd^{2+} 的吸附等温实验结果

图 4-6　单一/复合体系中沸石对 Cd^{2+} 和 n-TiO_2 的吸附等温实验结果及对照组中 n-TiO_2 对 Cd^{2+} 的吸附等温结果

图中曲线（实线和虚线）为 Sips 模型拟合结果

在吸附研究中，吸附等温模型是在恒定温度条件下，用于描述吸附质在吸附剂表面吸附平衡关系的数学模型，在吸附研究及相关领域具有重要意义，主要体现在以下几个方面。

揭示吸附平衡关系：该模型能够定量地描述在特定温度下，吸附剂对吸附质的吸附量与吸附质在气相或液相中的平衡浓度之间的关系。通过拟合实验数据到合适的吸附等温模型，可以准确地确定吸附剂对不同浓度吸附质的吸附能力，帮助研究人员理解吸附过程的本质和规律。

① 指导吸附剂的选择和设计：不同的吸附剂具有不同的表面性质和吸附特性，通过吸附等温模型对各种吸附剂进行表征和比较，可以为特定吸附分离过程选择最合适的吸附剂。同时，也有助于指导新型吸附剂的设计和开发，根据模型所反映的吸附机制和影响因素，有针对性地对吸附剂的结构和性能进行优化，以提高其吸附性能。

② 优化吸附工艺条件：在工业吸附过程中，如气体净化、废水处理、产品分离提纯等，吸附等温模型可用于确定最佳的操作条件，如吸附剂用量、吸附质初始浓度、接触时间等。依据模型预测不同条件下的吸附平衡状态，能够优化工艺参数，实现高效、经济的吸附分离过程，降低运行成本和能耗。

③ 预测吸附过程的可行性和效果：利用吸附等温模型可以预测在给定条件下吸附过程能否发生吸附以及吸附的程度。这对于评估新的吸附应用场景或工艺改进的可行性非常重

要，有助于在实验研究和工业应用之前对吸附过程进行初步的理论分析和判断，减少实验的盲目性和成本。

④ 推动吸附理论的发展：吸附等温模型的研究是吸附理论的重要组成部分。通过不断改进和完善模型，深入探讨吸附过程中的各种物理化学现象和相互作用机制，可以推动吸附科学的理论发展，为其他相关领域的研究提供理论支持和借鉴。

常见的吸附等温模型有 Langmuir 模型、Freundlich 模型、Temkin 模型和 Dubinin-Radushkevich（D-R）模型等。Langmuir 模型基于理想的单层吸附假设，适用于吸附剂表面均匀，且吸附质分子之间无相互作用的情况。例如，活性炭对某些气体的吸附，在吸附质浓度较低时，往往符合 Langmuir 模型。Freundlich 模型适用于非均相表面的吸附，即吸附剂表面存在不同能量的吸附位点，且吸附质分子之间存在相互作用。它能较好地描述在各种浓度范围内的吸附过程，尤其适用于中等浓度的吸附质溶液。例如，土壤对重金属离子的吸附，常可用 Freundlich 模型来描述。Temkin 模型考虑了吸附剂表面的不均匀性以及吸附质-吸附剂之间的相互作用随覆盖度的变化，适用于吸附热随表面覆盖度增加而线性降低的情况，常用于描述一些化学吸附过程，如金属氧化物对某些气体的吸附。D-R 模型主要用于描述微孔吸附剂的吸附行为，适用于物理吸附和化学吸附过程。它可以通过计算吸附能量来区分吸附过程是物理吸附还是化学吸附，当平均吸附能量在一定范围内时，可以判断吸附类型。例如，活性炭对有机蒸气的吸附，用 D-R 模型能较好地分析其吸附特性。

本节采用 Langmuir、Freundlich 和 Sips 模型对吸附等温实验结果进行拟合，模型公式如下：

$$q_e = \frac{q_{mL} K_L c_e}{1 + K_L c_e} \tag{4-7}$$

$$q_e = K_F c_e^{1/n} \tag{4-8}$$

$$q_e = q_{mS} \frac{(K_S c_e)^\gamma}{1+(K_S c_e)^\gamma} \tag{4-9}$$

式中 q_e，c_e——平衡吸附量和平衡浓度，mg/g；

K_L——Langmuir 吸附等温模型常数，L/mg；

q_{mL}——Langmuir 模型拟合所得理论最大吸附量，mg/g；

K_F——Freundlich 吸附等温模型与吸附量相关的常数，$mg^{1-1/n}/(g \cdot L^{1/n})$；

n——Freundlich 模型中表示吸附亲和力的常数；

K_S——Sips 模型平衡常数，L/mg；

q_{mS}——Sips 模型拟合结果计算所得理论最大吸附量，mg/g；

γ——吸附剂表面均一化程度，当$\gamma = 1$ 时，Sips 模型简化为 Langmuir 模型，表示吸附剂表面为均一表面。

由表 4-5 中 Langmuir、Freundlich 和 Sips 模型拟合的决定系数R^2值可知，Sips 对吸附等温实验结果数据拟合效果最好（≥ 0.8257*），因此选用 Sips 模型对吸附等温实验数据进行分析，Sips 模型拟合所得参数见表 4-5。Sips 模型拟合所得的 Cd^{2+}和 n-TiO_2 的理论最大吸附量（q_{mS}）的变化规律基本与实验结果相符。25℃条件下，与单一 Cd 体系相比，Cd + n-TiO_2 复合体系中 Cd 的理论最大吸附量（q_{mS}）减小 8.75%，而吸附亲和力（K_S）增大 10.70%，表面均一化系数（γ）向 1 靠近，表明对于复合体系中的 Cd^{2+}来说，n-TiO_2 在沸石上的共吸附造成沸石表面均一化程度增大。而与单一 n-TiO_2 体系相比，Cd + n-TiO_2 复合体系中 n-TiO_2 的理论最大吸附量（q_{mS}）减小 23.33%，吸附亲和力（K_S）减小 3.70%，表面均一化系数（γ）远离 1，表明对于复合体系中的 n-TiO_2 来说，复合体系中出现的 Cd^{2+}在沸石上的共吸附造成沸石表面均一化程度降低。无沸石对照组中 Cd^{2+}与 n-TiO_2 之间的K_S值远小于 Cd^{2+}和沸石之间的K_S值，表明 Cd^{2+}与沸石之间的吸附亲和力远大于 Cd^{2+}与 n-TiO_2。

吸附等温实验证实 Cd + n-TiO_2 复合体系中 Cd^{2+}和 n-TiO_2 之间为拮抗作用，即与单一 Cd 和单一 n-TiO_2 体系相比，Cd + n-TiO_2 复合体系中的 Cd^{2+}和 n-TiO_2 吸附量均减小。

表 4-5 Langmuir 模型、Freundlich 模型和 Sips 模型拟合参数

样品	温度T/℃	Langmuir 模型			Freundlich 模型			Sips 模型			
		q_{mL}/(mg/g)	K_L/(L/mg)	R^2	K_F/[$mg^{1-1/n}/(g\cdot L^{1/n})$]	n/(g/L)	R^2	q_{mS}/(mg/g)	K_S/(L/mg)	γ	R^2
S-Cd	10	3.92	0.11	0.9719**	0.52	1.71	0.9583**	3.32	0.11	1.18	0.9639**
	25	3.54	0.27	0.9906**	0.93	2.32	0.9649**	3.43	0.28	1.05	0.9877**
	40	4.38	0.22	0.9881**	0.94	2.03	0.9530**	3.51	0.21	1.47	0.9957**
C-Cd	10	3.27	0.13	0.8673*	0.52	1.85	0.8520*	2.68	0.12	1.31	0.8257*
	25	3.54	0.22	0.9595**	0.83	2.18	0.9509**	3.13	0.31	1.01	0.9606**
	40	3.75	0.37	0.9950**	1.14	2.43	0.9595**	3.45	0.39	1.18	0.9956**
S-TiO_2	10	0.81	0.36	0.9932**	0.28	3.06	0.9576**	0.73	0.32	1.39	0.9975**
	25	0.95	0.27	0.9699**	0.28	2.73	0.9389**	0.90	0.27	1.11	0.9608**
	40	1.18	0.24	0.9759**	0.38	2.52	0.9866**	2.52	0.13	0.54	0.9840**
C-TiO_2	10	0.65	0.63	0.9629**	0.31	4.06	0.9488**	0.62	0.62	1.20	0.9513**
	25	0.80	0.37	0.9636**	0.29	3.11	0.9173**	0.69	0.26	1.78	0.9736**
	40	1.00	0.31	0.9642**	0.32	2.82	0.9168**	0.81	0.20	2.02	0.9824**
N-Cd	10	2.19	0.01	0.9060**	0.01	1.30	0.9142**	0.98	0.01	1.41	0.9072**
	25	2.62	0.01	0.8990**	0.03	1.02	0.8693**	2.41	0.01	1.12	0.9035**
	40	1.32	0.03	0.8202*	0.05	0.81	0.8098*	9.13	0.02	0.92	0.8429*

（七）单一/复合体系中温度对 Cd^{2+}和 n-TiO_2 吸附量的影响

为了考察温度条件对单一/复合体系中沸石表面 Cd^{2+}和 n-TiO_2 共吸附行为的影响，分别在不同温度条件下进行了吸附等温实验。各温度下沸石对 Cd^{2+}和 n-TiO_2 的吸附等温实验结果见图 4-6，模型拟合结果见表 4-6。

由图 4-6（a）可知，随着温度升高（10℃、25℃、40℃），单一体系中 Cd^{2+}的最大吸附量分别为 2.43mg/g、2.77mg/g 和 3.22mg/g，复合体系中 Cd^{2+}的最大吸附量分别为 2.18mg/g、2.67mg/g 和 3.09mg/g，单一/复合体系中沸石对 Cd^{2+}的吸附量均随温度升高而增大，表现为增温正效应。并且在不同温度条件下，Cd + n-TiO_2 复合体系中 Cd^{2+}的吸附量始终小于单一 Cd 体系，表明在不同温度条件下复合体系中 n-TiO_2 对 Cd^{2+}在沸石上吸附行为的影响始终为拮抗作用。而随着温度升高，复合体系中 Cd^{2+}的最大吸附量分别下降 10.29%、3.61%

和 4.03%，表明复合体系中 n-TiO_2 对 Cd^{2+}吸附量的抑制效果随着温度升高而减弱。

对 n-TiO_2 来说［图 4-6（b）］，单一复合体系中 n-TiO_2 在沸石表面的吸附量随温度升高而升高，表现为增温正效应，这与 Cd^{2+}相同。而在实验设定的 3 个温度条件下，单一 n-TiO_2 体系中，n-TiO_2 的最大吸附量分别为 0.71mg/g、0.76mg/g 和 0.97mg/g，Cd + n-TiO_2 复合体系中 n-TiO_2 的最大吸附量分别为 0.63mg/g、0.72mg/g 和 0.83mg/g。与单一 n-TiO_2 体系相比，复合体系中 n-TiO_2 的最大吸附量平均减小 10.32%，证实复合体系中存在的 Cd^{2+}同样在不同温度条件下抑制了 n-TiO_2 在沸石表面的吸附。与 Cd^{2+}不同的是，复合体系中 n-TiO_2 吸附量的下降率随温度升高没有出现统一的变化趋势（3 个温度条件下复合体系中 n-TiO_2 吸附量的下降率分别为 11.27%、5.26%和 14.43%）。这可能是由于 n-TiO_2 在沸石上的吸附过程较 Cd^{2+}更为多样化，多种吸附方式共同导致了 n-TiO_2 吸附量随温度变化的规律更为复杂。

无沸石对照组中 n-TiO_2 对 Cd^{2+}的吸附量（N-Cd）随温度变化的结果见图 4-6（c）。由图中可以看出，N-Cd 随温度升高而增大，表现为增温正效应，这与 Cd^{2+}在沸石上吸附量的变化规律相同。而 N-Cd 随温度升高而增大，证实了高温有利于 Cd^{2+}与 n-TiO_2 之间的相互作用。这可能是复合体系中 n-TiO_2 对 Cd^{2+}抑制作用随温度升高而减弱的原因。在 Cd + n-TiO_2 复合体系中，随着温度升高，沸石上吸附的 n-TiO_2 数量增多，同时 n-TiO_2 对 Cd^{2+}的吸附量增大，这就导致了复合体系中 Cd^{2+}吸附量的降幅逐渐减小。

吸附热力学参数主要包括吉布斯自由能变（ΔG）、焓变（ΔH）和熵变（ΔS），它们在吸附过程的研究中具有重要意义。ΔG的值可以直接判断吸附过程是否自发进行。若$\Delta G < 0$，表示吸附过程是自发的，ΔG的绝对值越大，说明该过程的自发趋势越强。相反，$\Delta G > 0$ 时，吸附过程不能自发进行。ΔG综合考虑了吸附过程中的焓变和熵变，体现了吸附过程的总体驱动力。它不仅与吸附剂和吸附质之间的相互作用有关，还受温度和吸附质浓度等因素的影响。ΔH表示吸附过程中热量的变化。$\Delta H > 0$ 表明吸附过程是吸热的，需要从外界吸收热量；$\Delta H < 0$ 则说明吸附过程是放热的，会向外界释放热量。例如，物理吸附通常是放热过程，ΔH的绝对值相对较小；而化学吸附一般是吸热或放热较大的过程，ΔH的绝对值较大。通过ΔH的大小和符号可以初步判断吸附过程中起主导作用的作用力类型。一般来说，分子间作用力等较弱的作用力导致的吸附，ΔH较小；而化学键合等较强的作用力引起的吸附，ΔH较大。ΔS描述了吸附过程中系统混乱度的改变。$\Delta S > 0$ 表示吸附过程中系统的混乱度增加，例如吸附质在溶液中从无序状态被吸附到吸附剂表面，使吸附剂表面附近的吸附质分子排列更加有序，但同时可能伴随着溶剂分子的解吸等导致整体系统混乱度增加的过程；$\Delta S < 0$ 则表示系统混乱度减小。结合ΔH和ΔG，ΔS有助于更全面地理解吸附机制。例如，在一些物理吸附过程中，ΔS可能为正值，因为吸附质分子在吸附剂表面的分布变得更加有序，同时可能有部分溶剂分子从吸附剂表面释放到溶液中，导致系统的熵增加。而在化学吸附中，由于吸附质与吸附剂之间形成化学键，分子的自由度降低，ΔS通常为负值。通过对吸附热力学参数的研究和分析，可以深入了解吸附过程的本质、驱动力、热效应以及系统混乱度的变化情况，为吸附剂的选择、吸附工艺的优化以及吸附理论的发展提供重要的理论依据。

吸附等温模型拟合所得的吸附常数K被用来计算吸附热力学参数，公式如下：

$$K_{\mathrm{T}} = \frac{1000K \times M_{\text{被吸附物}} \times C^{0}_{\text{被吸附物}}}{\gamma} \tag{4-10}$$

$$\Delta G = -RT\ln K_T \tag{4-11}$$

$$K_T = \frac{-\Delta H}{R} \times \frac{1}{T} + \frac{\Delta S}{R} \tag{4-12}$$

式中 γ——活度系数（无量纲）；

$M_{被吸附物}$——被吸附物分子量；

$C^0_{被吸附物}$——被吸附物的标准浓度（1mol/L）；

K——吸附等温模型拟合所得吸附平衡常数；

K_T——范特霍夫方程中的吸附平衡常数；

ΔG——吉布斯自由能，kJ/mol；

ΔH——吸附焓变值，kJ/mol；

ΔS——吸附熵变值，J/(K · mol)；

R——气体常数，8.314J/(K · mol)；

T——温度，K。

采用 Sips 模型拟合所得参数K_S计算热力学参数，热力学计算结果见表 4-6。由热力学参数可知，单一/复合体系中 Cd^{2+}在沸石表面的吸附过程为自发吸热熵增的过程，自发性随温度升高而增大，这与吸附等温实验结果相符。而单一/复合体系中 n-TiO_2 在沸石表面的吸附过程为自发放热的过程，放热吸附过程却随温度升高 n-TiO_2 吸附量增大。这可能是由于高温下 n-TiO_2 颗粒能量增大，更容易扩散进入沸石表面的孔隙，造成 n-TiO_2 吸附量增大，这与一些大分子有机污染物在多孔固体表面吸附的结果相似。

无沸石对照组热力学计算参数表明，复合体系中 Cd^{2+}在 n-TiO_2 上的吸附过程为吸热熵增的自发过程。这与 Cd^{2+}在沸石上的吸附过程性质相同。复合体系中 Cd^{2+}在沸石和 n-TiO_2 上的吸附过程均为自发过程，表明复合体系中的 Cd^{2+}既可以吸附于沸石上，也可以吸附于 n-TiO_2 上，而表面吸附有 Cd^{2+}的 n-TiO_2 也可能会再次吸附于沸石上，即沸石上可能存在 Cd^{2+}和 n-TiO_2 的结合体。

表 4-6 单一/复合体系中 Cd^{2+}和 n-TiO_2的吸附热力学参数

样品	温度 T/℃	Sips 模型参数		热力学参数		
		K_S/（L/mg）	R^2	ΔG/（kJ/mol）	ΔH/（kJ/mol）	ΔS/［J/(K · mol)］
S-Cd	10	0.11	0.9639**	−5.92	16.38	80.32
	25	0.28	0.9877**	−8.55		
	40	0.21	0.9957**	−8.23		
C-Cd	10	0.12	0.8257*	−6.13	29.18	125.74
	25	0.31	0.9606**	−8.80		
	40	0.39	0.9956**	−9.84		
S-TiO_2	10	0.32	0.9975**	−7.63	−21.87	−46.81
	25	0.27	0.9608**	−7.61		
	40	0.13	0.9840**	−6.09		
C-TiO_2	10	0.62	0.9513**	−9.19	−28.02	−67.26

续表

样品	温度 T/℃	Sips 模型参数		热力学参数		
		K_S/（L/mg）	R^2	ΔG/（kJ/mol）	ΔH/（kJ/mol）	ΔS/［J/(K·mol)］
C-TiO_2	25	0.26	0.9736**	−7.52	−28.02	−67.26
	40	0.20	0.9824**	−7.21		
N-Cd	10	0.01	0.9072**	−0.03	16.90	59.34
	25	0.01	0.9035**	−0.53		
	40	0.02	0.8429*	−1.83		

（八）单一复合体系中 pH 值对 Cd^{2+}和 n-TiO_2 吸附量的影响

初始 pH 值对于污染物在固体表面的吸附行为十分重要，溶液 pH 值的变化会同时影响吸附质和固体表面的电荷性质，从而影响污染物在其表面的吸附行为。pH 值对单一/复合体系中 Cd^{2+}和 n-TiO_2 吸附量的影响见图 4-7。

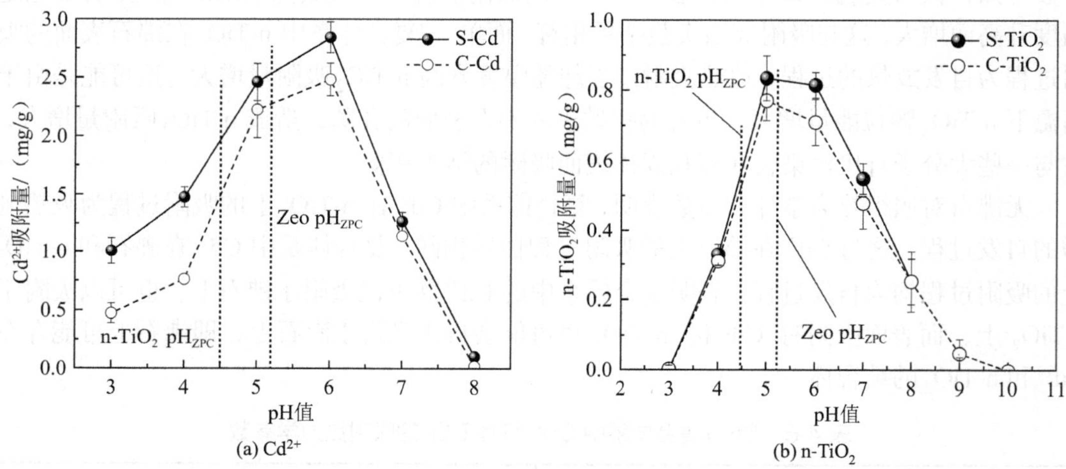

图 4-7　单一/复合体系中 pH 值对 Cd^{2+}和 n-TiO_2 吸附量的影响

由图 4-7（a）可知，在 pH = 3～6 范围内，单一和复合体系中 Cd^{2+}吸附量随 pH 值增大而增大，这是由于一方面酸性条件下，溶液中的 H^+会与 Cd^{2+}争抢沸石表面负电荷吸附位点，造成酸性条件下 Cd^{2+}吸附量较低，另一方面由于沸石的零电荷点为 pH = 5.2，当 pH 值由 3 逐渐增大为 6 时，沸石表面逐渐由正电性向负电性转变，负电荷数量逐渐增多，因此 Cd^{2+}吸附量逐渐增大。而在 pH > 6 后，由于在碱性条件下 Cd^{2+}生成沉淀，因此 Cd^{2+}吸附量大幅减小。在实验设定的 pH 值范围内（pH = 3～8），复合体系中 Cd^{2+}的吸附量（C-Cd）始终小于单一 Cd 体系中 Cd^{2+}的吸附量（S-Cd），随着 pH 值增大，复合体系中 Cd^{2+}吸附量的下降幅度逐渐减小（由 53.01%逐渐减小为 10.73%），这表明复合体系中 n-TiO_2 对 Cd 的抑制作用在酸性环境中更强，可能与酸性环境中 H^+数量更多，n-TiO_2 会与 H^+一同竞争 Cd^{2+}的静电引力吸附位点有关。

图 4-7（b）为单一/复合体系中 pH 值对 n-TiO_2 吸附量的影响。在 pH = 3～8 范围内，单一 n-TiO_2 体系中 n-TiO_2 的吸附量（S-TiO_2）大于 Cd + n-TiO_2 复合体系中 n-TiO_2 的吸附

量（C-TiO_2）。随着 pH 值的增大，单一和复合体系中 n-TiO_2 的吸附量均表现为先增大后减小，在 pH = 5 处 n-TiO_2 吸附量达到最大值。由于沸石的零电荷点为 pH = 5.2，而 n-TiO_2 的零电荷点为 pH = 4.5，因此当 pH < 4 时，复合体系中沸石和 n-TiO_2 表面以正电荷为主，沸石、Cd^{2+}和 n-TiO_2 三者之间存在静电斥力，因此 Cd + n-TiO_2 复合体系中 n-TiO_2 的吸附量略小于单一 n-TiO_2 体系中 n-TiO_2 的吸附量。而当 pH > 5 后，沸石和 n-TiO_2 表面以负电荷为主，二者之间依然存在静电斥力，同时阳离子 Cd^{2+}可以通过静电引力及孔径填充等方式吸附于沸石表面，造成沸石平均孔径增大，比表面积减小，抑制了 n-TiO_2 在沸石上的孔径填充作用。因此，复合体系中 n-TiO_2 的吸附量小于单一 n-TiO_2 体系。在 pH = 3～8 范围内，随着 pH 值逐渐增大，复合体系中 n-TiO_2 吸附量的下降幅度逐渐减小（由 20%逐渐减小为 0.78%），这与 Cd^{2+}相同，酸性环境中增多的 H^+会与 n-TiO_2 竞争静电引力吸附位点，因此 Cd^{2+}与 n-TiO_2 之间的拮抗作用在酸性环境中更强。单一/复合体系中 pH 值对 Cd^{2+}和 n-TiO_2 吸附量的影响实验证实，在 pH = 3～8 范围内，Cd^{2+}和 n-TiO_2 之间始终为拮抗作用，且二者间的拮抗作用随 pH 值增大而减弱。

（九）单一/复合体系中沸石吸附 Cd^{2+}和 n-TiO_2 后的表面微观形貌

沸石在单一/复合体系中吸附后的 SEM 图像见图 4-8。图 4-8（b）为沸石在单一 Cd 体系中吸附 Cd^{2+}后的 SEM 图像，吸附 Cd^{2+}后，沸石表面层状结构边缘出现卷曲，孔结构数量减少，这是沸石结构中的 Si—O—Si/Al—O—Al 结构在水中断裂并吸附 Cd^{2+}后造成的，而 Cd^{2+}对孔隙结构的填充造成了孔隙结构的减少；而在单一 n-TiO_2 体系中吸附 n-TiO_2 后［图 4-8（c）］，沸石表面孔结构数量减少，同时沸石表面及边缘出现直径为 0.5～1μm 的不规则颗粒，高倍镜图像显示这些不规则颗粒是由直径为 10～15nm 的球状颗粒堆积而成的，证实了 n-TiO_2 成功吸附在沸石上；而在 Cd + n-TiO_2 复合体系中同时吸附 Cd^{2+}和 n-TiO_2 后［图 4-8（d）］，沸石表面基本无法观察到孔结构，而与单一 n-TiO_2 体系中沸石表面的 n-TiO_2 团聚体相比，复合体系中沸石表面的 n-TiO_2 团聚体尺寸增大（> 1μm），这是由于复合体系中的 Cd^{2+}降低了体系中 n-TiO_2 的稳定性，使 n-TiO_2 更容易团聚并吸附于沸石上，这与吸附动力学中 n-TiO_2 在复合体系中吸附速率增大的现象相符，但更大体积的团聚体可能不利于 n-TiO_2 吸附于沸石的表面或孔结构上。

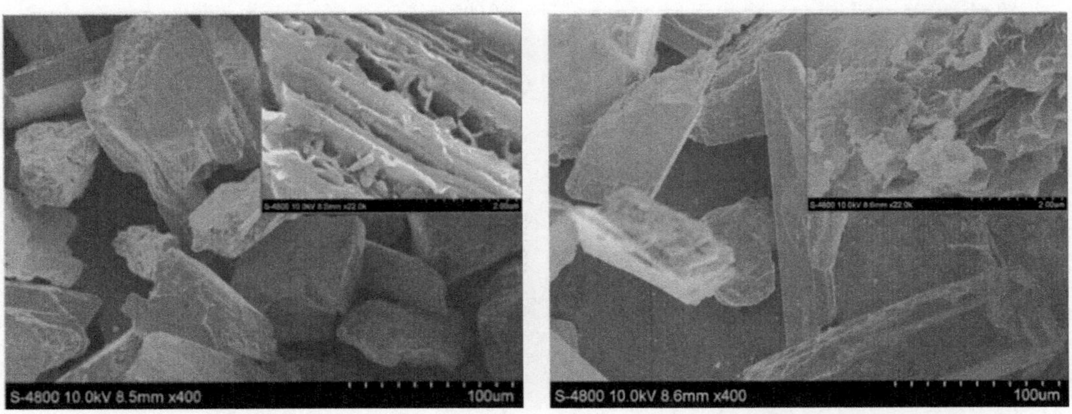

(a) 沸石　　(b) 沸石在单一 Cd 体系中吸附 Cd^{2+}后

图 4-8

(c) 沸石在单一 n-TiO_2 体系中吸附 n-TiO_2 后　　(d) 沸石在 Cd + n-TiO_2 复合体系中同时吸附 Cd^{2+} 和 n-TiO_2 后

图 4-8　沸石吸附后扫描电镜（SEM）图像

（十）单一/复合体系中沸石吸附 Cd^{2+} 和 n-TiO_2 后的 CEC、S_{BET} 及孔径分布结果

为了考察吸附 Cd^{2+} 和 n-TiO_2 对沸石比表面积和孔径的影响，测定了沸石在单一和复合体系中吸附后的 N_2 吸附-脱附等温线［图 4-9（a）］。

对比单一 Cd 体系和单一 n-TiO_2 体系中沸石的孔径分布结果发现［图 4-9（b）］，沸石在单一 Cd 体系中吸附 Cd^{2+} 后，在 < 10nm 范围内孔结构的分布减少，但 10～50nm 范围内孔结构分布无明显变化，这证实了 Cd^{2+} 在沸石上的吸附会填充或堵塞部分较小的介孔结构，但对沸石的较大介孔结构无明显影响；而与之相反的是在单一 n-TiO_2 体系中吸附 n-TiO_2 后，沸石在 10～50nm 范围内孔结构分布范围增大，但 < 10nm 范围内孔结构分布明显变化，这表明 n-TiO_2 主要吸附于沸石颗粒堆砌而成的较大的介孔结构中。在 Cd + n-TiO_2 复合体系中同时吸附 Cd^{2+} 和 n-TiO_2 后，沸石的孔径在 < 10nm 范围内孔结构的分布减少，10～50nm 范围内孔结构的分布增大，但幅度小于单一 Cd 和单一 n-TiO_2 体系，表明复合体系中 Cd^{2+} 和 n-TiO_2 对沸石的孔结构的填充作用被抑制。孔径分布结果证实，Cd^{2+} 和 n-TiO_2 在沸石上的吸附均会堵塞或填充部分介孔结构，造成孔径分布发生变化，但 Cd^{2+} 主要影响 < 10nm 范围内的孔结构，而 n-TiO_2 则主要影响 10～50nm 范围内的孔结构。

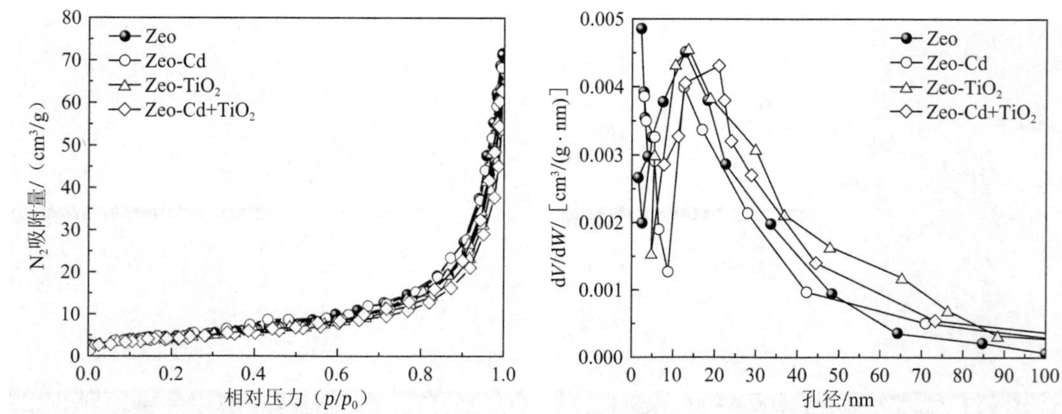

(a) N_2 吸附等温线　　(b) 孔径分布

图 4-9　单一/复合体系中沸石吸附后 N_2 吸附等温线及孔径分布

沸石吸附后阳离子交换量（CEC）、比表面积（S_{BET}）及孔径测定结果见表4-7。在单一Cd体系中吸附Cd^{2+}后，沸石的CEC及S_{BET}分别减小为50.9mmol/kg和2.08m²/g，而孔径增大为24.14nm，这是由于沸石表面吸附的Cd^{2+}会填充或堵塞部分孔结构，造成沸石表面积减小，平均孔径增大，而阳离子Cd^{2+}通过静电引力吸附在沸石表面，消耗了沸石表面负电荷吸附位点，造成沸石的CEC减小，这证实了Cd^{2+}可以通过孔径填充及静电引力作用吸附于沸石表面。

表4-7　沸石吸附Cd^{2+}和n-TiO_2后的阳离子交换量（CEC）、比表面积（S_{BET}）及孔径测定结果

样品	阳离子交换量CEC/（mmol/kg）	比表面积S_{BET}/（m²/g）	孔径/nm
Zeo	55.3	2.16	22.83
Zeo-Cd	50.9	2.08	24.14
Zeo-n-TiO_2	61.5	1.96	25.47
Zeo-Cd + n-TiO_2	53.6	2.06	24.04

而在单一n-TiO_2体系中吸附n-TiO_2后，沸石的CEC和平均孔径分别增大为61.5mmol/kg和25.47nm，而比表面积减小为1.96m²/g。吸附n-TiO_2后沸石CEC增大，这是由于n-TiO_2表面携带—OH基团，当n-TiO_2通吸附于沸石上，n-TiO_2自身所携带的表面负电荷造成沸石表面负电荷数量增多，而n-TiO_2对沸石表面孔结构的填充或堵塞造成沸石比表面积减小，平均孔径增大。上述结果证实n-TiO_2同样可以通过孔径填充作用吸附于沸石表面。

在Cd + n-TiO_2复合体系中同时吸附Cd和n-TiO_2后，沸石的CEC和比表面积分别减小为53.6mmol/kg和2.06m²/g，而平均孔径增大为24.04nm。与单一Cd体系相比，复合体系中CEC减小幅度更小，这是由于一方面复合体系中被吸附的n-TiO_2会提供新的负电荷点位，另一方面可能是复合体系中被吸附的Cd^{2+}数量减少，沸石表面被消耗的负电荷数量减少。而与单一n-TiO_2体系相比，复合体系中CEC减小，这可能是由于复合体系中n-TiO_2数量减少，造成n-TiO_2所提供的额外负电荷数量减少。此外，由等吸附实验中N-Cd的结果可知，复合体系中的Cd同样可以吸附于n-TiO_2上，而当复合体系中的Cd^{2+}通过静电引力吸附于沸石表面被吸附的n-TiO_2上时，就可能会消耗n-TiO_2所提供的额外负电荷点位，造成Cd + n-TiO_2复合体系中沸石的CEC小于单一n-TiO_2体系。

（十一）单一/复合体系中沸石吸附Cd^{2+}和n-TiO_2后的FT-IR分析结果

采用红外光谱分析沸石吸附后表面官能团的变化，从而探讨Cd^{2+}和n-TiO_2在沸石表面的吸附方式及复合体系中Cd^{2+}和n-TiO_2之间的拮抗机制。单一/复合体系中沸石吸附Cd^{2+}和n-TiO_2后的FT-IR图谱见图4-10。

在单一Cd体系中吸附Cd^{2+}后，沸石在458cm^{-1}、755cm^{-1}、992cm^{-1}处的3个峰的所在位置未发生变化，表明沸石结构中的Si、Ca和Mg未与Cd发生离子交换。这与一些Na型人工沸石的研究结果不同，Na型人工沸石吸附重金属污染物Cd^{2+}的主要方式之一是结构中的Na^+与Cd^{2+}发生离子交换。而沸石表面O—H峰和表面吸附水的H—O—H振动峰分别蓝移到1619cm^{-1}和3425cm^{-1}处，证实了Cd^{2+}和沸石表面—OH基团之间的静电引力作用。

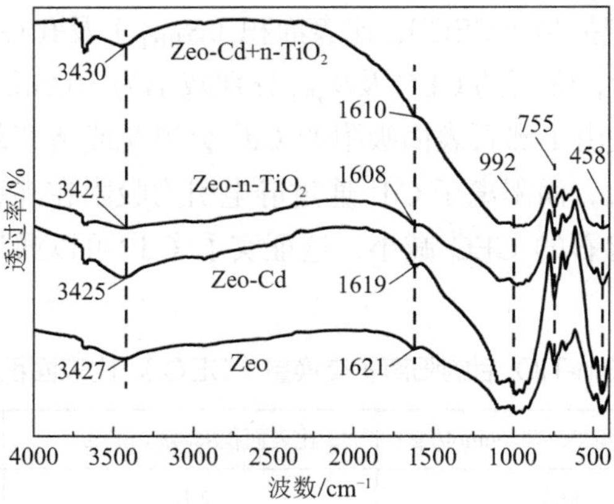

图 4-10　单一/复合体系中沸石吸附 Cd^{2+}和 n-TiO_2后的 FT-IR 图谱

在单一 n-TiO_2体系中吸附 n-TiO_2后，沸石表面的 O—H 峰和表面吸附水的 H—O—H 峰分别蓝移至 1608cm^{-1} 和 3421cm^{-1} 处，移动幅度大于单一 Cd 体系，证实 n-TiO_2与沸石之间可以通过氢键作用相结合。而沸石在指纹区的结构振动峰未发生变化，同样说明 n-TiO_2与沸石结构中的 Si、Ca 和 Mg 等元素未发生离子交换，即 n-TiO_2的吸附未影响沸石的矿物结构。

而在 Cd + n-TiO_2 复合体系中同时吸附 Cd 和 n-TiO_2 后，沸石表面 O—H 峰蓝移至 1610cm^{-1}，移动幅度大于单一 Cd 体系，但小于单一 n-TiO_2体系，这可能是由复合体系中 Cd^{2+}和 n-TiO_2之间争抢沸石表面 O—H 提供的结合位点所导致的。而沸石表面结合水—OH 峰红移至 3430cm^{-1}，同时在 3670cm^{-1} 处的—OH 峰强度增大，这可能是由沸石表面被吸附的 n-TiO_2与 Cd^{2+}之间的相互作用导致的。

沸石吸附前后的红外光谱分析表明，Cd^{2+}和 n-TiO_2 可以分别通过静电引力和氢键作用与沸石表面的 O—H 结合，同时 Cd^{2+}和 n-TiO_2 未与沸石结构中的 Si、Mg 和 Ca 等发生离子交换。Cd + n-TiO_2 复合体系中的 Cd^{2+}和 n-TiO_2 之间会争抢沸石表面 O—H 提供的结合位点，同时 Cd^{2+}与被吸附在沸石表面的 n-TiO_2之间存在相互作用。

（十二）单一/复合体系中沸石吸附 Cd^{2+}和 n-TiO_2后的 XPS 分析结果

采用 XPS 来分析沸石吸附后表面官能团及组成元素的变化。XPS 全谱结果如图 4-11（a）所示，沸石主要组成元素有 O、Si、Mg 和 Ca。在单一 Cd、单一 n-TiO_2及 Cd + n-TiO_2复合体系中完成吸附后，沸石的 XPS 全谱图中分别出现了 Cd 3d 和 Ti 2p 峰，证实 Cd^{2+}及 n-TiO_2成功吸附在沸石表面。

沸石在单一 Cd、单一 n-TiO_2和 Cd + n-TiO_2复合体系中吸附前后的 O 1s 高分辨率光谱如图 4-9（b）所示。原始沸石的 O 1s 光谱可以分为两个峰：O(Ⅰ)O—H，531.3eV，相对峰面积为 32.26%；O(Ⅱ)Si—O/Al—O，532.1eV，相对峰面积为 67.74%。

当沸石在单一 Cd 体系中吸附 Cd^{2+}后，高分辨率 O 1s 谱图中 O—H 峰的结合能增大为 531.4eV，表明沸石表面 O—H 作为电子供体参与了 Cd^{2+}的吸附反应，证实了 Cd^{2+}与沸石表面 O—H 之间的静电引力作用。Si—O/Al—O 峰的结合能增大为 532.3eV，相对峰面积减小为 58.50%，表明沸石结构边缘水解断裂的 Si—O/Al—O 键作为电子供体参与了 Cd^{2+}在沸石上的静电引力吸附过程，对应了 SEM 中观察到的沸石吸附 Cd^{2+}后边缘发生卷曲变得更加松散的现象。

而在单一 n-TiO_2 体系中吸附 n-TiO_2 后，高分辨率 O 1s 谱图中出现的 O(Ⅳ)Ti—O 峰（530.5eV，10.84%）证实了 n-TiO_2 成功吸附于沸石表面。O—H 峰的相对峰面积减小为 14.72%，表明沸石表面的 O—H 被消耗，证实了 n-TiO_2 与沸石表面 O—H 之间的相互作用。而 Si—O/Al—O 峰的相对峰面积增大，但结合能不变，这是因为沸石结构边缘的 Si—O—Si 或 Al—O—Al 键水解断裂导致更多的 Si—O/Al—O 键暴露。但与 Cd 相比，n-TiO_2 并未消耗沸石结构边缘的 Si—O/Al—O 键。单一 Cd 和单一 n-TiO_2 体系中的 XPS 结果表明，Cd^{2+}可以通过静电引力作用与沸石表面的—OH 及沸石结构边缘断裂的 Si—O/Al—O 键相结合；而 n-TiO_2 则主要通过氢键作用与沸石表面的—OH 键相结合。

而在 Cd + n-TiO_2 复合体系中吸附 Cd^{2+}和 n-TiO_2 后，与单一 Cd 体系相比，复合体系中 Si—O/Al—O 峰的相对峰面积增大，这证实了复合体系中 Cd^{2+}与 Si—O/Al—O 键之间的静电引力作用被抑制。而 Ti—O 峰的相对峰面积减小证实了复合体系中 n-TiO_2 的吸附量减小。

高分辨率 Cd 3d 和 Ti 2p 谱图如图 4-11（c）和图 4-11（d）所示。对比单一 Cd 体系和 Cd + n-TiO_2 复合体系中的 Cd 3d 谱图可知，复合体系中位于 412eV 处的 Cd 3d 峰的相对峰面积减小。研究表明，412eV 处的 Cd 3d 峰代表了与表面官能团结合的 Cd，而 406eV 处的 Cd 3d 峰代表了表面沉积态的 Cd^{2+}。因此高分辨率 Cd 3d 谱图结果证实，复合体系中沸石表面与官能团结合的 Cd^{2+}数量减少，这与前文吸附实验的结果相吻合。而 Ti 2p 光谱表明在单体 n-TiO_2 体系和 Cd + n-TiO_2 复合体系中，沸石表面 Ti 2p 峰的间距未发生变化，始终为 5.6eV，这表明单一和复合体系中吸附于沸石表面的 n-TiO_2 的晶体结构未发生变化。而与单一 n-TiO_2 体系相比，复合体系中 Ti 2p 峰的结合能增大，相对峰面积减小，这表明复合体系中的 Cd^{2+}和 n-TiO_2 通过静电引力作用（n-TiO_2 为电子供体）相结合形成 Cd^{2+}和 n-TiO_2 结合体。

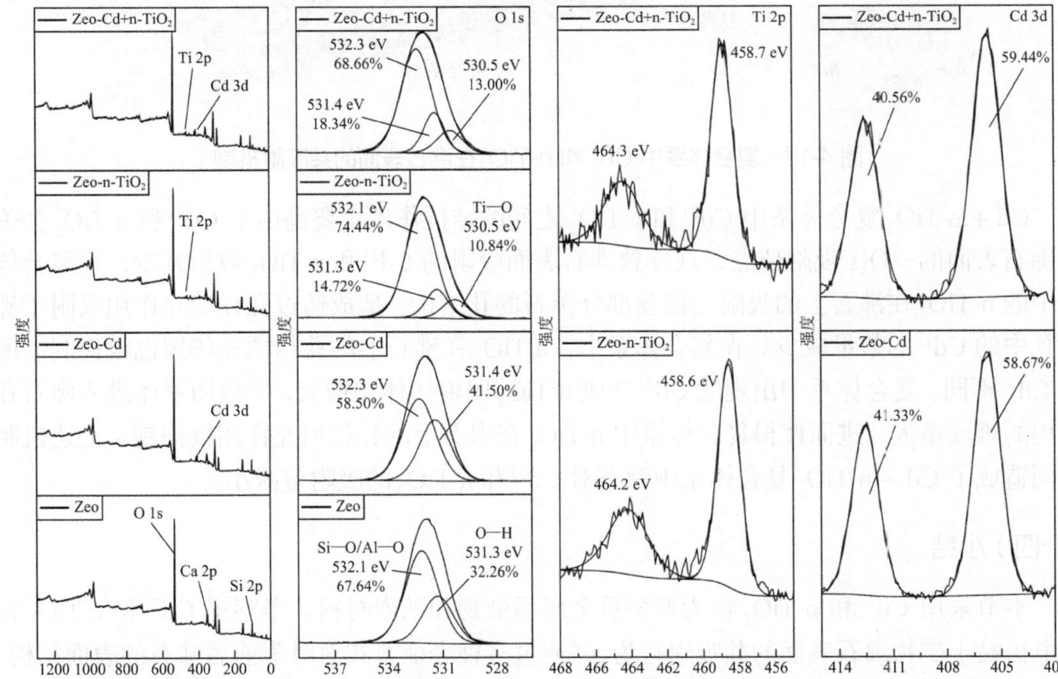

图 4-11　单一/复合体系中沸石吸附 Cd^{2+}和 n-TiO_2后的 XPS 谱图

（十三）单一/复合体系中 Cd^{2+}和 n-TiO_2 在沸石上的共吸附机制

结合上述吸附实验结果及表征分析结果，Cd + n-TiO_2 复合体系中 Cd^{2+}和 n-TiO_2 在沸石表面的相互作用及机制如图 4-12 所示（书后另见彩图）。吸附等温实验及热力学参数结果表明，Cd^{2+}在沸石表面的吸附过程以物理吸附过程为主，随着温度升高，Cd^{2+}吸附自发性增强，表现出增温正效应。而 n-TiO_2 在沸石表面的吸附过程为物理化学吸附过程，同样表现为增温正效应。复合体系中 Cd^{2+}和 n-TiO_2 之间表现为拮抗，与单一 Cd 和单一 n-TiO_2 体系相比，复合体系中沸石对 Cd^{2+}和 n-TiO_2 的吸附量分别平均减小 3.43%和 9.90%，但复合体系中沸石对 Cd^{2+}和 n-TiO_2 的吸附亲和力增大。无沸石对照组实验结果证实，复合体系中 Cd^{2+}与 n-TiO_2 之间也存在相互作用，即复合体系中的 Cd^{2+}在沸石和 n-TiO_2 上均会发生吸附。而条件实验结果证实，Cd + n-TiO_2 复合体系中 Cd^{2+}与 n-TiO_2 之间的拮抗作用在高温和酸性环境中更强。

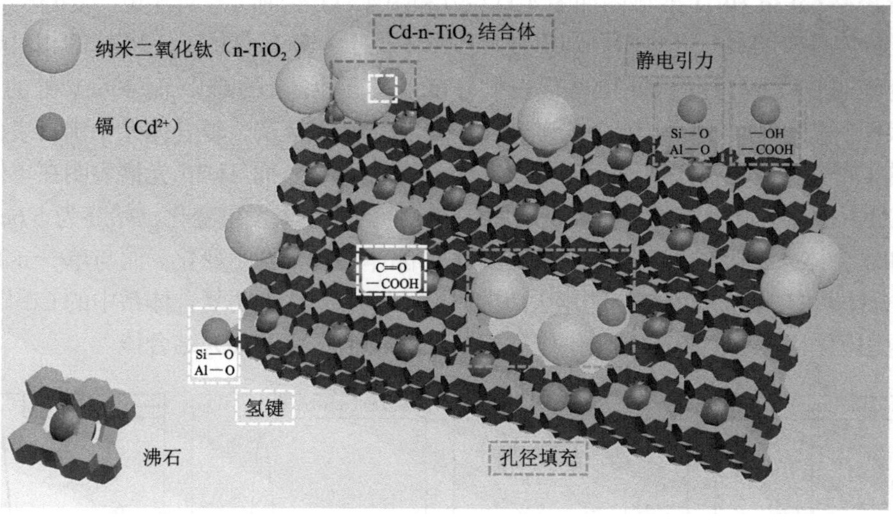

图 4-12　复合体系中 Cd^{2+}和 n-TiO_2 在沸石表面的共吸附机制

Cd + n-TiO_2 复合体系中 Cd^{2+}和 n-TiO_2 之间的拮抗作用主要是由于 Cd^{2+}和 n-TiO_2 会争夺沸石表面的—OH 吸附位点，这导致沸石表面吸附的 Cd^{2+}和 n-TiO_2 数量减少，而复合体系中的 n-TiO_2 在沸石上的吸附会掩盖部分沸石的孔结构，造成通过孔径填充作用吸附于沸石孔中的 Cd^{2+}的数量减少。在复合体系中，n-TiO_2 在沸石上的孔径填充作用也被抑制。但与 Cd^{2+}不同，复合体系中出现的 Cd^{2+}造成 n-TiO_2 团聚体体积增大，导致团聚体进入沸石孔结构的难度增大，进而使得复合体系中 n-TiO_2 在沸石上的孔径填充作用被抑制。上述机制共同造成了 Cd + n-TiO_2 复合体系中沸石对 Cd^{2+}和 n-TiO_2 的吸附量减小。

（十四）小结

本节采用 Cd^{2+}和 n-TiO_2 作为典型重金属污染物和纳米材料，考察了 Cd^{2+}和 n-TiO_2 在负电荷黏土矿物沸石表面的共吸附行为，并通过多种表征方式对吸附前后沸石的表面结构、形貌、元素组成、官能团组成及电荷性质进行了表征，对比了单一和复合体系中沸石吸附 Cd^{2+}和 n-TiO_2 前后的表征差异，探讨了 Cd + n-TiO_2 复合体系中 Cd^{2+}和 n-TiO_2 在沸石上的共吸附行为机制。主要结论如下。

① 复合体系中的 n-TiO_2 与 Cd^{2+}会竞争沸石表面的吸附位点（—OH），造成复合体系中 Cd^{2+}和 n-TiO_2 吸附量减小。FT-IR 和 XPS 结果证实，Cd^{2+}可以通过静电引力作用与沸石上的—OH 相结合，而 n-TiO_2 则会通过氢键作用与—OH 相结合，复合体系中 Cd^{2+}和 n-TiO_2 会争夺沸石表面的—OH 吸附位点，造成 Cd^{2+}和 n-TiO_2 吸附量减小。

② Cd + n-TiO_2 复合体系中的 n-TiO_2 抑制了 Cd^{2+}与沸石结构边缘 Si—O/Al—O 键之间的静电引力作用。XPS 结果表明，复合体系中沸石表面的 Si—O/Al—O 峰的相对峰面积增大，证实了复合体系中被消耗的 Si—O/Al—O 键数量减少。这是由于复合体系中吸附于沸石表面的 n-TiO_2 掩盖了部分 Si—O/Al—O 键，抑制了 Cd 与 Si—O/Al—O 键之间的静电引力作用。

③ Cd + n-TiO_2 复合体系中 Cd^{2+}和 n-TiO_2 在沸石孔结构中的吸附被抑制。表征结果证实沸石的主要成分为辉沸石，孔径主要分布在 10～50nm 范围内，在 < 10nm 范围内存在少量分布。n-TiO_2 在沸石上的吸附会填充部分介孔结构（10～50nm），造成沸石平均孔径增大，因此复合体系中吸附于沸石上的 n-TiO_2 会抑制 Cd 在沸石孔结构中的吸附，造成 Cd^{2+} 吸附量减小。Cd^{2+}在沸石上的吸附同样会填充沸石上的部分孔结构，而孔径分布结果显示，Cd^{2+}主要填充 < 10nm 范围内的孔结构，对 10～50nm 范围内的孔结构影响不明显，但 SEM 结果证实，复合体系中的 Cd^{2+}会造成沸石表面吸附的 n-TiO_2 团聚体的体积增大。因此，虽然复合体系中的 Cd^{2+}对沸石 10～50nm 范围内的孔结构无明显的填充或堵塞，但其造成 n-TiO_2 团聚体体积增大，导致 n-TiO_2 团聚体更难进入沸石的孔结构，复合体系中 n-TiO_2 吸附量减小。

④ 无沸石对照组和 XPS 分析结果证实，复合体系中沸石表面存在 Cd^{2+}和 n-TiO_2 结合体，Cd^{2+}和 n-TiO_2 之间可以通过静电引力相结合。复合体系中被吸附于沸石上的 n-TiO_2 会为 Cd^{2+}提供新的静电引力吸附位点（—OH），Cd^{2+}通过静电引力作用吸附于沸石表面的 n-TiO_2 上，这是造成复合体系中 Cd^{2+}吸附亲和力增大的原因，但由于复合体系中 n-TiO_2 对孔结构的填充，抑制了 Cd^{2+}的孔径吸附作用，因此复合体系中 Cd^{2+}吸附亲和力增强但吸附量减小，同时表面均一性增大。

⑤ Cd + n-TiO_2 复合体系中 Cd^{2+}与 n-TiO_2 在沸石上的拮抗作用在低温酸性环境中更强。酸性环境中 H^+数量增多，Cd^{2+}和 n-TiO_2（$pH_{ZPC} = 4.5$）在沸石（$pH_{ZPC} = 5.2$）表面的吸附难度增大，因此 Cd^{2+}与 n-TiO_2 之间的拮抗作用更强。而低温环境中 Cd^{2+}和 n-TiO_2 难以进入沸石孔结构，因此吸附量较低，拮抗作用更为明显。

第二节　n-TiO_2 及 TC 在负电荷黏土矿物表面的交互作用及机制

四环素类抗生素（TC）是全球范围内广泛使用的抗生素之一，其污染现状具有显著的普遍性。四环素类抗生素污染已在全球范围内被检测到，在中国、美国、德国、日本等国家的水体和土壤中均有发现。例如，在中国北方的污水处理厂中检测到四环素的浓度为 0～1.11μg/L，而在德国的地表水中，氯四环素（CTC）浓度高达 93μg/L。四环素污染主要来源于临床医疗和畜禽养殖。医疗废弃物和畜禽粪便中残留的四环素通过地表径流、灌溉等方式进入水体和土壤环境。此外，水产养殖过程中使用的四环素也有大量残留进入水体。四环素不仅污染水体，还广泛存在于土壤和沉积物中。例如，在中国的畜禽粪便中，四环素残留量为 2.18～4.37mg/kg，最高可达 16.75mg/kg。

环境中四环素的危害主要表现在以下几个方面。

① 四环素对水生生物具有急性致死和亚致死效应，长期暴露会影响水生生物的生长和繁殖。在土壤中，四环素对植物根部的毒性尤为显著，抑制植物的发芽率和根系生长。

② 耐药性问题：四环素污染导致环境中耐药性细菌的产生，这些耐药性基因可通过水平基因转移传播，威胁公共卫生安全。

③ 治理难度：四环素类抗生素在常规污水处理系统中难以彻底去除，导致其在水体和土壤中长期残留。目前的修复技术多停留在实验室阶段，缺乏工程化应用的可行性。

综上所述，四环素污染的普遍性和严重性使其成为环境科学领域的重要研究对象，亟需加强对其迁移转化机制及治理技术的研究。

与重金属污染物 Cd^{2+}相比，有机大分子污染物 TC 在分子尺寸、结构和亲水疏水性上均有所差异，TC 结构中具有的多种官能团，如—NH_2、—OH、C═C 等，导致 TC 在固体表面的吸附方式更为多样化。因此，TC + n-TiO_2 复合体系中 TC 与 n-TiO_2 之间的相互作用、TC 和沸石之间的相互作用及 TC 和 n-TiO_2 在沸石上的共吸附行为必然会与 Cd^{2+}部分结果存在差异。

在本节中，以沸石模拟具有较大孔隙结构的负电性固体表面，考察了单一 TC 和单一 n-TiO_2体系中 TC 和 n-TiO_2在沸石上的吸附行为差异、TC + n-TiO_2复合体系中TC 在 n-TiO_2上的吸附行为、TC + n-TiO_2复合体系中 TC 和 n-TiO_2 在沸石上的共吸附行为。采用条件实验考察了温度和初始 pH 值对 TC 和 n-TiO_2 在沸石上共吸附行为的影响。通过多种表征手段对单一和复合体系中吸附 TC 和 n-TiO_2后的沸石的表面结构特性进行分析，并探讨了 TC 和 n-TiO_2 在沸石上的共吸附行为机制。

沸石的基本理化性质及预处理方法见第四章第一节。n-TiO_2 基本理化性质同第一节。TC 购自上海阿拉丁生物试剂有限公司，纯度 ≥ 96%，分子结构见图 4-13。四环素具有由 4 个环（A、B、C、D 环）组成的线性融合结构，这是四环素类抗生素的核心结构。在四环核上连接有多种官能团，如酮基、烯醇基、二甲氨基、羧基等，四环素在 4 位（二甲氨基）和 12 位（A-B 环连接处）位置具有天然的 α 立体化学构型，这些官能团对四环素的抗菌活性至关重要。四环素是强螯合剂，能够与金属离子形成螯合物，其螯合位点包括β-二酮系统（11 和 12 位）、A 环的烯醇（1 和 3 位）和羧酰胺（2 位）基团。

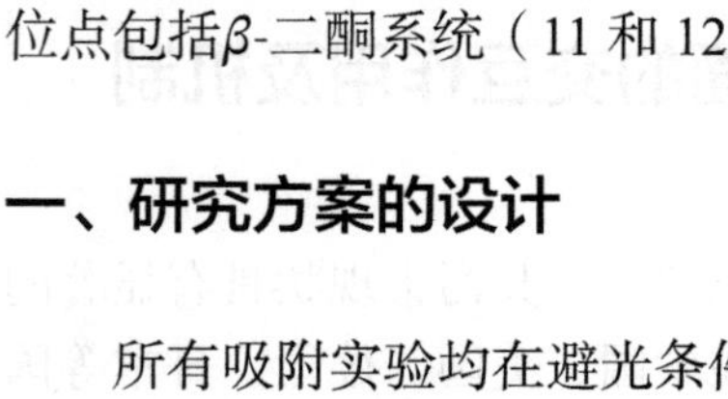

图 4-13 四环素（TC）分子结构

一、研究方案的设计

所有吸附实验均在避光条件下进行，以避免可能出现的 n-TiO_2 的光催化反应。

（一）吸附动力学

采用吸附动力学来确定单一/复合体系中 TC 和 n-TiO_2 在沸石上的平衡吸附时间。实验设计同第 4 章第一节。

（二）平衡吸附

单一和复合体系中 TC 和 n-TiO_2 在沸石上的吸附等温实验、条件实验（初始 pH 值和温度）的实验设计同第 4 章第一节。

二、研究方法

（一）吸附动力学实验

动力学实验采用序批处理法，实验方法同第 4 章第一节。

（二）吸附等温实验

吸附等温实验采用序批处理法进行。实验方法同第 4 章第一节。单一 TC 体系和 TC + n-TiO_2 复合体系中的 TC 吸附量采用紫外分光光度法测定，单一 n-TiO_2 体系、TC + n-TiO_2 复合体系中的 n-TiO_2 吸附量采用第 4 章第一节中的方法测定，通过差减法计算 TC 和 n-TiO_2 的吸附量。

无沸石对照组在达到吸附平衡时间后，采用紫外分光光度法测定 TC 浓度，采用第 4 章第一节中的方法测定 n-TiO_2 浓度，通过差减法计算 TC 和 n-TiO_2 的吸附量。

（三）TC 及 n-TiO_2 吸附量的测定方法

1. TC 吸附量的测定方法

将单一 TC 体系中 TC 的吸附量表示为 S-TC，TC + n-TiO_2 复合体系中 TC 的吸附量表示为 C-TC，无沸石对照组中 TC 的吸附量表示为 N-TC。单一/复合体系中 TC 的吸附量采用紫外-可见分光光度计测定。待吸附达到平衡后，通过静置沉降使沸石自然沉降在离心管底部，取上层溶液或悬浮液 10mL，4500r/min 离心 10min 后，使用紫外-可见分光光度计（UV-3200，美谱达仪器有限公司，中国）测定其中 TC 浓度，并通过式(4-1)计算 TC 吸附量。

2. n-TiO_2 吸附量的测定方法

将单一 n-TiO_2 体系中 n-TiO_2 的吸附量表示为 S-TiO_2，TC + n-TiO_2 复合体系中 n-TiO_2 的吸附量表示为 C-TiO_2。单一/复合体系中 n-TiO_2 的吸附量采用紫外-可见分光光度计测定，具体方法同第 4 章第一节。

模型及表征测定方法同第 4 章第一节。

三、研究结果与分析

（一）单一/复合体系中沸石吸附 TC 和 n-TiO_2 的吸附动力学实验结果

单一 TC 及 TC + n-TiO_2 复合体系中 TC 和 n-TiO_2 在沸石上的吸附动力学结果如图 4-14 所示，由于单一 n-TiO_2 部分结果已在第 4 章第一节中进行分析，在此不再重复描述与分析。

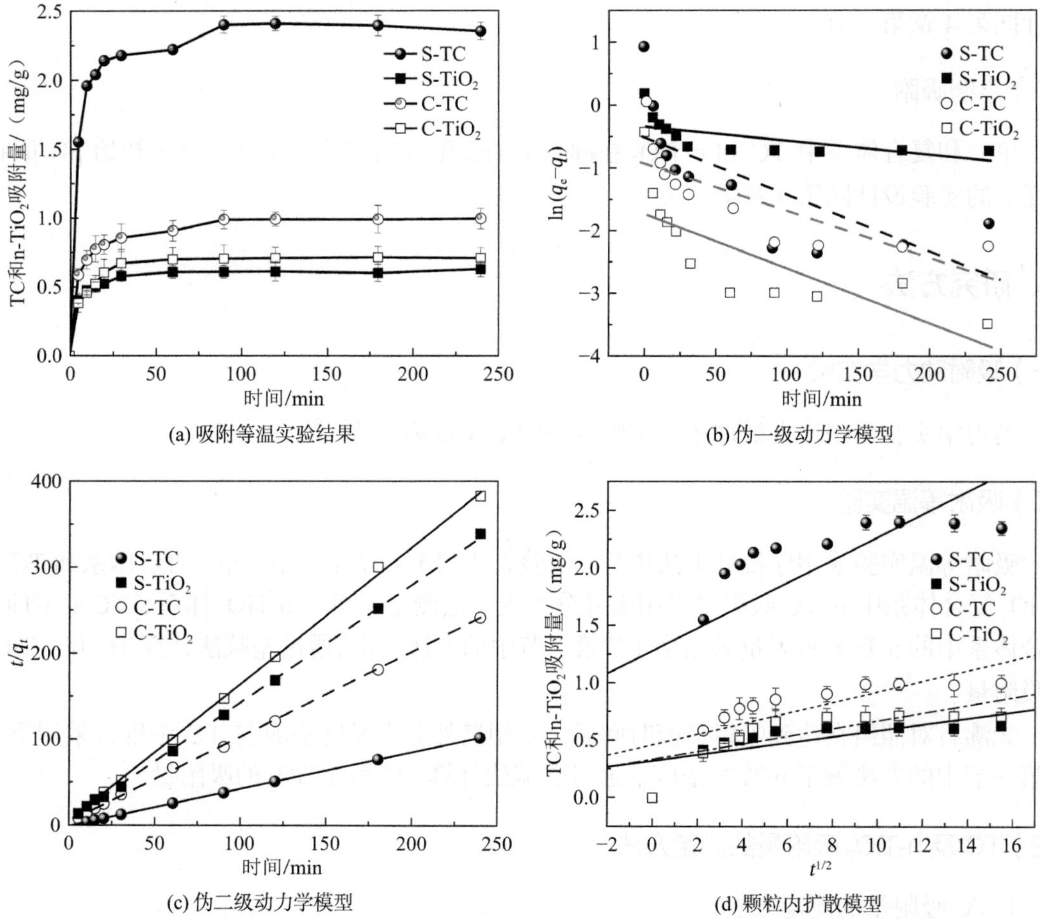

图 4-14　单一/复合体系中沸石对 TC 和 n-TiO_2的吸附动力学实验结果、伪一级动力学模型拟合结果、伪二级动力学模型拟合结果及颗粒内扩散模型拟合结果

由图 4-14（a）可见，在单一 TC 体系中，TC 吸附量随时间变化的规律基本相同，在 0～20min 范围内，TC 吸附量随时间增加而快速增大，此阶段为快速吸附阶段，这是由于初始阶段沸石表面及孔隙中存在大量的吸附位点，吸附质可以快速与沸石结合。25min 后吸附量随时间延长变化幅度变缓，此时沸石表面的吸附位点逐渐被占据，因此体系中游离的 TC 在沸石上的吸附难度增大。而在 100min 后达到吸附基本平衡，此时沸石上的吸附位点被完全占据，吸附达到饱和，体系中 TC 在沸石上的吸附难度增大，因此吸附量不再增加。根据吸附动力学实验结果，将后续吸附等温实验的吸附时间设定为 3h。

在 TC + n-TiO_2 复合体系中，沸石对 TC 和 n-TiO_2 的吸附量随时间变化的规律基本与单一体系中相同，0～25min 为快速吸附阶段，25min 后吸附量增幅变缓，并在 100min 后吸附量逐渐达到平衡。而与单一 TC 和单一 n-TiO_2 体系相比，复合体系中 TC 和 n-TiO_2 的平衡吸附量分别减少 58.53%和 14.28%，说明复合体系中 TC 和 n-TiO_2 之间存在拮抗作用。而对比第一节中 Cd 与 n-TiO_2 之间的拮抗作用可以发现，n-TiO_2 与 TC 之间的拮抗作用更强，复合体系中 TC 和 n-TiO_2 吸附量的减小幅度更大。

伪一级动力学方程（$R^2 \geqslant 0.3663$）、伪二级动力学方程（$R^2 \geqslant 0.9994^{**}$）和颗粒内扩散模型（$R^2 \geqslant 0.4227$）拟合结果见表 4-8。由动力学方程拟合所得决定系数（R^2）可知，伪二级动力学模型对动力学结果拟合程度更高，均达到极显著水平（$p < 0.01$）。由伪二级动力学模型拟合所得的理论吸附量参数q_e可以看出，与单一 TC 和单一 n-TiO_2体系相比，复合体系中 TC 和 n-TiO_2的平衡吸附量分别减小 57.50%和 13.70%，这与吸附动力学实验结果相符，证实复合体系中的 TC 和 n-TiO_2之间存在拮抗作用。TC + n-TiO_2复合体系中 TC 的吸附速率由 0.18g/(mg · min)增大为 0.21g/(mg · min)，而 n-TiO_2的吸附速率则由 0.48g/(mg · min)减小为 0.34g/(mg · min)。一些有关 n-TiO_2稳定性的研究指出，环境中出现的有机物会附着或吸附于 n-TiO_2表面，从而降低 n-TiO_2的团聚性，这可能是 n-TiO_2吸附速率降低的原因。

表 4-8　单一/复合体系中 TC 和 n-TiO_2吸附动力学模型拟合结果

样品	伪一级动力学模型			伪二级动力学模型			颗粒内扩散模型		
	k_1/[g/(mg · min)]	q_e/(mg/g)	R^2	q_e/(mg/g)	k_2/[g/(mg · min)]	R^2	k_{ip}/[g/(mg · $min^{1/2}$)]	c/(mg/L)	R^2
S-TC	0.009	0.61	0.4945	2.40	0.18	0.9995**	0.10	1.28	0.4227
S-TiO_2	0.009	0.19	0.5589	0.73	0.48	0.9994**	0.03	0.32	0.4639
C-TC	0.008	0.41	0.6176*	1.02	0.21	0.9997**	0.05	0.46	0.5646
C-TiO_2	0.002	0.73	0.3663	0.63	0.34	0.9997**	0.03	0.32	0.5522

注：*表示达到显著水平，$p < 0.05$；**表示达到极显著水平，$p < 0.01$。下同。

（二）单一/复合体系中沸石对 TC 和 n-TiO_2的吸附等温实验结果

单一 TC 和 TC + n-TiO_2复合体系中沸石对 TC 和 n-TiO_2的吸附等温线如图 4-15 所示。由吸附等温模型拟合结果（表 4-9）可知，Sips 模型拟合效果最好（Langmuir 模型：$R^2 \geqslant 0.8921^*$；Freundlich 模型：$R^2 \geqslant 0.8738^*$；Sips 模型：$R^2 \geqslant 0.8927^*$），因此采用 Sips 模型对吸附等温实验结果进行分析。

沸石对单一 TC 和 TC + n-TiO_2复合体系中 TC 的吸附等温线均为非线性[图 4-15（a）]，TC 吸附量随平衡浓度增大而增大。在 25℃条件下，与单一 TC 体系相比，TC + n-TiO_2复合体系中 TC 的吸附量减小 11.53%。而 Sips 模型拟合所得参数显示（表 4-9），与单一 TC 体系相比，TC + n-TiO_2复合体系中 TC 的理论最大吸附量q_{mS}减小 45.37%，吸附亲和力K_S减少 45.45%，同时表面复杂程度（γ）增大。上述结果证实，复合体系中出现的 n-TiO_2不仅造成沸石上 TC 的吸附量减小，同时还减弱了 TC 与沸石之间的吸附亲和力。

沸石对单一 n-TiO_2 和 TC + n-TiO_2 复合体系中 n-TiO_2 的吸附等温线均为非线性[图 4-15（b）]，与 TC 相似，n-TiO_2吸附量随着平衡浓度增大而增大。25℃条件下，与单一 n-TiO_2相比，TC + n-TiO_2复合体系中 n-TiO_2的吸附量平均减小 43.42%。Sips 模型拟合所得参数（表 4-9）表明，与单一 n-TiO_2体系相比，TC + n-TiO_2复合体系中 n-TiO_2的理论最大吸附量q_{mS}减小 46.67%，并且沸石表面均一性增大。由上述结果可知，复合体系中出现的 TC 同样造成了 n-TiO_2的吸附量减小，同时沸石表面均一化程度减小。

图 4-15（c）为无沸石对照组中 n-TiO_2对 TC 的吸附等温线。由图中可以看出，TC + n-TiO_2复合体系中 n-TiO_2对 TC 的吸附量随平衡浓度增大而增大，并逐渐趋于稳定。这表明复合体系中 n-TiO_2对 TC 具有吸附作用，证实了复合体系中共存的 TC 和 n-TiO_2之间同样存在相互作用。在 25℃条件下，N-TC 最大吸附量为 0.30mg/g。

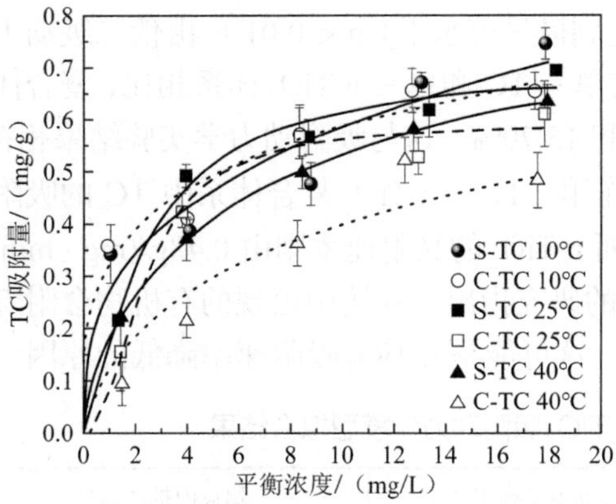

(a) 单一/复合体系中 TC 在沸石上的吸附等温实验结果

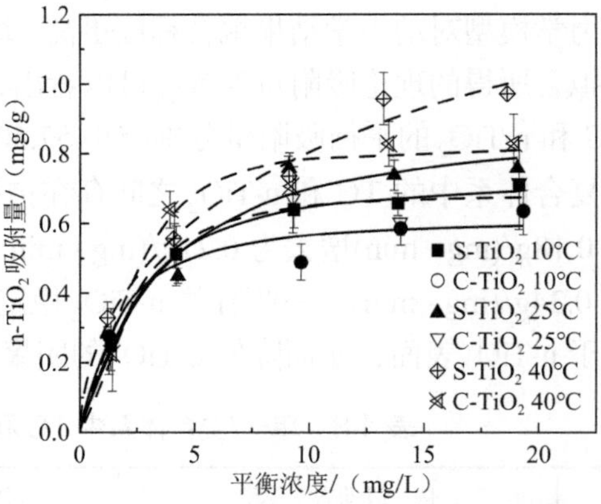

(b) 单一/复合体系中 n-TiO_2 在沸石上的吸附等温实验结果

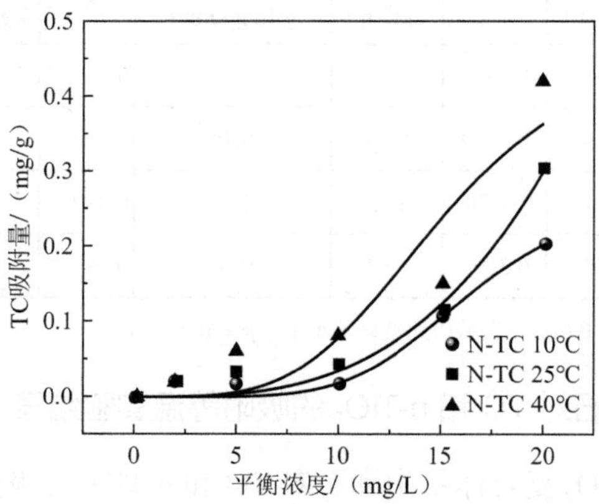

(c) 对照组中 n-TiO_2 对 TC 的吸附等温实验结果

图 4-15　单一/复合体系中沸石对 TC 和 n-TiO_2 的吸附等温实验结果及对照组中 n-TiO_2 对 TC 的吸附等温实验结果

图中曲线为 Sips 模型拟合曲线

表 4-9　Langmuir 模型、Freundlich 模型和 Sips 模型拟合参数

样品	温度 T/°C	Langmuir 模型			Freundlich 模型			Sips 模型			
		q_{mL}/（mg/g）	K_L/（L/mg）	R^2	K_F/[$mg^{1-1/n}/(g \cdot L^{1/n})$]	n/（g/L）	R^2	q_{mS}/（mg/g）	K_S/（L/mg）	γ	R^2
S-TC	10	2.25	0.56	0.9678**	0.83	2.71	0.9411*	1.21	0.29	0.52	0.9177*
	25	3.08	0.36	0.9985**	0.88	2.20	0.9665**	1.08	0.33	1.28	0.9853**
	40	4.61	0.93	0.9951**	2.02	2.36	0.9603**	0.98	0.22	0.73	0.9998**
C-TC	10	4.32	0.01	0.9580*	0.05	1.09	0.9560*	1.14	0.41	0.42	0.9696**
	25	1.35	0.16	0.8921*	0.31	2.36	0.9579*	0.59	0.18	1.97	0.9831**
	40	5.17	0.08	0.9463*	0.50	1.54	0.9708**	0.57	0.19	1.12	0.9462*
S-TiO_2	10	0.81	0.36	0.9932**	0.28	3.06	0.9576*	0.73	0.32	1.39	0.9975**
	25	0.95	0.27	0.9629**	0.28	2.73	0.9389*	0.90	0.27	1.11	0.9608**
	40	1.18	0.24	0.9759**	0.32	2.52	0.9866**	2.52	0.13	0.54	0.9840**
C-TiO_2	10	0.43	0.51	0.9771**	0.18	3.67	0.9983**	0.40	0.62	1.08	0.9685**

续表

样品	温度 T/℃	Langmuir 模型			Freundlich 模型			Sips 模型			
		q_{mL}/(mg/g)	K_L/(L/mg)	R^2	K_F/[$mg^{1-1/n}/(g \cdot L^{1/n})$]	n/(g/L)	R^2	q_{mS}/(mg/g)	K_S/(L/mg)	γ	R^2
C-TiO$_2$	25	0.52	0.33	0.9154*	0.18	3.15	0.8738	0.48	0.29	1.30	0.8927*
	40	0.51	0.35	0.9493*	0.18	3.00	0.9502**	0.72	0.28	0.62	0.9367*
N-TC	10	2.25	1.00	0.7979	0.21	1.82×10^{-6}	0.8701*	0.86	1.8×10^{-4}	2.48	0.9536*
	25	6.66	1.00	0.7703	0.28	6.99×10^{-6}	0.9694**	0.94	2.4×10^{-4}	2.49	0.9360*
	40	10.26	1.00	0.7879	0.35	7.92×10^{-6}	0.9456*	1.13	2.0×10^{-4}	2.61	0.9248*

（三）单一/复合体系中温度对 TC 和 n-TiO$_2$ 吸附量的影响

为了考察温度条件对单一/复合体系中沸石表面 TC 和 n-TiO$_2$ 共吸附行为的影响，分别在不同温度条件下进行了吸附等温实验。各温度下沸石对 TC 和 n-TiO$_2$ 的吸附等温实验结果见图 4-15，Sips 模型拟合结果见表 4-9。由 Sips 模型拟合所得常数K_S计算 TC 和 n-TiO$_2$ 吸附的热力学参数，计算结果见表 4-10。

表 4-10　单一/复合体系中沸石对 TC 和 n-TiO$_2$ 吸附的热力学参数

样品	温度 T/℃	Sips 模型	热力学参数		
		K_S/(L/mg)	ΔG/(kJ/mol)	ΔH/(kJ/mol)	ΔS/[J/(K·mol)]
S-TC	10	0.29	−11.44	−6.56	17.94
	25	0.33	−12.36		
	40	0.22	−11.93		
C-TC	10	0.41	−12.25	−19.25	−25.77
	25	0.18	−10.86		
	40	0.19	−11.55		
S-TiO$_2$	10	0.32	−7.63	−21.87	−46.81
	25	0.27	−7.61		
	40	0.13	−6.09		
C-TiO$_2$	10	0.62	−9.19	−19.79	−38.41
	25	0.29	−7.79		
	40	0.28	−8.09		

由图 4-15（a）可知，随着温度的升高（10～40℃），单一和复合体系中沸石对 TC 的吸附量逐渐减小，均表现为增温负效应。对比单一和复合体系中 TC 的最大吸附量可知，随着温度升高，复合体系中 TC 吸附量的减小幅度表现为增大趋势（由 12.00%到 22.22%），表明复合体系中 n-TiO$_2$ 对 TC 的抑制作用在高温环境中更强。这与 Cd 部分的实验结果不同，可能与 Cd 和 TC 对温度的响应不同有关。

对于 n-TiO$_2$ 而言，随着温度升高，单一和复合体系中沸石对 n-TiO$_2$ 的吸附量逐渐增大，表现为增温正效应。而随着温度的升高，复合体系中 n-TiO_2 吸附量的减小幅度分别为 42.25%、43.42%和 51.55%，表明复合体系中 TC 对 n-TiO_2 吸附量的抑制作用随温度升高而增大。由上述结果可知，高温环境中 TC + n-TiO_2 复合体系中 TC 与 n-TiO_2 之间的拮抗作用更强。

在单一 TC 体系中，设定温度条件下，TC 吸附的吉布斯自由能（ΔG）均为负值，表明 TC 在沸石上的吸附为自发吸附过程。TC 吸附焓变（ΔH）为负值，表明 TC 在沸石上的吸附过程为放热反应，但 TC 吸附量随温度升高而增大，这可能是由于高温条件促进了 TC 分子在沸石上的孔隙填充作用。而 TC 吸附熵变（ΔS）为正值，表明 TC 吸附于沸石表面后，固-液界面无序性增大。

在 TC + n-TiO_2 复合体系中，TC 吸附的ΔG值仍为负值，与单一 TC 体系相比，3 个温度条件下复合体系中 TC 的ΔG的绝对值平均减小 0.36kJ/mol，表明复合体系中 TC 吸附自发性减弱。ΔS值变为负值，这是由于复合体系中 TC 吸附量减小，沸石表面混乱度减小。

对于 TC + n-TiO_2 复合体系中的 n-TiO_2 来说，n-TiO_2 在沸石上的吸附为放热熵减的自发反应，这与单一 n-TiO_2 体系相同。但与单一 n-TiO_2 体系相比，TC + n-TiO_2 复合体系中 n-TiO_2 的ΔG的绝对值增大，表明复合体系中 n-TiO_2 的吸附自发性增强，而ΔS的绝对值减小 8.40J/（K · mol），这与复合体系中 TC 的变化规律不同。这是由于复合体系中出现的有机相 TC 与 n-TiO_2 一同吸附于沸石上，因此与单一 n-TiO_2 相比，复合体系中沸石表面混乱度增大，固-液界面无序性增强。

（四）单一/复合体系中 pH 值对沸石吸附 TC 和 n-TiO_2 的影响

不同初始 pH 值条件下，单一/复合体系中沸石对 TC 的吸附量变化见图 4-16（a）。在单一 TC 体系中，沸石对 TC 的吸附量随 pH 值增大表现为先增大后减小的趋势，在 pH = 3～6 范围内，TC 吸附量随 pH 值增大而增大，TC 吸附量在 pH = 6 处达到最大值。当 pH > 6 后，TC 吸附量开始减小，而在 pH > 8 后，TC 吸附量大幅减小。在 TC + n-TiO_2 复合体系中，TC 吸附量随 pH 值变化的规律与单一 TC 体系基本相同，在 pH = 3～4 范围内，TC 吸附量随 pH 值增大出现小幅增加，而当 pH > 4 后，TC 吸附量随 pH 值增大而逐渐减小，而当 pH > 8 后，TC 吸附量大幅降低。

对比不同初始 pH 值条件下单一和复合体系中的 TC 吸附量发现，随着 pH 值增大，复合体系中 TC 吸附量的减小幅度由−2.04%（pH = 3）逐渐增大为 24.68%（pH = 6）后又逐渐减小为 0（pH > 8），整体表现为先增大后减小的趋势，表明复合体系中的 n-TiO_2 对 TC 的抑制作用主要集中在中性 pH 值范围内。

不同初始 pH 值条件对单一/复合体系中沸石吸附 n-TiO_2 的影响见图 4-16（b）。由图中可以看出，单一 n-TiO_2 和 TC + n-TiO_2 复合体系中的 n-TiO_2 吸附量随 pH 值变化的规律基本相同，在 pH = 3～5 范围内，C-TiO_2 均随 pH 值增大而增大，n-TiO_2 吸附量均在 pH = 5 处达到最大值，而在 pH = 5～10 范围内，C-TiO_2 随 pH 值增大而逐渐减小。

通过对比单一 n-TiO_2 体系和 TC + n-TiO_2 复合体系中的 n-TiO_2 吸附量发现，在 pH = 3～10 范围内，C-TiO_2 基本小于 S-TiO_2。随着初始 pH 值逐渐增大，复合体系中 n-TiO_2 吸附量的减小幅度表现为先增大后减小，在 pH = 5 处达到最大（41.72%），在 pH > 5 后，复合体系中 n-TiO_2 吸附量的减小幅度逐渐减小。结合 TC 部分的实验结果，这表明复合体系中 TC 和 n-TiO_2之间的拮抗作用在 pH = 5～6 范围内最强，而在酸性或碱性环境中，二者之间的拮抗作用减弱，这与第 4 章第一节中 Cd 和 n-TiO_2之间的拮抗作用存在差异，可能是由于 TC 具有 3 个电离常数，TC 分子的带电形式会随着 pH 值变化而变化。

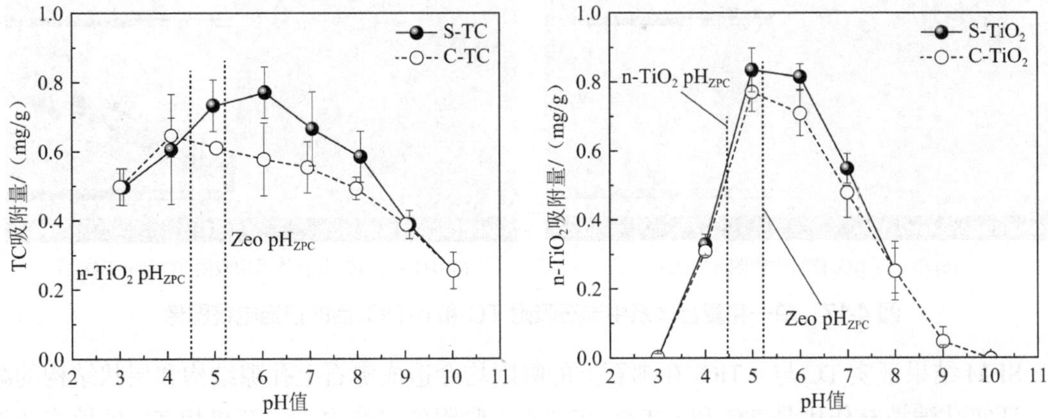

(a) 不同 pH 值条件下 TC 吸附量的变化　　(b) 不同 pH 值条件下 n-TiO_2 吸附量的变化

图 4-16　初始 pH 值对单一/复合体系中 TC 和 n-TiO_2吸附量的影响

（五）单一/复合体系中沸石吸附 TC 和 n-TiO_2后的 SEM 分析结果

单一/复合体系中沸石吸附 TC 和 n-TiO_2 后的扫描电镜（SEM）结果如图 4-17 所示。在单一 TC 体系中吸附 TC 后［图 4-17（b）］，沸石表面被有机相包裹，表面变得光滑圆润，层状及孔状结构不明显，这表明 TC 在沸石上的吸附造成沸石表面孔隙和层状结构被覆盖或填充。在单一 n-TiO_2 体系中吸附 n-TiO_2 后［图 4-17（c）］，沸石上孔隙结构和层状结构减少，但与 TC 相比，仍然可以观察到部分层状结构。当沸石在 TC + n-TiO_2 复合体系中吸附 TC 和 n-TiO_2后［图 4-17（d）］，沸石表面孔结构和层状结构减少，沸石上同时出现了有机物包裹的现象和浅色颗粒，证实了复合体系中 TC 和 n-TiO_2 同时吸附在沸石上。与单一 n-TiO_2 体系相比，复合体系中沸石上出现的团聚体粒径更小，在 100～500nm 之间，同时团聚体表面出现有机相包裹的现象，团聚体表面更加光滑，这是 TC 在 n-TiO_2 表面吸附的结果，证实了复合体系中沸石上存在 TC 和 n-TiO_2 的复合体。

(a) 无吸附　　(b) 单一 TC 体系中吸附 TC 后

图 4-17

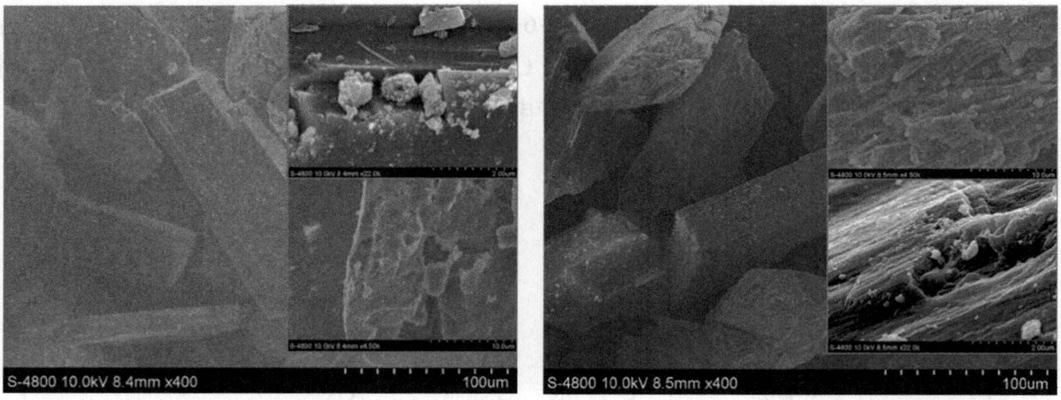

(c) 单一 n-TiO_2 体系中吸附 n-TiO_2 后　　(d) TC + n-TiO_2 复合体系中吸附 TC 和 n-TiO_2 后

图 4-17　单一和复合体系中沸石吸附 TC 和 n-TiO_2 后的扫描电镜图像

SEM 结果证实 TC 与 n-TiO_2 在沸石上的吸附均会造成沸石上孔隙结构和层状结构的减少，证实孔隙填充作用是 TC 和 n-TiO_2 在沸石上吸附的方式之一，有机相 TC 的填充效果更为明显。在单一 n-TiO_2 体系和 TC + n-TiO_2 复合体系中，沸石吸附 n-TiO_2 后，沸石上均出现了 n-TiO_2 团聚体，与单一 n-TiO_2 体系相比，TC + n-TiO_2 复合体系中 n-TiO_2 团聚体的粒径更小，且表面存在有机相包裹，证实了沸石上存在 TC 和 n-TiO_2 的复合体。

（六）单一/复合体系中沸石吸附 TC 和 n-TiO_2 后的 CEC、S_{BET} 和孔径分布结果

固体表面的孔隙结构对于污染物在其表面的吸附行为有着重要作用，污染物通常可以通过孔径填充作用进入固体表面的孔隙结构，并吸附于孔隙内的吸附位点上。沸石吸附 TC 和 n-TiO_2 后的氮气吸附-脱附等温线及孔径分布结果见图 4-18。氮气吸附-脱附等温线计算所得的比表面积（S_{BET}）及平均孔径结果见表 4-11。

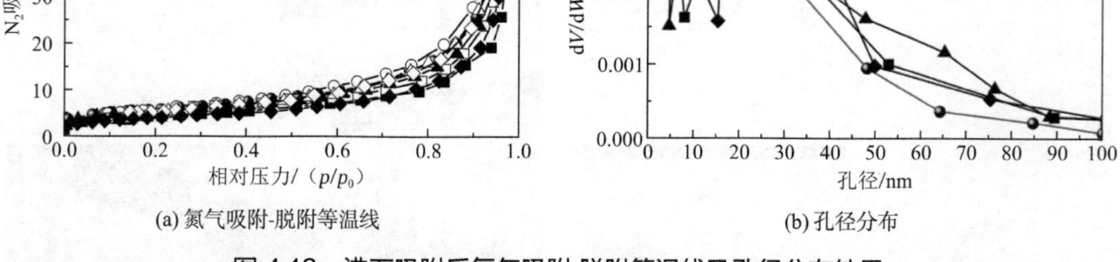

(a) 氮气吸附-脱附等温线　　(b) 孔径分布

图 4-18　沸石吸附后氮气吸附-脱附等温线及孔径分布结果

表 4-11　沸石吸附后阳离子交换量（CEC）、比表面积（S_{BET}）和孔径计算结果

样品	阳离子交换量 CEC/（mmol/kg）	比表面积S_{BET}/（m^2/g）	平均孔径/nm
Zeo	55.3	2.16	22.83

续表

样品	阳离子交换量 CEC/（mmol/kg）	比表面积S_{BET}/（m^2/g）	平均孔径/nm
Zeo-TC	43.3	1.52	26.81
Zeo-n-TiO_2	61.5	1.96	25.47
Zeo-TC + n-TiO_2	48.6	1.64	24.84

单一/复合体系中沸石吸附后的氮气吸附-脱附等温线均为Ⅱ型具有 H3 型滞后环[图 4-18（a）]，表明沸石表面孔结构为堆积而成的圆筒孔或多面柱状孔。[图 4-18（b）] 为沸石吸附后的孔径分布结果，由图中可以看出，沸石在单一 TC 体系中吸附 TC 后其孔隙结构在＜10nm 范围内的分布减少，而在 25～40nm 范围内的分布增加。这证实了 TC 会填充沸石表面孔结构，与 Cd^{2+}主要影响沸石上＜10nm 范围内的孔结构不同。

由表 4-11 中的S_{BET}结果可知，在单一 TC 体系中吸附 TC 后，沸石比表面积减小 29.63%，孔径增大 17.43%，这是由于 TC 在沸石上的吸附堵塞或填充了部分沸石表面的孔隙结构，造成沸石的S_{BET}减小，平均孔径增大。对比单一体系中沸石吸附 TC 和 n-TiO_2 后孔径和比表面积的变化可知，TC 对沸石上孔隙结构数量的影响更为明显。这是由于 TC 会同时填充沸石上 2～50nm 范围内的孔隙结构，而 n-TiO_2 则受限于自身粒径，只能填充较大的孔隙结构（20～50nm）。

而在 TC + n-TiO_2 复合体系中吸附 TC 和 n-TiO_2 后，沸石的S_{BET}减小 24.07%，孔径增大 8.80%。复合体系中吸附后沸石的S_{BET}减小幅度小于单一 TC 体系，大于单一 n-TiO_2 体系。与单一 n-TiO_2 体系相比，复合体系中出现的有机相 TC 对沸石和 n-TiO_2 表面的包裹作用导致比表面积进一步减小。而与单一 TC 相比，一方面复合体系中沸石上吸附的 TC 分子数量减少，导致 TC 对沸石孔隙的填充和表面的包裹作用减弱；另一方面复合体系中吸附于沸石上的 n-TiO_2 使得沸石表面的复杂程度增加，并且 n-TiO_2 自身比表面积大于沸石，因此复合体系中沸石同时吸附 TC 和 n-TiO_2 后比表面积大于单一 TC 体系。

沸石吸附前后的阳离子交换量（CEC）计算结果见表 4-11。在单一 TC 体系中吸附 TC 后，沸石的 CEC 减少 12.0mmol/kg，表明 TC 在吸附过程中消耗或掩盖了部分沸石上的负电荷位点。在 TC + n-TiO_2 复合体系中共吸附 TC 和 n-TiO_2 后，沸石的 CEC 减少 6.7mmol/kg。复合体系中 CEC 的减小幅度小于单一 TC 体系，一方面是复合体系中 TC 吸附量减少，导致 TC 对沸石上的负电荷位点的消耗或掩盖作用减弱；另一方面，结合吸附等温实验中 N-TC 的结果可知，复合体系中 TC 与 n-TiO_2 之间同样存在吸附，且 SEM 结果证实沸石表面吸附的 n-TiO_2 表面同样存在有机相的包裹现象，因此，复合体系中的 TC 可能会吸附于沸石上被吸附的 n-TiO_2 表面，消耗了被吸附 n-TiO_2 表面的负电荷位点，导致复合体系中的 CEC 要小于单一 n-TiO_2 体系。

（七）单一/复合体系中沸石吸附 TC 及 n-TiO_2 后的 FT-IR 分析结果

采用 FT-IR 分析沸石吸附 TC 和 n-TiO_2 前后表面官能团的变化，结果见图 4-19。在单一 TC 体系中吸附 TC 后，沸石上的—OH 峰分别红移至 3430cm^{-1} 和 1630cm^{-1}，证实了 TC 与沸石表面—OH 之间的静电引力作用。而沸石在 992cm^{-1}、755cm^{-1} 和 458cm^{-1} 处的峰未发生变化，证实了 TC 在沸石上的吸附并未改变沸石的晶体结构。

在 TC + n-TiO_2 复合体系中吸附 TC 和 n-TiO_2 后，沸石表面吸附水—OH 峰移动至 3431cm^{-1}，移动幅度大于单一 TC 体系，这可能是由沸石上吸附的 TC-n-TiO_2 结合体造成的，而沸石结构羟基移动至 1612cm^{-1}，移动幅度小于单一 n-TiO_2 体系，证实复合体系中出现的 TC 抑制了 n-TiO_2 与沸石之间的氢键作用。

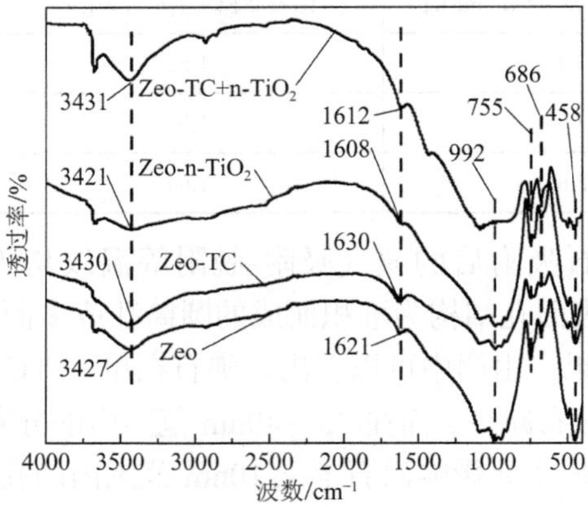

图 4-19　单一/复合体系中沸石吸附 TC 和 n-TiO_2 后的 FT-IR 图谱

FT-IR 结果证实，复合体系中出现的 TC 抑制了 n-TiO_2 与沸石表面羟基之间的氢键作用，并且复合体系中沸石上可能存在 TC-n-TiO_2 的结合体。TC 和 n-TiO_2 在沸石上的吸附均未对沸石的晶体结构造成影响。

（八）单一/复合体系中沸石吸附 TC 和 n-TiO_2 后的 XPS 分析结果

单一/复合体系中沸石吸附 TC 和 n-TiO_2 后的 XPS 谱图见图 4-20。

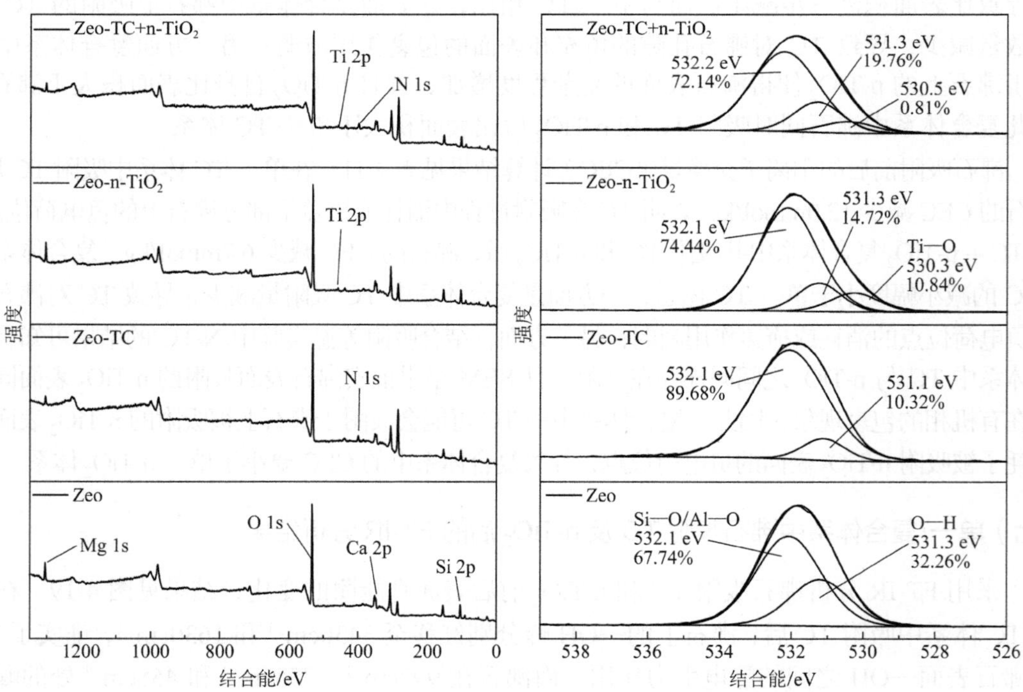

(a) X射线光电衍射（XPS）全谱　　(b) 高分辨率O 1s 谱图

图 4-20　单一/复合体系中沸石吸附后的 X 射线光电衍射（XPS）全谱（结合能范围 0～1400eV）及高分辨率 O 1s 谱图

采用 X 射线光电子能谱（XPS）对单一/复合体系中吸附前后沸石表面的元素组成、含量及化学键进行分析。在单一 TC、单一 n-TiO_2 和 TC + n-TiO_2 复合体系中吸附 TC 和 n-TiO_2 后，全谱中出现了 N 1s（399.4eV）和 Ti 2p（458.4eV）的峰，这证实了 TC 和 n-TiO_2 在沸石上的吸附。

高分辨率 O 1s 谱图显示，原始沸石的 O 1s 峰可以分为两个峰：O(Ⅰ)O—H，531.3eV，相对峰面积为 32.26%；O(Ⅱ)Si—O/Al—O，532.1eV，相对峰面积为 67.74%。

在单一 TC 体系中吸附 TC 后，O—H 峰结合能和相对峰面积分别减小为 531.1eV 和 10.32%，证实了沸石表面—OH 与 TC 之间的静电引力作用（沸石表面—OH 为电子供体）。而 Si—O/Al—O 峰结合能不变，相对峰面积增大，水中沸石的 Si—O—Si 或 Al—O—Al 结构破损，导致部分结构边缘的 Si—O/Al—O 暴露，造成沸石表面 Si—O/Al—O 键的数量增加。

在 TC + n-TiO_2 复合体系中吸附 TC 和 n-TiO_2 后，与单一 n-TiO_2 体系相比，Ti—O 峰的相对峰面积减小为 0.81%，结合能增大为 530.5eV，证实复合体系中沸石表面被吸附的 n-TiO_2 数量减少，同时这些 n-TiO_2 作为电子供体参与了复合体系中的吸附反应。而与单一 TC 体系相比，复合体系中 O—H 峰相对峰面积增大为 19.76%，表明沸石表面—OH 与 TC 之间的相互作用在复合体系中被抑制。

沸石在单一/复合体系中吸附 TC 和 n-TiO_2 后的高分辨率 N 1s 和 Ti 2p 峰见图 4-21。与单一 TC 体系相比，复合体系中 N 1s 峰中的—NH_2^+ 峰的相对峰面积由 25.03%减小为 20.16%，而结合能由 402.2eV 减小为 402.1eV，表明复合体系中 TC 分子结构中的—NH_2^+ 作为电子受体被消耗。而与单一 n-TiO_2 体系相比，复合体系中 Ti 2p 峰的相对峰面积减小，结合能增大，这证实了复合体系中沸石表面吸附的 n-TiO_2 数量减少，同时 n-TiO_2 作为电子供体参与了复合体系中的吸附过程。

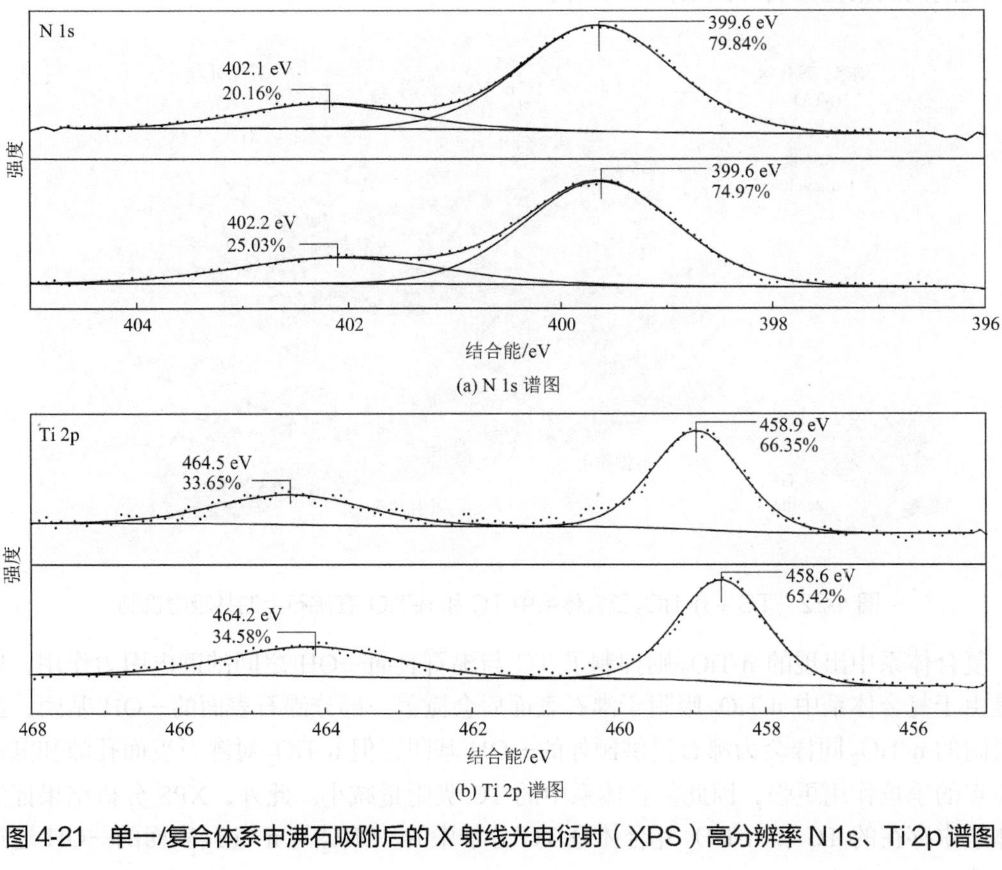

图 4-21 单一/复合体系中沸石吸附后的 X 射线光电衍射（XPS）高分辨率 N 1s、Ti 2p 谱图

结合上述 XPS 结果可知，TC 主要通过与—OH 之间的静电引力作用吸附于沸石上，而 n-TiO_2 则通过氢键与沸石表面的—OH 结合。复合体系中 TC 和 n-TiO_2 与—OH 之间的相互作用减弱，造成复合体系中的 TC 和 n-TiO_2 吸附量减小。同时沸石表面存在的 TC 和 n-TiO_2 结合体是通过 TC 中的—NH_2^+ 与 n-TiO_2 表面的—OH 之间的氢键作用结合而成并共同吸附于沸石上。

（九）TC + n-TiO_2 复合体系中 TC 和 n-TiO_2 在沸石上的共吸附机制

沸石主要组成元素为 Si、Al 和 O，在吸附实验设定 pH = 6 条件下，沸石表面为负电性。吸附实验证实，TC 和 n-TiO_2 在沸石上的吸附过程均为自发放热反应，随着温度升高 n-TiO_2 吸附量逐渐增大，表现为增温正效应，而 TC 则为增温负效应。与单一 TC 和单一 n-TiO_2 体系相比，复合体系中 TC 与 n-TiO_2 理论最大吸附量（q_{mS}）分别减少 45.37%和 43.42%，表明复合体系中 TC 与 n-TiO_2 之间为拮抗作用。表征测定结果表明，TC 和 n-TiO_2 主要通过孔径填充和静电引力作用吸附于沸石上。

结合吸附实验结果及表征分析结果，TC + n-TiO_2 复合体系中 TC 和 n-TiO_2 在沸石上的共吸附机制如图 4-22 所示（书后另见彩图）。在 TC + n-TiO_2 复合体系中，TC 和 n-TiO_2 可以同时扩散进入沸石的孔隙结构中，TC 和 n-TiO_2 会争抢孔隙内吸附位点，造成复合体系中通过孔径填充作用吸附于沸石上的 TC 和 n-TiO_2 减少。而通过 SEM 图像发现，复合体系中出现的 TC 造成 n-TiO_2 团聚体体积减小，这可能是由于复合体系中 TC 和 n-TiO_2 形成了 TC 和 n-TiO_2 复合体，有机相在 n-TiO_2 上的包裹造成亲水性 n-TiO_2 无法大量团聚。这与一些有机物对纳米材料团聚性能的研究结果相符，即有机相在纳米材料表面的包裹，使纳米材料之间的团聚性减弱，团聚体尺寸减小。

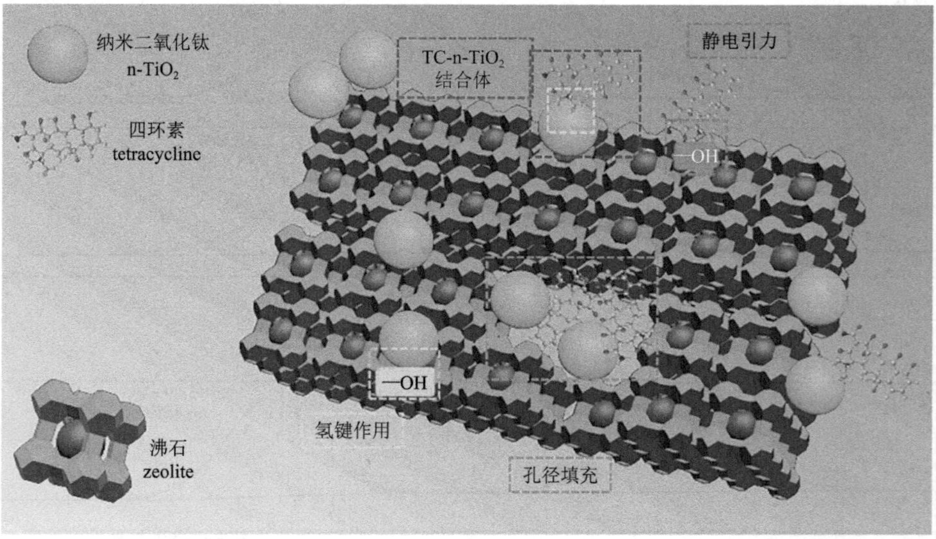

图 4-22　TC + n-TiO_2 复合体系中 TC 和 n-TiO_2 在沸石上的共吸附机制

复合体系中出现的 n-TiO_2 则抑制了 TC 与沸石表面—OH 之间的静电引力作用，这可能是由于复合体系中 n-TiO_2 吸附于沸石表面后会掩盖一部分沸石表面的—OH 基团，虽然被吸附的 n-TiO_2 同样会为沸石提供额外的—OH 基团，但 n-TiO_2 对沸石表面孔隙和氢键吸附位点的争抢作用更强，因此复合体系中的 TC 吸附量减小。此外，XPS 分析结果证实复合体系中存在的 TC 和 n-TiO_2 复合体是 TC 分子中的—NH_2^+ 与 n-TiO_2 表面的—OH 通过氢键作用结合形成的。

综上所述，TC + n-TiO_2复合体系中，TC 和 n-TiO_2之间为拮抗作用，对孔隙结构和表面吸附位点（—OH）的争夺造成复合体系中吸附于沸石上的 TC 和 n-TiO_2减少，即复合体系中 TC 和 n-TiO_2的迁移性增强。

（十）小结

本节采用 TC 和 n-TiO_2作为典型重金属污染物和纳米材料，考察了 TC 和 n-TiO_2在负电荷黏土矿物（沸石）表面的共吸附行为，并通过多种表征方式对吸附前后沸石表面结构、形貌、元素组成、官能团组成及电荷性质进行了表征，对比了单一和复合体系中沸石吸附 TC 和 n-TiO_2前后的表征差异，探讨了 TC + n-TiO_2复合体系中 TC 和 n-TiO_2在沸石上的共吸附行为机制。主要结论如下。

① 复合体系中的 n-TiO_2与 TC 会争抢沸石表面的吸附位点（—OH），造成复合体系中 TC 和 n-TiO_2的吸附量减小。FT-IR 和 XPS 结果证实，TC 可以通过静电引力作用与沸石上的—OH 相结合，而 n-TiO_2则会通过氢键作用与—OH 相结合，复合体系中 TC 和 n-TiO_2会争抢沸石表面的—OH 吸附位点，造成 TC 和 n-TiO_2吸附量减小。这与 Cd^{2+}部分所得结果相同。

② TC + n-TiO_2复合体系中 TC 和 n-TiO_2在沸石孔结构中的吸附被抑制。表征结果证实沸石的主要成分为辉沸石，表面存在部分微孔结构，但整体上以大孔结构为主。n-TiO_2在沸石上的吸附会堵塞部分微孔结构，并填充部分大孔结构，造成沸石平均孔径增大，因此复合体系中吸附于沸石上的 n-TiO_2会抑制 TC 在沸石微孔和大孔结构中的吸附，造成 TC 吸附量减小。TC 在沸石上的吸附同样会填充沸石上的部分孔结构，而孔径分布结果显示，TC 对沸石上的微孔和大孔结构均有填充作用。这与 Cd^{2+}主要影响微孔结构不同，也造成 TC + n-TiO_2复合体系中 n-TiO_2团聚体进入沸石大孔结构的难度更大。因此，与 Cd 相比，复合体系中 TC 对 n-TiO_2的抑制作用更强。

③ 无沸石对照组和 XPS 分析结果证实，复合体系中沸石表面存在 TC 和 n-TiO_2结合体，TC 和 n-TiO_2之间可以通过氢键相结合。复合体系中被吸附于沸石上的 n-TiO_2会为 TC 提供新的氢键吸附位点（—OH），TC 通过—NH_2^+与—OH 之间的氢键作用吸附于沸石表面的 n-TiO_2上。

④ TC + n-TiO_2复合体系中 TC 与 n-TiO_2在沸石上的拮抗作用在高温中性环境中更强，这与 Cd^{2+}部分的结果不同。一方面，由于 TC 在沸石上的吸附量随温度升高表现为增温负效应，因此高温不利于 TC 在沸石上的吸附，高温条件下 n-TiO_2的抑制作用更为明显；另一方面，由于中性环境中 TC 分子形式为中性或两性分子，静电引力作用较弱，在中性环境中 TC 主要通过孔径填充作用吸附于沸石上，而复合体系中的 n-TiO_2对孔隙结构的填充和堵塞造成 TC 难以进入孔隙结构，可见在中性环境中，TC 在沸石上的主要吸附方式均受到抑制。因此，复合体系中 n-TiO_2对 TC 吸附量的抑制作用更强。

⑤ TC 与 n-TiO_2之间的拮抗作用强于 Cd 与 n-TiO_2。与 Cd 和 n-TiO_2的拮抗作用相比，TC 与 n-TiO_2之间的拮抗作用更为明显。这是由于与重金属离子 Cd^{2+}相比，有机大分子 TC 分子尺寸更大，对于沸石上孔隙结构的填充作用和表面包裹作用更强，n-TiO_2的孔径填充和氢键作用被抑制；而 n-TiO_2对沸石孔隙结构的填充也造成了 TC 分子进入孔隙的难度增大，虽然 n-TiO_2同样为 TC 提供了额外的氢键吸附位点，但与 Cd^{2+}和 n-TiO_2之间的静电引

力作用相比，TC 和 n-TiO_2之间的氢键作用所需能量更大。因此 TC + n-TiO_2复合体系中 TC 和 n-TiO_2之间的拮抗作用更强。

第三节 n-TiO_2及 Cd^{2+}在负电荷多孔介质表面的交互作用及机制

生物炭是环境中的生物质在厌氧或缺氧环境中经过热转化所得的产物，生物炭具有多孔结构和大比表面积，同时其表面含有丰富的含氧官能团，这些特性使得生物炭在环境中具有很高的反应性。近年来，生物炭被广泛应用于水-土环境污染物修复领域，生物炭常被作为土壤改良剂，以稳定土壤中的重金属污染物并抑制重金属由土壤向植物传递。研究证实，向土壤环境中添加生物炭可有效降低重金属离子在土壤环境中的迁移效率。而由于其独特的表面性质，生物炭也是一种性能优异的污染物吸附剂，其丰富的孔隙结构和表面大量的含氧官能团为污染物提供了丰富的吸附位点，从而可以快速吸附水环境中的污染物。

已有研究表明，环境中的生物炭对污染物的吸附过程及吸附效率会受到共存有机质或无机离子的影响。例如，在生物炭表面，共存的四环素与强力霉素之间为拮抗作用，二者共同竞争污泥生物炭上的活性吸附点位，类似的现象还有铅和亚甲基蓝在生物炭上的吸附，也为拮抗作用。而共存的 Cu 则会增加 TC 在竹生物炭上的吸附，这是由于 Cu 与 TC 之间形成了 Cu-HTC^+配合物，造成 TC 吸附量增大。生物炭在吸附污染物后，其表面结构性质，如孔隙度、官能团种类及数量、电荷性质也会发生改变。有关纳米材料在多孔生物炭上的吸附行为的研究较为少见，而纳米材料作为一种新兴的固体颗粒污染物，吸附于生物炭孔隙和表面的纳米材料也必然会影响生物炭的表面结构（电荷性质、孔隙等），并最终影响污染物-纳米材料共存体系中的污染物和纳米材料的吸附过程及吸附效率，而有关研究还未见报道。

与沸石相比，同为负电荷表面的椰壳炭的孔隙分布与沸石存在明显差异，椰壳炭上的孔隙主要为 2～10nm 的孔隙结构，而沸石的孔径分布则更大，孔径的大小直接影响着污染物和纳米颗粒在固体表面的孔填充作用，椰壳炭上的多种官能团也会造成污染物和纳米颗粒在其表面的吸附方式与沸石不同。因此在本节中，以椰壳炭模拟具有小孔隙结构的负电性多孔固体表面，考察了单一 Cd 和单一 n-TiO_2体系中 Cd^{2+}和 n-TiO_2在椰壳炭上的吸附行为差异、Cd + n-TiO_2复合体系中 Cd 在 n-TiO_2上的吸附行为、Cd + n-TiO_2复合体系中 Cd^{2+}和 n-TiO_2在椰壳炭上的共吸附行为。采用条件实验考察了温度和初始 pH 值对 Cd^{2+}和 n-TiO_2在椰壳炭上共吸附行为的影响。通过多种表征手段对单一和复合体系中吸附 Cd^{2+}和 n-TiO_2后的椰壳炭的表面结构特性进行分析，并探讨了 Cd^{2+}和 n-TiO_2在椰壳炭上的共吸附行为机制，对比了 Cd 与 n-TiO_2在椰壳炭和沸石上的吸附行为差异。

本节使用的椰壳生物炭（coconut shell biochar，CBC）购自上海康效实业有限公司。预处理后平均粒径为 0.15～0.30mm，CEC = 162.9mmol/kg，比表面积为 $172m^2/g$，零电荷点为 pH = 3.3。使用前椰壳炭经过预处理，具体方法如下：称取一定质量的椰壳炭，研磨后过 50 目和 100 目筛，取粒径为 0.15～0.30mm 的椰壳炭。为了去除椰壳炭孔结构中可能存在的杂质，取过筛后的椰壳炭，按照 1∶5 的固-液比例加入 1%的稀盐酸，常温下磁力搅拌 24h 后，蒸馏水清洗直至 pH 值为中性。将稀盐酸清洗后的椰壳炭按 1∶5 的固-液比例加入无水乙醇中，以去除椰壳炭表面可能存在的有机物，无水乙醇中浸泡 24h 后取出，蒸馏水清洗至 pH 值为中性。清洗后的椰壳炭在 80℃条件下烘干至恒重，备用。

一、研究方案的设计

所有吸附实验均在避光条件下进行，以避免可能出现的 n-TiO_2 光催化反应。

（一）吸附动力学

采用吸附动力学来确定单一/复合体系中 Cd^{2+}和 n-TiO_2 在椰壳炭上的平衡吸附时间。动力学中单一/复合体系中的 Cd^{2+}和 n-TiO_2 浓度均为 20mg/L，pH = 6，温度为 25℃，背景离子为 0.01mol/L 的 NaCl。取样时间为 0min、5min、10min、15min、20min、30min、60min、90min、120min、180min、240min。椰壳炭添加量为 0.2g，溶液及悬浮液体积为 50mL。

（二）平衡吸附

采用吸附等温实验来考察污染物初始浓度对单一/复合体系中 Cd^{2+}和 n-TiO_2 吸附量的影响。单一 Cd^{2+}和单一 n-TiO_2 体系中，Cd^{2+}和 n-TiO_2 的浓度均设为 0mg/L、2mg/L、5mg/L、10mg/L、15mg/L、20mg/L，共 6 个浓度梯度；Cd + n-TiO_2 复合体系中，Cd^{2+}和 n-TiO_2 浓度梯度均为（0 + 0）mg/L、（2 + 2）mg/L、（5 + 5）mg/L、（10 + 10）mg/L、（15 + 15）mg/L、（20 + 20）mg/L，即复合体系中 Cd^{2+}：n-TiO_2 的质量比均为 1：1。单一和复合体系中 pH = 6，背景离子为 0.01mol/L 的 NaCl。平衡吸附时间设为 3h（由吸附动力学实验结果确定）。单一 Cd、单一 n-TiO_2 和 Cd + n-TiO_2 复合体系中的椰壳炭添加量为 0.2g，溶液或悬浮液体积为 50mL。同时为了考察复合体系中 n-TiO_2 对 Cd^{2+}的吸附量，设置了无椰壳炭对照组。对照组中 Cd^{2+}和 n-TiO_2 的浓度与复合体系相同，pH = 6，背景离子为 0.01mol/L 的 NaCl，但实验中不添加椰壳炭。

为了考察不同初始 pH 值对 Cd^{2+}和 n-TiO_2 吸附量的影响，将单一 Cd 溶液（Cd^{2+}浓度为 20mg/L）、单一 n-TiO_2 悬浮液（n-TiO_2 浓度为 20mg/L）和 Cd + n-TiO_2 悬浮液（Cd^{2+}和 n-TiO_2 的浓度均为 20mg/L）的初始 pH 值设定为 3、4、5、6、7、8，温度为 25℃，背景离子为 0.01mol/L 的 NaCl。平衡吸附时间设为 3h。

为了考察温度对单一/复合体系中 Cd^{2+}和 n-TiO_2 吸附量的影响，将吸附等温实验温度设定为 10℃、25℃和 40℃，单一 Cd 和单一 n-TiO_2 体系中 Cd^{2+}和 n-TiO_2 的浓度梯度为 0mg/L、2mg/L、5mg/L、10mg/L、15mg/L、20mg/L；Cd + n-TiO_2 复合体系中，Cd^{2+}和 n-TiO_2 浓度梯度均为（0 + 0）mg/L、（2 + 2）mg/L、（5 + 5）mg/L、（10 + 10）mg/L、（15 + 15）mg/L、（20 + 20）mg/L，pH = 6，背景离子为 0.01mol/L 的 NaCl。单一 Cd、单一 n-TiO_2 和 Cd + n-TiO_2 复合体系中的椰壳炭添加量为 0.2g，溶液或悬浮液体积为 50mL。平衡吸附时间设为 3h。

二、研究方法

（一）吸附动力学实验

动力学实验采用序批处理法进行，称取 0.2g 椰壳炭于 50mL 聚四氟乙烯离心管中，加入 50mL 浓度为 20mg/L 的溶液（单一 Cd）或悬浮液（单一 n-TiO_2、Cd + n-TiO_2），将混合物于摇床中恒温振荡，取样时间设定为 0min、5min、10min、15min、20min、30min、60min、90min、120min、180min、240min。取样后测定溶液或悬浮液中 Cd^{2+} 和 n-TiO_2 的浓度，并使用差减法计算吸附量。单一 Cd 体系和 Cd + n-TiO_2 复合体系中的 Cd^{2+} 吸附量采用火焰原子吸收光谱法（FAAS）测定，而单一 n-TiO_2 体系、Cd + n-TiO_2 复合体系中的 n-TiO_2 吸附采用紫外-可见分光光度计测定。

（二）平衡吸附实验

吸附等温实验采用序批处理法进行。称取 0.2g 椰壳炭于 50mL 聚四氟乙烯离心管中，加入调节好 pH 值的 50mL 不同浓度的单一 Cd、单一 n-TiO_2 和 Cd + n-TiO_2 溶液或悬浮液，按设定温度，与对照组一同恒温振荡一定时间（根据吸附动力学实验确定）后，取出静置 1min，待椰壳炭自然沉降至离心管底部后，取上层溶液或悬浮液，单一 Cd 体系和 Cd + n-TiO_2 复合体系中的 Cd^{2+} 吸附量采用火焰原子吸收光谱法（FAAS）测定，单一 n-TiO_2 体系、Cd + n-TiO_2 复合体系中的 n-TiO_2 吸附量采用紫外-可见分光光度计测定，通过差减法计算 Cd^{2+} 和 n-TiO_2 的吸附量。

无椰壳炭对照组在达到吸附平衡时间后，采用火焰原子吸收光谱法（FAAS）测定 Cd^{2+} 浓度，采用紫外-可见分光光度计测定 n-TiO_2 浓度，通过差减法计算 Cd^{2+} 和 n-TiO_2 的吸附量。

（三）Cd^{2+} 及 n-TiO_2 吸附量的测定方法

Cd^{2+} 和 n-TiO_2 吸附量的测定方法同第 4 章第一节。

三、研究结果与分析

（一）椰壳炭的 XRD 分析结果

椰壳炭的 XRD 结果如图 4-23 所示。由图中可知，椰壳炭主要由类石墨碳（JCPDS#00-26-1080）组成，并含有石英杂质（JCPDS#00-85-0796）。类石墨碳通常为无定形结构，而石英是生物质炭材料中最为常见的杂质，不会对生物炭的吸附性能造成影响。

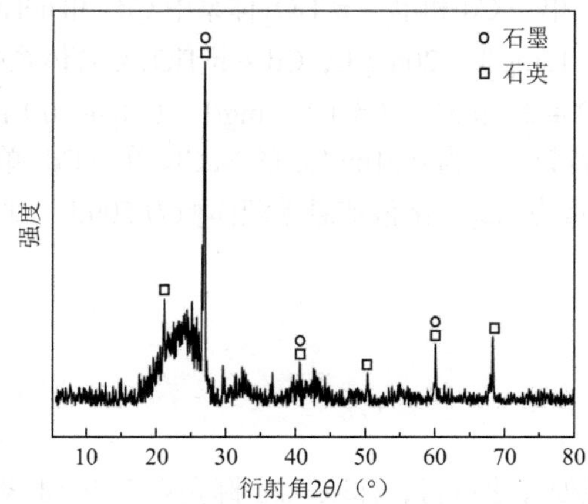

图 4-23 椰壳炭的 XRD 谱图

（二）椰壳炭的扫描电镜分析结果

图 4-24 为椰壳炭的 SEM 图像，椰壳炭表面具有蜂窝孔状直孔结构，孔结构边缘较为平整，与沸石相比，椰壳炭表面的孔结构数量更多，且内部结构更为复杂。

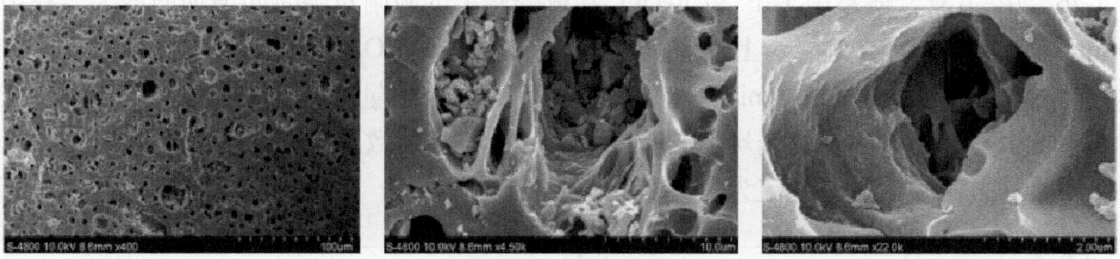

图 4-24　椰壳炭的扫描电镜图像

（三）椰壳炭的阳离子交换量、阴离子交换量、零电荷点、比表面积及平均孔径分布结果

椰壳炭的阳离子交换量（CEC）、阴离子交换量（AEC）及零电荷点（pH_{ZPC}）见表 4-12。由表中可以看出，在 pH＝6 条件下，椰壳炭表面荷负电。椰壳炭蜂窝孔状结构造成其S_{BET}较沸石（Zeo）更大。

表 4-12　椰壳炭表面的 CEC、AEC、S_{BET}、pH_{ZPC}及平均孔径

样品	零电荷点 pH_{ZPC}	阳离子交换量 CEC/（mmol/kg）	阴离子交换量 AEC/（mmol/kg）	比表面积 S_{BET}/（m^2/g）	平均孔径/nm
CBC	3.3	162.9	2.7	177.59	2.55

（四）椰壳炭的 FT-IR 分析结果

椰壳炭的 FT-IR 图谱如图 4-25 所示。

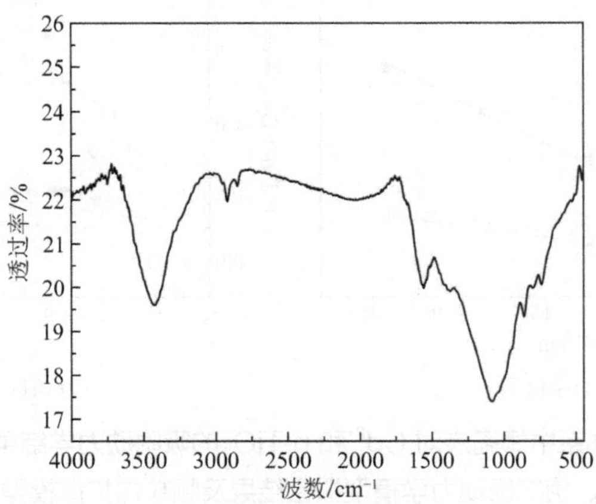

图 4-25　椰壳炭的 FT-IR 图谱

椰壳炭在 $3431cm^{-1}$、$1568cm^{-1}$、$1381cm^{-1}$和 $1095cm^{-1}$ 处的峰分别为椰壳炭表面的—OH、C═C、O—C═O 和 C—OH 官能团。椰壳炭表面具有的官能团以碳-氧官能团为主，与黏土矿物表面官能团种类存在差异。椰壳炭表面的 C═C/C═O 等芳香基团对有机污染物的吸附行为具有重要作用，这可能导致有机污染物在椰壳炭上的吸附方式与沸石不同。FT-IR

结果表明，与沸石相比，椰壳炭表面含有更为丰富的含氧官能团，这也是碳基吸附剂的特点。

（五）单一/复合体系中椰壳炭吸附 Cd^{2+}和 n-TiO_2 的吸附动力学实验结果

单一和复合体系中椰壳炭对 Cd^{2+}和 n-TiO_2 的吸附动力学实验结果及拟合结果见图 4-26。单一/复合体系中 Cd^{2+}和 n-TiO_2 在椰壳炭上的吸附量随时间增加而增大，在 0～20min，Cd 和 n-TiO_2 在椰壳炭上发生快速吸附，Cd^{2+}和 n-TiO_2 吸附量大幅增加；而在 20min 后，吸附量增幅变缓；在 120min 后，Cd^{2+}和 n-TiO_2 的吸附量基本达到稳定，随着时间增加基本不发生变化，这是由椰壳炭上的吸附位点趋于饱和所致。因此，后续吸附等温实验及条件实验的平衡吸附时间设定为 3h。

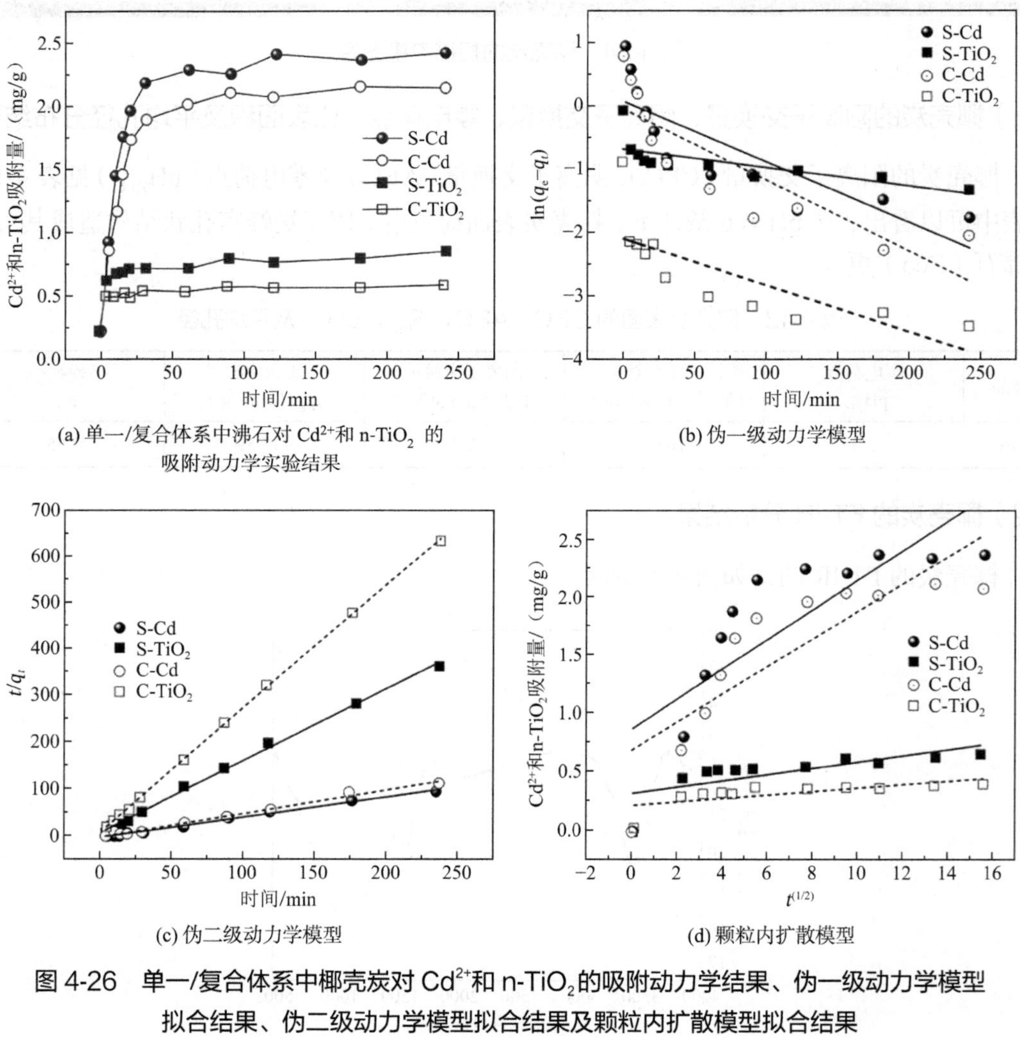

(a) 单一/复合体系中沸石对 Cd^{2+}和 n-TiO_2 的吸附动力学实验结果

(b) 伪一级动力学模型

(c) 伪二级动力学模型

(d) 颗粒内扩散模型

图 4-26　单一/复合体系中椰壳炭对 Cd^{2+}和 n-TiO_2的吸附动力学结果、伪一级动力学模型拟合结果、伪二级动力学模型拟合结果及颗粒内扩散模型拟合结果

单一 Cd 体系中 Cd^{2+}的平衡吸附量为（2.36 ± 0.09）mg/g，单一 n-TiO_2 体系中 n-TiO_2 的平衡吸附量为（0.58 ± 0.08）mg/g，而在 Cd + n-TiO_2 复合体系中，Cd^{2+}和 n-TiO_2 的平衡吸附量分别为（2.01 ± 0.05）mg/g 和（0.37 ± 0.02）mg/g。可见与单一体系相比，复合体系中 Cd^{2+}和 n-TiO_2 的平衡吸附量均减小，表明复合体系中 Cd^{2+}和 n-TiO_2 在椰壳炭上的吸附行为为拮抗作用，这与负电荷黏土矿物表面（沸石）的结果相同。

伪一级动力学、伪二级动力学和颗粒内扩散模型拟合结果见表 4-13，3 种动力学模型拟合所得决定系数分别 ≥ 0.5138、≥ 0.9961**及 ≥ 0.4776。可见伪二级动力学模型对实验结果拟合效果最好，达到极显著水平（$p < 0.01$）。伪二级动力学模型参数表明，与单一 Cd 体系相比，Cd + n-TiO_2 复合体系中 Cd^{2+}平衡吸附量（q_e）减小 11.02%，吸附速率（k_2）增大；而与单一 n-TiO_2 体系相比，Cd + n-TiO_2 复合体系中 n-TiO_2 平衡吸附量（q_e）减小 42.42%，吸附速率（k_2）增大。对于复合体系中的 Cd^{2+}来说，n-TiO_2 的出现抑制了 Cd^{2+}在椰壳炭上的吸附，但加快了 Cd^{2+}的吸附速率。结合前文中的沸石吸附实验研究结果，这可能是由于复合体系中出现的 n-TiO_2 为 Cd^{2+}提供了新的吸附位点，造成复合体系中 Cd^{2+}吸附点位增多，吸附速率增大。而对于复合体系中的 n-TiO_2 来说，复合体系中出现的 Cd^{2+}同样抑制了 n-TiO_2 在椰壳炭上的吸附量，但也加快了 n-TiO_2 的吸附速率。这可能是由于复合体系中出现的重金属阳离子 Cd^{2+}造成 n-TiO_2 在复合体系中的稳定性降低，更易发生团聚，使 n-TiO_2 更快速地沉降并吸附于椰壳炭上。

表 4-13　单一和复合体系中 Cd^{2+}和 n-TiO_2 在椰壳炭上的吸附动力学模型拟合参数

样品	伪一级动力学模型			伪二级动力学模型			颗粒内扩散模型		
	q_e/（mg/g）	k_1/［g/(mg · min)］	R^2	k_2/［g/(mg · min)］	q_e/（mg/g）	R^2	k_{ip}/［mg/(g · min$^{1/2}$)］	c/（mg/L）	R^2
S-Cd	0.010	1.04	0.6933*	0.05	2.45	0.9993**	0.13	0.86	0.6721*
S-TiO_2	0.003	0.59	0.5138	0.04	0.66	0.9961**	0.01	0.45	0.8967**
C-Cd	0.011	0.96	0.7379**	0.06	2.18	0.9992**	0.12	0.69	0.7102**
C-TiO_2	0.007	0.20	0.5944*	0.78	0.38	0.9998**	0.02	0.20	0.4776

注：*表示达到显著水平，$p < 0.05$；**表示达到极显著水平，$p < 0.01$。下同。

（六）单一/复合体系中椰壳炭对 Cd^{2+}和 n-TiO_2 的吸附等温实验结果

为了探究共存 n-TiO_2 和 Cd^{2+}在椰壳炭表面的共吸附过程，采用吸附等温实验考察污染物初始浓度对吸附过程的影响，吸附等温实验结果见图 4-27。采用 Langmuir、Freundlich，Dubinin-Radushkevich（D-R）和 Sips 模型对吸附等温数据进行拟合，由 4 种模型的决定系数（Sips 模型，$R^2 \geq 0.9596^{**}$；Langmuir 模型，$R^2 \geq 0.7678$；Freundlich 模型，$R^2 \geq 0.7503$；D-R 模型，$R^2 \geq 0.8341$）可知，Sips 模型对吸附实验结果的拟合效果最好，因此采用 Sips 模型对吸附等温实验结果进行分析，Sips 模型拟合参数见表 4-14。

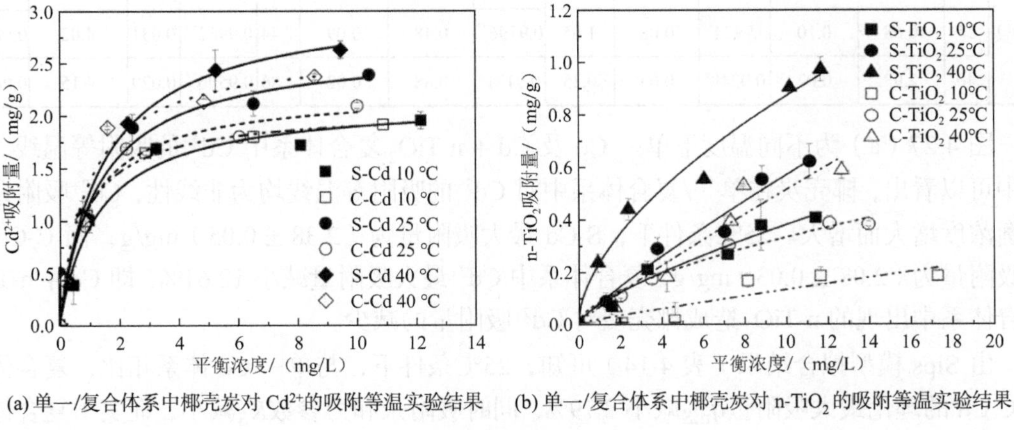

(a) 单一/复合体系中椰壳炭对 Cd^{2+}的吸附等温实验结果　(b) 单一/复合体系中椰壳炭对 n-TiO_2 的吸附等温实验结果

图 4-27

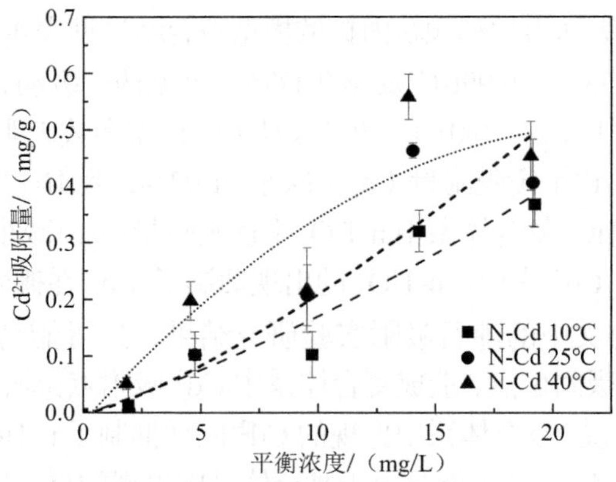

(c) 对照组中 n-TiO_2 对 TC 的吸附等温实验结果

图 4-27　单一/复合体系中椰壳炭对 Cd^{2+}和 n-TiO_2 的吸附等温实验结果及对照组中 n-TiO_2 对 TC 的吸附等温实验结果

表 4-14　单一/复合体系中椰壳炭吸附 Cd^{2+}和 n-TiO_2 的吸附等温模型拟合参数

样品	温度 T/℃	Langmuir 模型			Freundlich 模型			Sips 模型				Dubinin-Radushkevich 模型		
		q_{mL}/（mg/g）	K_L/（L/mg）	R^2	K_F/［$mg^{1-1/n}$/($g \cdot L^{1/n}$)］	n/（g/L）	R^2	q_{mS}/（mg/g）	K_S/（L/mg）	γ	R^2	β	E/（kJ/mol）	R^2
S-Cd	10	2.14	0.75	0.9671**	0.90	3.08	0.8983*	1.85	1.10	1.90	0.9870**	0.009	7.58	0.8341
	25	2.65	0.76	0.9201*	1.24	3.47	0.8991*	2.51	1.03	1.06	0.9302*	0.008	7.81	0.9811**
	40	3.07	0.68	0.9989**	1.19	2.62	0.9523*	3.06	0.67	1.03	0.9996**	0.008	7.91	0.9485*
C-Cd	10	2.04	1.21	0.9978**	1.03	3.47	0.9479*	2.06	1.18	0.97	0.9971**	0.011	6.74	0.9362*
	25	2.22	1.01	0.9814**	1.04	3.16	0.9434*	2.44	1.02	0.77	0.9754**	0.09	7.29	0.9450*
	40	2.62	1.05	0.9769**	1.23	3.04	0.9228*	2.52	1.16	1.14	0.9707**	0.09	7.67	0.9723**
S-TiO_2	10	3.54	0.01	0.9462*	0.07	1.38	0.9561*	0.76	0.11	0.93	0.9647**	0.028	4.24	0.9311*
	25	3.20	0.02	0.9647**	0.08	1.15	0.9661*	0.99	0.08	1.22	0.9615**	0.025	4.47	0.9716**
	40	1.53	0.13	0.9522*	0.23	1.73	0.9756**	1.52	0.10	1.12	0.9747**	0.013	6.23	0.9674**
C-TiO_2	10	0.72	0.02	0.7678	0.02	1.09	0.7503	0.23	0.12	1.13	0.9651**	0.057	2.96	0.8471
	25	0.68	0.10	0.9924**	0.08	1.65	0.9796**	0.48	0.09	1.44	0.9962**	0.031	4.02	0.9811**
	40	2.93	0.02	0.9249*	0.03	0.25	0.9171*	0.88	0.02	1.86	0.9596**	0.029	4.15	0.9698**

图 4-27（a）为不同温度下单一 Cd 及 Cd + n-TiO_2 复合体系中 Cd^{2+}的吸附等温线。由图中可以看出，椰壳炭在单一/复合体系中对 Cd^{2+}的吸附等温线均为非线性，Cd^{2+}吸附量随平衡浓度增大而增大。25℃条件下，S-Cd 最大吸附量为（2.38 ± 0.05）mg/g，而 C-Cd 最大吸附量为（2.08 ± 0.03）mg/g，复合体系中 Cd^{2+}最大吸附量减小 12.61%，即 Cd + n-TiO_2 复合体系中出现的 n-TiO_2 造成椰壳炭对 Cd^{2+}吸附量的减少。

由 Sips 模型拟合结果（表 4-14）可知，25℃条件下，与单一 Cd 体系相比，复合体系中 C-Cd 的理论最大吸附量q_{mS}减小 2.79%，同时吸附亲和力参数K_S减小，证实了复合体系中出现的 n-TiO_2 虽然抑制了 Cd^{2+}在椰壳炭上的吸附，但增强了 Cd^{2+}与椰壳炭之间的吸附亲和力，这与沸石表面所得结果相似。同时，复合体系中γ值更远离 1，表明与单一 Cd 体系相比，复合体系中椰壳炭表面均一化程度减弱，这可能是由 n-TiO_2 在椰壳炭表面及孔隙中的吸附或填充导致的。

D-R 模型通常用来描述吸附质在多孔固体表面的吸附过程。D-R 模型中的参数β可以用来计算吸附质在多孔固体表面的吸附能E，而E与固体表面孔隙程度及吸附质的吸附方式有关，越多吸附质通过孔填充吸附于孔隙中，吸附质吸附能越大，反之则越小。由 D-R 模型拟合参数（表 4-14）可知，单一和复合体系中 Cd^{2+}在椰壳炭上的吸附以物理吸附为主（$E <$ 8kJ/mol），而在 25℃条件下，复合体系中 Cd^{2+}的吸附能降低，这表明复合体系中椰壳炭上吸附进入孔隙结构的 Cd^{2+}数量减少。

图 4-27（b）为单一 n-TiO_2 和 Cd + n-TiO_2 复合体系中 n-TiO_2 的吸附等温。椰壳炭在单一/复合体系中对 n-TiO_2 的吸附等温线均为非线性，n-TiO_2 吸附量随平衡浓度增大而增大。在 25℃条件下，单一 n-TiO_2 体系中的 n-TiO_2 最大吸附量为（0.62 ± 0.07）mg/g，而 Cd + n-TiO_2 复合体系中的 n-TiO_2 最大吸附量为（0.38 ± 0.01）mg/g，表明复合体系中的 Cd^{2+}造成 n-TiO_2 在椰壳炭上的吸附量减少。

Sips 拟合参数表明，与单一 n-TiO_2 体系相比，复合体系中 n-TiO_2 的理论最大吸附量（q_{mS}）减少 51.51%，椰壳炭表面复杂程度增大，均一化程度减弱，可见复合体系中出现的 Cd^{2+}对 n-TiO_2 在椰壳炭上的吸附为拮抗作用，n-TiO_2 吸附量减小，并且复合体系中 n-TiO_2 的减小幅度大于 Cd^{2+}，这表明复合体系中 Cd^{2+}对 n-TiO_2 的抑制作用大于 n-TiO_2 对 Cd^{2+}的抑制作用。与 Cd^{2+}部分的结果相似，复合体系中 n-TiO_2 的吸附自由能E小于单一 n-TiO_2 体系，这同样证实了复合体系中扩散进入椰壳炭表面孔隙结构的 n-TiO_2 数量小于单一 n-TiO_2 体系。这表明 Cd + n-TiO_2 复合体系中 Cd^{2+}和 n-TiO_2 在椰壳炭上的孔径填充作用均受到抑制。

图 4-27（c）为无椰壳炭对照组中 n-TiO_2 对 Cd^{2+}的吸附等温线。由图中可以看出，Cd + n-TiO_2 复合体系中 n-TiO_2 对 Cd^{2+}的吸附量随 Cd^{2+}平衡浓度增大而增大，并逐渐趋于稳定。这证实了复合体系中共存的 Cd^{2+}和 n-TiO_2 之间同样存在相互作用。

（七）单一/复合体系中温度对椰壳炭吸附 Cd^{2+}和 n-TiO_2 的影响

采用 Sips 模型拟合所得的参数K_S计算吸附热力学参数，计算结果见表 4-15。由吸附等温实验结果［图 4-27（a）］可知，单一 Cd 体系中 Cd^{2+}吸附量随温度升高而增大，在实验设定的 3 个温度条件下，单一 Cd 体系中 Cd^{2+}的最大吸附量分别为（1.94 ± 0.08）mg/g、（2.38 ± 0.05）mg/g 和（2.62 ± 0.08）mg/g。热力学参数计算结果显示，单一 Cd 体系中 Cd^{2+}吸附的吉布斯自由能ΔG均为负值，表明 Cd^{2+}在椰壳炭上的吸附过程为自发的。单一 Cd 体系中 Cd^{2+}吸附的焓变值ΔH均为负值，表明 Cd^{2+}在椰壳炭上的吸附过程为放热反应。

对于单一 n-TiO_2 体系中的 n-TiO_2 来说，温度升高同样有利于 n-TiO_2 在椰壳炭上的吸附。随着温度升高，单一 n-TiO_2 体系中 n-TiO_2 的最大吸附量分别为（0.40 ± 0.02）mg/g、（0.62 ± 0.07）mg/g 和（0.97 ± 0.05）mg/g。由热力学参数计算结果可知，单一 n-TiO_2 体系中，n-TiO_2 的吉布斯自由能ΔG均为负值，表明 n-TiO_2 在椰壳炭上的吸附为自发反应，且自发性随温度升高而增大，这与吸附实验结果中高温有利于 n-TiO_2 吸附的结果相符。单一 n-TiO_2 体系中 n-TiO_2 的吸附焓变值ΔH为负值，熵变值ΔS为正值，表明 n-TiO_2 在椰壳炭上的吸附过程为放热熵增型吸附反应，熵增是由于 n-TiO_2 吸附于椰壳炭后减弱了椰壳炭表面的均一性。

在 Cd + n-TiO_2 复合体系中，Cd^{2+}的吸附量随温度升高而增大，这与单一 Cd 体系中的结果相同，复合体系中 Cd^{2+}的最大吸附量分别为（1.90 ± 0）mg/g、（2.08 ± 0.03）mg/g 和（2.36 ± 0.02）mg/g。对比不同温度条件下复合体系中 Cd^{2+}的最大吸附量发现，随着温度升高，复合体系中 Cd^{2+}吸附量的减小幅度表现为增大趋势，由 2.06%增大为 9.92%，这表明 Cd + n-TiO_2 复合体系中 n-TiO_2 对 Cd^{2+}在椰壳炭上的吸附的抑制作用随温度升高而增强。这与沸石上所得的结果存在差异，可能是沸石与椰壳炭表面结构不同导致 Cd^{2+}的吸附方式存在差异。

复合体系中 Cd^{2+}在椰壳炭上吸附的吉布斯自由能ΔG均为负值，且ΔG的绝对值随温度升高而增大，表明复合体系中 Cd^{2+}在沸石上吸附的自发性随温度升高而增大，这与 Cd^{2+}吸附量变化趋势相符合。与单一 Cd 体系相比，复合体系中 Cd^{2+}吸附的ΔG的绝对值平均增大 4.65%，表明复合体系中 Cd^{2+}吸附自发性增强，而吸附焓变值ΔH的绝对值减小为−0.53kJ/mol，熵变值ΔS的绝对值增大为 38.40J/(K · mol)，表明复合体系中 Cd^{2+}和 n-TiO_2 同时吸附于椰壳炭表面会增大椰壳炭表面的固-液界面的混乱程度。

Cd + n-TiO_2 复合体系中的 n-TiO_2 吸附量随温度变化的规律与单一 n-TiO_2 体系相同，随着温度升高，复合体系中 n-TiO_2 的最大吸附量逐渐增大，最大吸附量分别为（0.18 ± 0.02）mg/g、（0.38 ± 0.01）mg/g 和（0.58 ± 0.03）mg/g。对比不同温度条件下复合体系中 n-TiO_2 的最大吸附量发现，随着温度升高，复合体系中 n-TiO_2 吸附量的减小幅度表现为减小趋势，由 55.00%减小为 40.21%，表明 Cd + n-TiO_2 复合体系中 Cd^{2+}对 n-TiO_2 在椰壳炭上的吸附的抑制作用随温度升高而减弱。

复合体系中 n-TiO_2 在椰壳炭上吸附的吉布斯自由能ΔG均为负值，且ΔG绝对值随温度升高呈减小趋势，表明复合体系中的 Cd^{2+}抑制了 n-TiO_2 在椰壳炭上的吸附自发性。同时，焓变与熵变结果表明，复合体系中 n-TiO_2 在椰壳炭上的吸附过程为吸热熵增过程。焓变值由单一 n-TiO_2 体系中的负值变为正值，表明复合体系中 n-TiO_2 在椰壳炭上的吸附方式可能发生变化，而熵变值增大，则表明复合体系中椰壳炭的固液界面混乱度增大，这与 Cd^{2+}相同，是由复合体系中两种吸附剂共吸附所造成的。

表 4-15　单一/复合体系中椰壳炭吸附 Cd^{2+}和 n-TiO_2的热力学参数

样品	温度T/℃	Sips 模型	热力学参数		
		K_S/（L/mg）	ΔG/（kJ/mol）	ΔH/（kJ/mol）	ΔS/［J/(K · mol)］
S-Cd	10	1.10	−11.34	−12.02	−1.90
	25	1.03	−11.78		
	40	0.67	−11.25		
C-Cd	10	1.18	−11.51	−0.53	38.40
	25	1.02	−11.75		
	40	1.16	−12.68		
S-TiO_2	10	0.11	−5.12	−2.56	8.31
	25	0.08	−4.60		

续表

样品	温度T/℃	Sips 模型	热力学参数		
		K_S/（L/mg）	ΔG/（kJ/mol）	ΔH/（kJ/mol）	ΔS/［J/(K · mol)］
S-TiO_2	40	0.10	−5.41	−2.56	8.31
C-TiO_2	10	0.12	−9.36	2.50	32.75
	25	0.09	−9.14		
	40	0.02	−5.69		

（八）单一/复合体系中 pH 值对椰壳炭吸附 Cd^{2+}和 n-TiO_2 的影响

为了探究单一和复合体系中 n-TiO_2 及 Cd 在椰壳炭表面的吸附量与 pH 值之间的关系，考察了各处理组中 Cd^{2+}或 n-TiO_2 的吸附量随 pH 值的变化规律，结果见图 4-28。

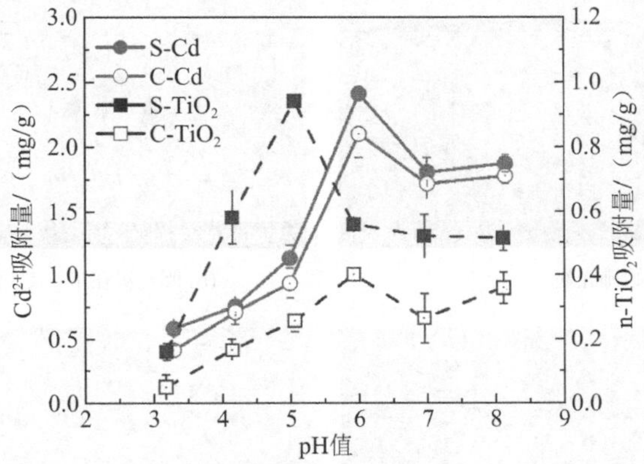

图 4-28　单一和复合体系中 pH 值对 Cd^{2+}和 n-TiO_2 吸附量的影响

对于单一和复合体系中的 Cd^{2+}，在 pH = 3～8 的范围内，S-Cd 始终大于 C-Cd，这表明在实验设定的 pH 值范围内，n-TiO_2 的共存均造成椰壳炭对 Cd^{2+}吸附量的减小。S-Cd 和 C-Cd 随 pH 值变化的规律基本一致，随着 pH 值的升高表现为先增大后减小，在 pH = 6 处，Cd^{2+}吸附量最大，而当 pH > 6 后，部分 Cd^{2+}开始沉淀，造成 S-Cd 和 C-Cd 减小。对比不同初始 pH 值条件下复合体系中 Cd^{2+}吸附量的减小幅度可以发现，随着初始 pH 值的增大，复合体系中 Cd^{2+}吸附量的减小幅度整体表现为减小趋势，由 29.31%逐渐减小为 4.81%，这与沸石部分的结果相同，即酸性条件下 Cd + n-TiO_2 复合体系中 n-TiO_2 对 Cd^{2+} 的拮抗作用更强。

对于 n-TiO_2 来说，在 pH = 3～8 范围内，C-TiO_2 始终小于 S-TiO_2，而且 C-TiO_2 随 pH 值变化的规律与 S-TiO_2 相似。单一/复合体系中 n-TiO_2 的吸附量随着 pH 值的升高均表现为先增大后减小的趋势，S-TiO_2 在 pH = 5 时达到最大值，而 S-TiO_2 则在 pH = 6 处达到最大值。对比不同初始 pH 值条件下复合体系中 n-TiO_2 吸附量的减小幅度可以发现，随着初始 pH 值增大，复合体系中 n-TiO_2 吸附量的减小幅度整体表现为先增大后减小的趋势，在 pH = 5 处达到最大 72.34%，表明 Cd + n-TiO_2 复合体系中的 Cd^{2+}对 n-TiO_2 在椰壳炭上吸附的抑制作用在中性环境中更强。

（九）单一/复合体系中椰壳炭吸附 Cd^{2+}和 n-TiO_2 后的 SEM 分析结果

椰壳炭在单一和复合体系中吸附 Cd^{2+}和 n-TiO_2 后的扫描电镜图像如图 4-29 所示。在单一 Cd 体系中吸附 Cd^{2+}后［图 4-29（b）］，椰壳炭表面孔数量减少，表面仍然光滑平整。在单一 n-TiO_2 体系中吸附 n-TiO_2 后［图 4-29（c）］，椰壳炭表面粗糙程度增大，孔结构进一步减少，同时椰壳炭表面和孔洞内部出现不规则团聚体（10～20μm）。在高倍镜下观察发现，这些不规则团聚体是由直径为 10～20nm 的规则球体堆积而成，这证实了 n-TiO_2 吸附于椰壳炭表面及孔结构中。

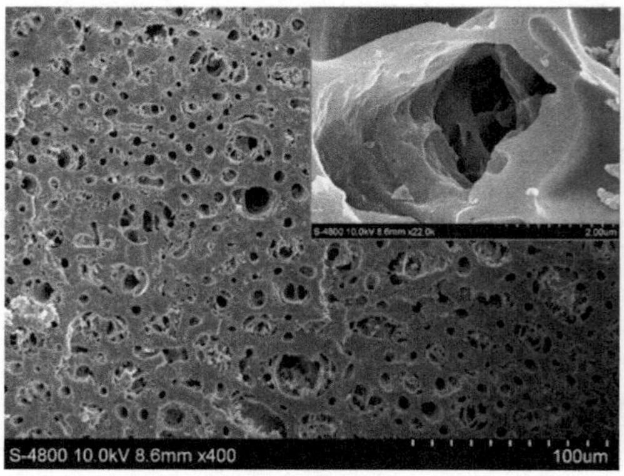

(a) 原始椰壳炭

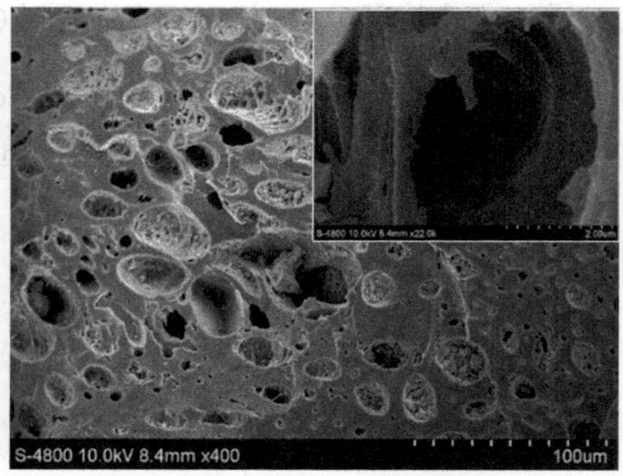

(b) 椰壳炭在单一 Cd 体系中吸附 Cd 后

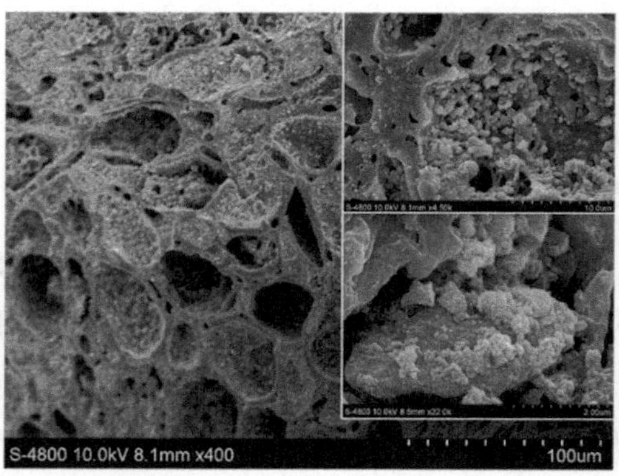

(c) 椰壳炭在单一 n-TiO_2 体系中吸附 n-TiO_2 后

(d) 椰壳炭在 Cd + n-TiO_2 复合体系中吸附 Cd^{2+}和 n-TiO_2 后

图 4-29　椰壳炭吸附 Cd^{2+}和 n-TiO_2 后的扫描电镜图像

在 Cd + n-TiO_2 复合体系中同时吸附 Cd^{2+}和 n-TiO_2 后［图 4-29（d）］，椰壳炭表面复杂程度增加，孔结构数量大幅减少。而与单一 n-TiO_2 体系相比，复合体系中椰壳炭孔结构中出现的 n-TiO_2 团聚体数量减少，但团聚体的尺寸增大（30～50μm）。高倍镜观察结果显示，与单一 n-TiO_2 体系中的团聚体相比，复合体系中的团聚体表面更加光滑，堆积密度更大。n-TiO_2 团聚体尺寸增大，造成能够进入孔结构的堆积体数量减少，并且 n-TiO_2 团聚体对椰壳炭上孔隙结构的堵塞程度也会增大，这与吸附等温实验中 D-R 模型所得结果相符。复合体系中 n-TiO_2 的吸附自由能E值减小，可能是由于 n-TiO_2 团聚体体积增大，n-TiO_2 进入椰壳炭孔隙结构的难度增大。

（十）单一/复合体系中椰壳炭吸附 Cd^{2+}和 n-TiO_2 后的 CEC、S_{BET}、孔径和孔体积分布结果

图 4-30 为各处理组中吸附后椰壳炭的比表面积及孔径分布结果。由图中可以看出，椰壳炭以介孔为主，但孔径集中分布在 2～10nm 范围内。结合 SEM 及孔径分布结果可知，与沸石相比，椰壳炭表面孔隙度更大，以 2～10nm 范围内的介孔结构为主，而沸石则以颗粒或层状结构堆积而成的介孔结构为主，孔隙度小于椰壳炭，孔径主要分布在 10～50nm 之间。椰壳炭吸附前后的比表面积、孔径及孔体积测定结果见表 4-16。在单一 Cd 体系中吸附 Cd^{2+}后，椰壳炭的比表面积减小 14.75%，孔径和孔体积分别增大 2.35%和 2.33%；在单一 n-TiO_2 体系中吸附 n-TiO_2 后，椰壳炭的比表面积和孔体积分别减小 19.25%和 4.65%，孔体积增大 1.96%。在单一 Cd 和单一 n-TiO_2 体系中吸附后椰壳炭的比表面积及孔径的变化规律基本一致，均表现为比表面积减小，孔径增大，证实 Cd^{2+}和 n-TiO_2 均会占据或堵塞椰壳炭表面部分孔结构，造成比表面积不同程度减小。这与 SEM 中所观察到的现象相符，说明孔径填充是 Cd^{2+}和 n-TiO_2 在椰壳炭表面吸附的方式之一。

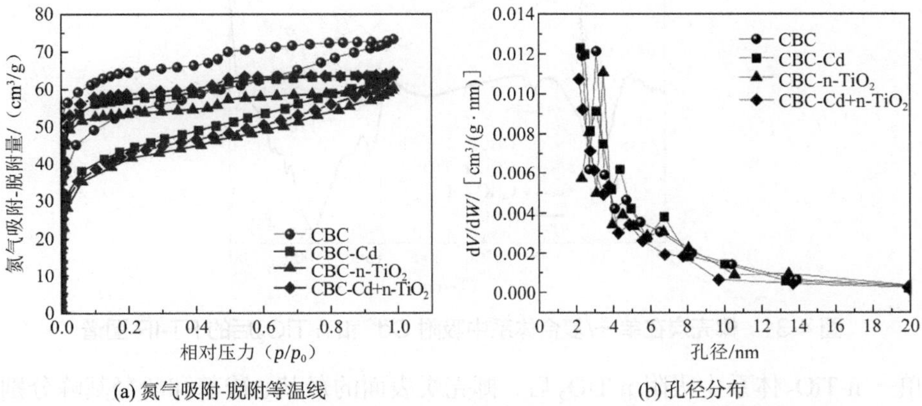

图 4-30　椰壳炭吸附 Cd^{2+}和 n-TiO_2 前后的氮气吸附-脱附等温线及孔径分布结果

在 Cd + n-TiO_2 复合体系中同时吸附 Cd^{2+}和 n-TiO_2 后，椰壳炭的比表面积与椰壳炭相比减小 15.84%，孔径和孔体积分别增大 4.31%和 6.97%，孔径和孔体积变化幅度大于两个单一体系。这与 SEM 中观察到的复合体系中椰壳炭表面孔隙结构大幅减少的现象相符。

椰壳炭吸附前后 CEC 的测定结果见表 4-16。椰壳炭在单一 Cd 体系中吸附 Cd^{2+}后 CEC 减小了 64.1mmol/kg，说明 Cd^{2+}在椰壳炭表面吸附消耗了部分负电荷吸附位点，证实电性引力也是 Cd^{2+}在椰壳炭表面吸附的方式之一。而在 Cd + TiO_2 复合体系中吸附 Cd^{2+}和 n-TiO_2 后，椰壳炭表面 CEC 减少了 62.2mmol/kg，减少量小于单一 Cd 体系。这表明对于 Cd + n-TiO_2 复合体系来说，n-TiO_2 的共存会造成椰壳炭表面被消耗的负电荷数量减少，即复合体系中椰壳炭表面通过静电引力作用吸附的 Cd^{2+}数量减少。

表 4-16　椰壳炭吸附 Cd^{2+}和 n-TiO_2 前后的 CEC、比表面积、孔径和孔体积

样品	阳离子交换量 CEC/（mmol/kg）	比表面积S_{BET}/（m^2/g）	孔径/nm	孔体积/（cm^3/g）
CBC	162.9	177.59	2.55	0.043
CBC-Cd	98.8	151.39	2.61	0.044

续表

样品	阳离子交换量 CEC/(mmol/kg)	比表面积S_{BET}/(m^2/g)	孔径/nm	孔体积/(cm^3/g)
CBC-n-TiO_2	99.6	143.40	2.60	0.041
CBC-Cd + n-TiO_2	100.7	149.46	2.66	0.046

(十一)单一/复合体系中椰壳炭吸附 Cd^{2+}和 n-TiO_2 后的 FT-IR 分析结果

图 4-31 为椰壳炭在单一 Cd、单一 n-TiO_2 及 Cd + n-TiO_2 复合体系中吸附后的 FT-IR 图谱。在单一 Cd 体系中吸附 Cd^{2+}后，椰壳炭在 3431cm^{-1} 处的羟基峰移动至 3445cm^{-1} 处，证实了 Cd^{2+}于椰壳炭上—OH 之间的静电引力作用，而 1381cm^{-1} 处的羧基移至 1397cm^{-1} 处，证实了 Cd^{2+}与—COOH 之间的静电引力作用。

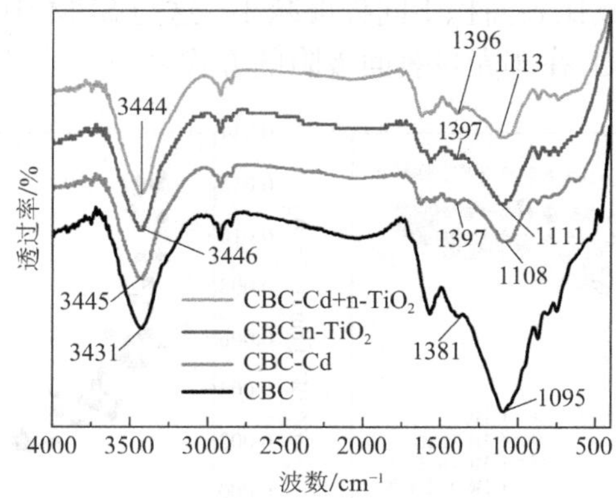

图 4-31 椰壳炭在单一/复合体系中吸附 Cd^{2+}和 n-TiO_2后的 FT-IR 图谱

在单一 n-TiO_2 体系中吸附 n-TiO_2 后，椰壳炭表面的羟基、羧基和酚羟基峰分别蓝移至 3446cm^{-1}、1397cm^{-1}、1111cm^{-1} 处，证实了 n-TiO_2 表面的—OH 与椰壳炭之间通过氢键作用相结合。

在 Cd + n-TiO_2 复合体系中吸附 Cd^{2+}和 n-TiO_2 后，椰壳炭表面羟基、羧基和酚羟基峰分别由 3431cm^{-1}、1381cm^{-1} 和 1095cm^{-1} 处移动至 3444cm^{-1}、1396cm^{-1} 和 1108cm^{-1} 处，复合体系中羟基和羧基峰的移动幅度均小于单一 Cd 和单一 n-TiO_2 体系，酚羟基峰移动幅度与单一 Cd 体系相同。这表明复合体系中的 n-TiO_2 和 Cd^{2+}之间存在拮抗作用，Cd^{2+}和 n-TiO_2 会争夺椰壳炭表面的羟基和羧基结合位点，造成复合体系中的 Cd^{2+}和 n-TiO_2 吸附量小于单一 Cd 和单一 n-TiO_2 体系。

(十二)单一/复合体系中椰壳炭吸附 Cd^{2+}和 n-TiO_2 后的 XPS 分析结果

采用 XPS 对椰壳炭吸附前后的表面元素含量及官能团变化进行分析。使用 XPS 分析椰壳炭表面的元素种类，XPS 全谱扫描结果见图 4-32。由图中可以看出，椰壳炭表面元素种类则较为单一，包含 C 和 O。与沸石相比，椰壳炭表面官能团种类明显不同，椰壳炭表面除—OH 外，还含有—COOH 和 C═O 基团，这是碳基吸附剂表面所具有的典型含氧官能团，椰壳炭表面不具有 Si—O 或 Fe—O 基团。椰壳炭和黏土矿物类固体表面沸石和磁化高岭土上的官能团种类的差异将导致 TC、Cd^{2+}和 n-TiO_2 在其表面吸附行为的差异。原始椰壳炭主要组成元素为 C 和 O，而在含有 Cd^{2+}和 n-TiO_2 的处理组中完成吸附后，出现了 Ti 2p 和 Cd 3d 峰，证实了 n-TiO_2和 Cd^{2+}吸附于椰壳炭上。

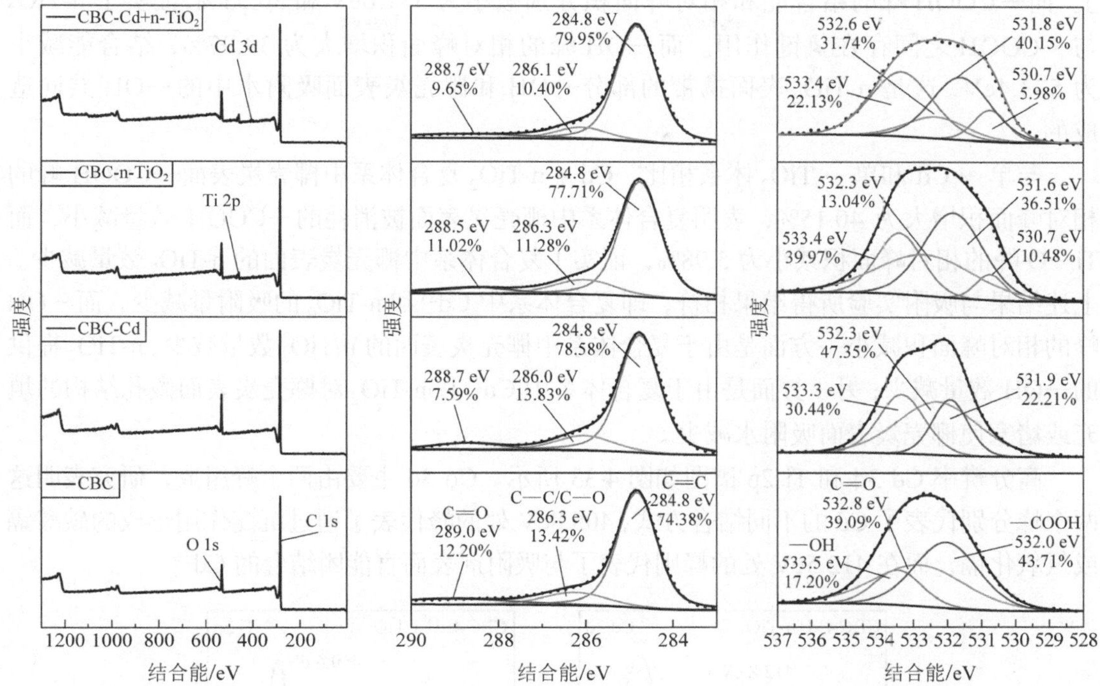

(a) XPS全谱图　(b) C 1s谱图　(c) O 1s谱图

图 4-32　单一/复合体系中椰壳炭吸附 Cd^{2+}和 n-TiO_2后的 XPS 分析结果

高分辨率 C 1s 谱图显示，原始椰壳炭的 C 1s 峰可以分为 3 个峰：C═C 峰，284.8eV，相对峰面积为 74.38%；C—C/C—O 峰，286.3eV，相对峰面积 13.42%；C═O 峰，289.0eV，相对峰面积 12.20%。

在单一 Cd 体系中吸附 Cd^{2+}后，椰壳炭表面 C═O 峰结合能减小为 288.7eV，相对峰面积减小为 7.59%，表明椰壳炭表面—COOH 基团作为电子供体参与了 Cd^{2+}的吸附，而 C—C/C—O 基团结合能减小为 286.0eV，同样证实了椰壳炭表面的 C—OH 与 Cd^{2+}之间存在静电引力作用，这与 FT-IR 分析所得的结果相符。

而在单一 n-TiO_2 体系中吸附 n-TiO_2 后，椰壳炭表面—COOH 和 C—OH 基团的相对峰面积分别减小为 11.02%和 11.28%，表明 n-TiO_2 在椰壳炭上的吸附消耗了部分—COOH 和 C—OH 基团。结合 FT-IR 中所得到的结果可知，上述结果证实了 n-TiO_2 可以通过氢键作用与椰壳炭表面的—COOH 和 C—OH 相结合。

高分辨率 O 1s 谱图表明，椰壳炭表面含氧官能团主要为—COOH，532.0eV，相对峰面积为 43.71%；C═O，532.8eV，相对峰面积为 39.09%；—OH，533.5eV，相对峰面积为 17.20%。

在单一 Cd 体系中吸附 Cd^{2+}后，椰壳炭表面—COOH 峰结合能减小为 531.9eV，相对峰面积减小为 22.21%，证实了—COOH 与 Cd^{2+}之间存在静电引力作用，这与 C 1s 中所得的结果相同。—OH 峰结合能减小为 533.3eV，证实—OH 与 Cd^{2+}之间存在静电引力作用，而相对峰面积增大为 30.44%，则是椰壳炭表面吸附水中的—OH 与 Cd^{2+}形成 $Cd(OH)_2$ 所致。

而在单一 n-TiO_2 体系中吸附 n-TiO_2 后，椰壳炭高分辨率 O 1s 谱图中出现了一个新的峰（Ti—O，530.7eV，相对峰面积为 10.48%），证实了 n-TiO_2 成功吸附于椰壳炭上。而—COOH 峰的结合能和相对峰面积分别减小为 531.6eV 和 36.51%，证实了 n-TiO_2 与—COOH 之间存在氢键作用。而—OH 峰的相对峰面积增大为 39.97%，结合能减小为 533.4eV，这是 n-TiO_2 表面携带的部分—OH 和椰壳炭表面吸附水中的—OH 共同造成的。

与单一 Cd 和单一 TiO_2 体系相比，Cd + n-TiO_2 复合体系中椰壳炭表面—COOH 峰的相对峰面积增大为 40.15%，表明复合体系中椰壳炭表面被消耗的—COOH 数量减小，而 Ti—O 峰的相对峰面积减小为 5.98%，证实了复合体系中椰壳炭表面的 n-TiO_2 数量减少。上述结果与吸附实验所得结果相符，即复合体系中 Cd^{2+}和 n-TiO_2 的吸附量减少。而—OH 峰的相对峰面积减小一方面是由于复合体系中椰壳炭表面的 n-TiO_2 数量减少，n-TiO_2 提供的—OH 数量减少；另一方面是由于复合体系中 Cd^{2+}和 n-TiO_2 对椰壳炭表面微孔结构的填充或堵塞使椰壳炭表面吸附水减少。

高分辨率 Cd 3d 和 Ti 2p 谱图如图 4-33 所示。Cd 3d 主要由两个峰组成，研究表明这两个峰分别代表了 Cd 的不同结合方式，405.8eV 处的峰代表了通过沉淀作用形成的碳酸镉或氢氧化镉，而在 412.5eV 处的峰则代表了与吸附剂表面官能团结合的 Cd^{2+}。

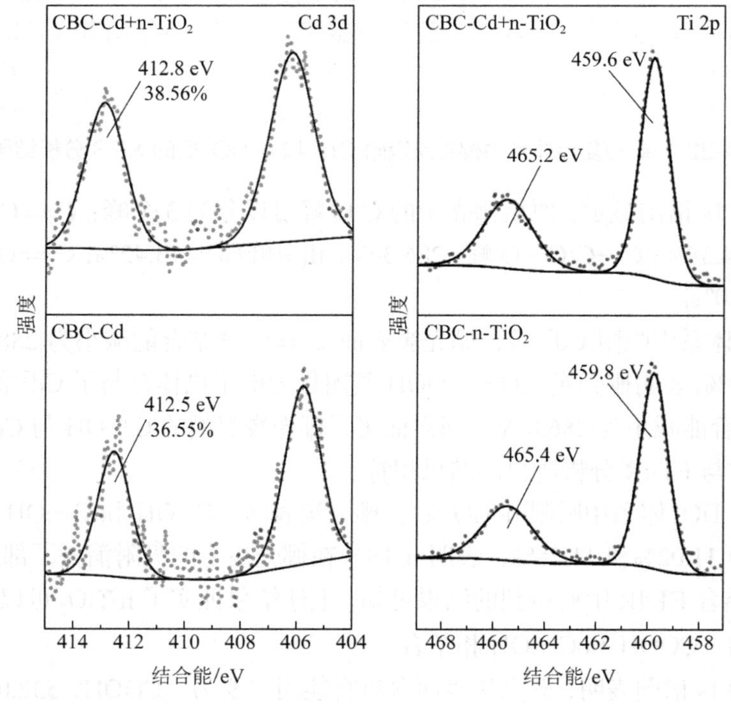

图 4-33　椰壳炭吸附 Cd^{2+}和 n-TiO_2 后的高分辨率 Cd 3d 和 Ti 2p 谱图

与单一 Cd^{2+}体系相比，复合体系中 412.5eV 处的 Cd 3d 峰的相对峰面积增大，表明复合体系中与表面官能团结合的 Cd^{2+}数量增多，这是由于复合体系中出现的 n-TiO_2 可以为 Cd^{2+}提供新的静电引力（—OH）吸附位点。这证实了复合体系中存在部分 Cd^{2+}与 n-TiO_2 结合，形成 Cd^{2+}和 n-TiO_2 结合体。

而与单一 n-TiO_2体系相比，Cd + n-TiO_2复合体系中 Ti 2p 峰的峰形未发生变化，这证实了复合体系中出现的Cd^{2+}未对 n-TiO_2结构造成影响，Cd^{2+}仅吸附于 n-TiO_2表面。

（十三）Cd + n-TiO_2复合体系中Cd^{2+}和 n-TiO_2在椰壳炭上的共吸附机制

结合吸附实验及表征测定结果可知，环境中共存的 n-TiO_2和Cd^{2+}在椰壳炭表面的吸附表现为拮抗作用。25℃条件下，与单一 Cd 和单一 n-TiO_2体系相比，共存体系中Cd^{2+}及 n-TiO_2的最大吸附量分别减小 12.61%和 38.71%。与沸石部分Cd^{2+}结果相比，椰壳炭上Cd^{2+}和 n-TiO_2之间的抑制作用更强。

Cd^{2+}在椰壳炭表面的吸附过程为自发放热熵增的吸附过程，Cd^{2+}主要通过孔径填充和静电引力作用吸附于椰壳炭表面，这与沸石相似。在 Cd + n-TiO_2复合体系中，共存的 n-TiO_2会堵塞椰壳炭表面孔结构，造成孔数量减少，平均孔径增大 1.96%，导致通过孔径填充作用吸附于椰壳炭微孔中的Cd^{2+}数量减少。

共存 n-TiO_2还会与Cd^{2+}争抢椰壳炭表面的—OH 和—COOH 结合位点，造成复合体系中Cd^{2+}吸附位点减少，Cd^{2+}吸附量降低。而吸附于椰壳炭表面的 n-TiO_2由于其表面携带负电荷，因此被吸附的 n-TiO_2还会为Cd^{2+}提供新的静电引力吸附位点，一部分Cd^{2+}会通过静电引力吸附于 n-TiO_2表面，这就解释了共存体系中Cd^{2+}对椰壳炭表面吸附亲和力增大 26.11%，但平均最大吸附量却减少 2.05%。因此，Cd + n-TiO_2共存体系中 n-TiO_2对Cd^{2+}在椰壳炭表面吸附的抑制作用来源于 n-TiO_2对孔结构的堵塞和对—OH 吸附位点的争夺作用，但由于 n-TiO_2自身携带的负电荷，共存 n-TiO_2会增强Cd^{2+}与椰壳炭之间的吸附亲和力。

对于 n-TiO_2来说，n-TiO_2主要通过孔径填充和氢键作用吸附于椰壳炭表面和孔隙中。在 Cd + n-TiO_2共存体系中，共存的Cd^{2+}通过孔径填充作用吸附于椰壳炭的孔结构中，造成孔径和孔体积分别增大 2.35%和 2.33%，并且复合体系中的Cd^{2+}吸附于 n-TiO_2表面导致 n-TiO_2团聚体体积增大，Cd + n-TiO_2复合体系中Cd^{2+}对椰壳炭微孔的填充作用和对 n-TiO_2团聚体体积的增大作用均会导致 n-TiO_2难以进入椰壳炭的微孔结构中。Cd^{2+}同样竞争椰壳炭表面的羟基和羧基吸附位点，造成共存体系中的 n-TiO_2吸附量进一步减少。而与共存 n-TiO_2对Cd^{2+}的抑制作用不同，Cd^{2+}对 n-TiO_2的抑制作用更为显著，这是由于共存的Cd^{2+}并不会为 n-TiO_2提供新的吸附位点，因此共存体系中 n-TiO_2的最大吸附量减少 38.71%。

而对比Cd^{2+}和 n-TiO_2在沸石和椰壳炭两种负电荷固体表面的共吸附行为发现，椰壳炭上Cd^{2+}和 n-TiO_2之间的抑制作用更强。这是由于沸石与椰壳炭两者的表面孔隙度和孔径分布不同，椰壳炭上的孔隙度更大，且孔径更小，Cd^{2+}和 n-TiO_2在椰壳炭上对孔隙结构的填充和堵塞效果更为明显，因此椰壳炭上Cd^{2+}和 n-TiO_2之间的拮抗作用更强。

综上所述，Cd + n-TiO_2复合体系中的Cd^{2+}和 n-TiO_2在椰壳炭上的拮抗作用可以分为内表面和外表面两部分。外表面部分，Cd^{2+}与 n-TiO_2竞争椰壳炭表面的—OH 和—COOH 吸附位点，造成二者的吸附量下降；而内表面部分，Cd^{2+}与 n-TiO_2竞争椰壳炭的孔隙结构，Cd^{2+}通过静电引力作用吸附于 n-TiO_2表面，造成 n-TiO_2团聚体体积增大，进一步限制了 n-TiO_2进入椰壳炭的孔隙结构，因此复合体系中 n-TiO_2在椰壳炭上的吸附量减小幅度更大。图 4-34（书后另见彩图）为共存体系中Cd^{2+}和 n-TiO_2之间的拮抗作用机制。

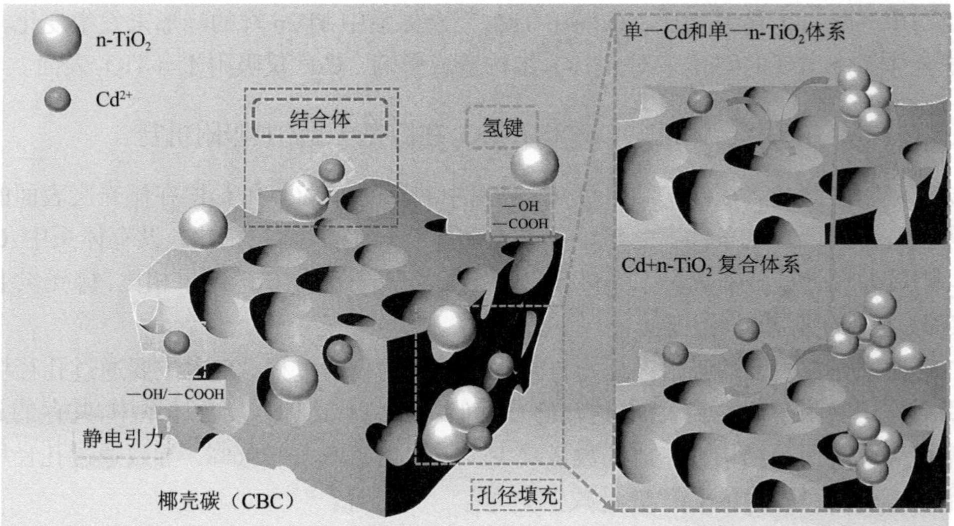

图 4-34 共存体系中 Cd^{2+}和 n-TiO_2之间的拮抗作用机制

（十四）小结

本节采用 Cd^{2+}和 n-TiO_2 作为典型重金属污染物和纳米材料，考察了 Cd^{2+}和 n-TiO_2 在负电荷多孔表面（椰壳炭）的共吸附行为，并通过多种表征方式对吸附前后椰壳炭的表面结构、形貌、元素组成、官能团组成及电荷性质进行了表征，对比了单一和复合体系中椰壳炭吸附 Cd^{2+}和 n-TiO_2 前后的表征差异，探讨了 Cd + n-TiO_2 复合体系中 Cd^{2+}和 n-TiO_2 在椰壳炭上的共吸附行为机制。主要结论如下。

① 复合体系中的 n-TiO_2 与 Cd^{2+}竞争椰壳炭表面的吸附位点（—OH 和—COOH），造成复合体系中的 Cd^{2+}和 n-TiO_2 吸附量减小。FT-IR 和 XPS 结果证实，Cd^{2+}可以通过静电引力作用与椰壳炭上的—OH 和—COOH 相结合，而 n-TiO_2 则会通过氢键作用与—OH 和—COOH 相结合，复合体系中 Cd^{2+}和 n-TiO_2 会争抢椰壳炭表面的—OH 和—COOH 吸附位点，造成 Cd^{2+}和 n-TiO_2 的吸附量减小。

② Cd + n-TiO_2 复合体系中 Cd^{2+}和 n-TiO_2 在椰壳炭孔结构中的吸附被抑制。表征结果证实椰壳炭表面存在大量孔结构。n-TiO_2 在椰壳炭上的吸附会堵塞部分孔结构，造成椰壳炭平均孔径增大，因此复合体系中吸附于椰壳炭上的 n-TiO_2 会抑制 Cd 在椰壳炭孔结构中的吸附，造成 Cd^{2+}吸附量减小。Cd^{2+}在椰壳炭上的吸附同样会填充椰壳炭上的孔结构。同时 SEM 结果证实，复合体系中的 Cd^{2+}会造成椰壳炭表面吸附的 n-TiO_2 团聚体的体积增大，导致 n-TiO_2 团聚体更难进入椰壳炭的孔结构，因此复合体系中 n-TiO_2 的吸附量减小。

③ 无沸石对照组和 XPS 分析结果证实，复合体系中椰壳炭表面存在 Cd^{2+}和 n-TiO_2 结合体，Cd^{2+}和 n-TiO_2 之间可以通过静电引力相结合。复合体系中被吸附于椰壳炭上的 n-TiO_2 会为 Cd^{2+}提供新的静电引力吸附位点（—OH），Cd^{2+}通过静电引力作用吸附于椰壳炭表面的 n-TiO_2 上，这是造成复合体系中 Cd^{2+}吸附亲和力增大的原因，但由于复合体系中 n-TiO_2 对孔结构的填充，抑制了 Cd^{2+}的孔径吸附作用，因此复合体系中 Cd^{2+}吸附亲和力增强但吸附量减小，同时表面均一性增大。

④ Cd + n-TiO_2 复合体系中 n-TiO_2 对 Cd^{2+}在椰壳炭上吸附的抑制作用在高温酸性环境

中更强。酸性环境中 H^+数量增多，Cd^{2+}和 n-TiO_2（$pH_{ZPC} = 4.5$）在椰壳炭表面的吸附难度增大，因此 n-TiO_2 对 Cd^{2+}的抑制作用更强。而高温环境中 n-TiO_2 在椰壳炭上的孔径填充作用增强，Cd^{2+}进入椰壳炭孔结构的难度增大，因此高温条件下 n-TiO_2 对 Cd^{2+}的吸附量抑制作用更强。相对地，在低温环境中，n-TiO_2 在椰壳炭上的孔径填充作用较弱，此时 Cd^{2+}对 n-TiO_2 的抑制作用强于高温环境。

第四节　n-TiO_2 及 TC 在负电荷多孔介质表面的交互作用及机制

通过前文对 TC 和 Cd 在沸石表面的吸附行为的对比发现，与重金属污染物 Cd 相比，有机大分子污染物 TC 在沸石表面上与 n-TiO_2 的共吸附行为存在差异，这种差异源自 Cd 和 TC 在尺寸、结构和亲水、疏水性上的不同。而对于多孔负电荷的椰壳炭表面，Cd 和 TC 之间的差异是否会影响二者与 n-TiO_2 在椰壳炭表面的共吸附行为？椰壳炭与沸石之间的孔隙度和孔径分布的差异是否会影响 TC 和 n-TiO_2 的共吸附行为？影响的机制是什么？这些问题对于解释有机、无机污染物与 n-TiO_2 共存的环境行为具有重要意义。

在本节中，以椰壳炭模拟表面具有较小孔隙（< 10nm）结构的负电性固体表面，考察了单一 TC 和单一 n-TiO_2 体系中 TC 和 n-TiO_2 在椰壳炭上的吸附行为差异、TC + n-TiO_2 复合体系中 TC 在 n-TiO_2 上的吸附行为、TC + n-TiO_2 复合体系中 TC 和 n-TiO_2 在椰壳炭上的共吸附行为。采用条件实验考察了温度和初始 pH 值对 TC 和 n-TiO_2 在椰壳炭上共吸附行为的影响。通过多种表征手段对单一和复合体系中吸附 TC 和 n-TiO_2 后的椰壳炭的表面结构特性进行分析，并探讨了 TC 和 n-TiO_2 在沸石上的共吸附行为机制。

一、研究方案的设计

所有吸附实验均在避光条件下进行，以避免可能出现的 n-TiO_2 光催化反应。

（一）吸附动力学

采用吸附动力学来确定单一/复合体系中 TC 和 n-TiO_2 在椰壳炭上的平衡吸附时间。实验设计同第 4 章第一节。

（二）平衡吸附

单一和复合体系中 TC 和 n-TiO_2 在椰壳炭上的吸附等温实验、条件实验（初始 pH 值和温度）的实验设计同第 4 章第一节。

二、研究方法

（一）吸附动力学实验

动力学实验采用序批处理法进行，实验方法同第 4 章第一节。

（二）吸附等温实验

吸附等温实验采用序批处理法进行。实验方法同第 4 章第一节，单一 TC 体系和 TC + n-TiO_2 复合体系中的 TC 吸附量采用紫外分光光度法测定，单一 n-TiO_2 体系、TC + n-TiO_2 复合体系中的 n-TiO_2 吸附量采用第 4 章第一节中的方法测定，通过差减法计算 TC 和 n-TiO_2 的吸附量。

无椰壳炭对照组在达到吸附平衡时间后，采用紫外分光光度法测定 TC 浓度，采用第 4 章第一节中的方法测定 n-TiO_2 浓度，通过差减法计算 TC 和 n-TiO_2 的吸附量。

（三）TC 及 n-TiO_2 吸附量的测定方法

1. TC 吸附量的测定方法

将单一 TC 体系中 TC 的吸附量表示为 S-TC，TC + n-TiO_2 复合体系中 TC 的吸附量表示为 C-TC，无沸石对照组中 TC 的吸附量表示为 N-TC。单一/复合体系中 TC 的吸附量采用紫外-可见分光光度计测定。待吸附达到平衡后，通过静置沉降使椰壳炭自然沉降在离心管底部，取上层溶液或悬浮液 10mL，4500r/min 离心 10min 后，使用紫外-可见分光光度计（UV-3200，美谱达仪器有限公司，中国）测定 TC 浓度，并通过式(4-1)计算 TC 吸附量。

2. n- TiO_2 吸附量的测定方法

将单一 n-TiO_2 体系中 n-TiO_2 的吸附量表示为 S-TiO_2，TC + n-TiO_2 复合体系中 n-TiO_2 的吸附量表示为 C-TiO_2。单一/复合体系中 n-TiO_2 的吸附量采用紫外-可见分光光度计测定。具体方法同第 4 章第一节。

模型及表征测定方法同第 4 章第一节。

三、研究结果与分析

（一）单一/复合体系中椰壳炭吸附 TC 和 n-TiO_2 的吸附动力学实验结果

通过吸附动力学实验来考察接触时间对 TC 及 n-TiO_2 在椰壳炭上的吸附量的影响，并确定 TC 及 n-TiO_2 在椰壳炭上的平衡吸附时间。动力学实验结果见图 4-35。由于第 4 章第三节中已对单一 n-TiO_2 体系中 n-TiO_2 在椰壳炭上的吸附进行过描述，在此不再进行重复描述。

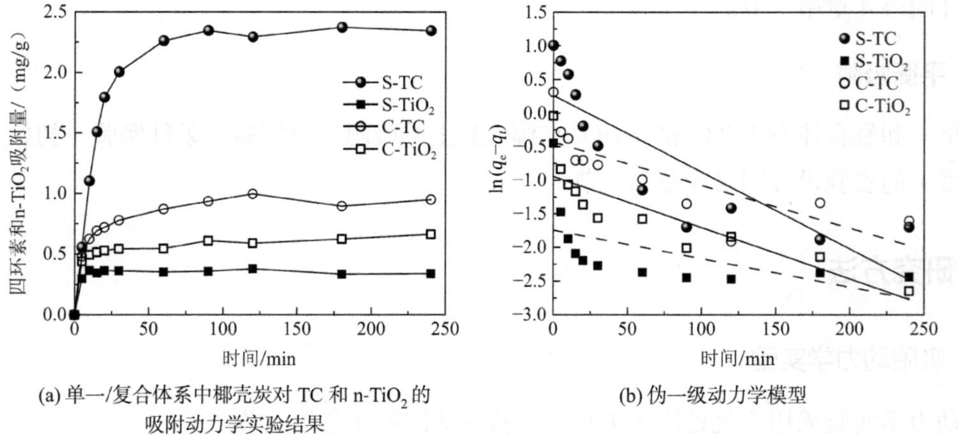

(a) 单一/复合体系中椰壳炭对 TC 和 n-TiO_2 的吸附动力学实验结果

(b) 伪一级动力学模型

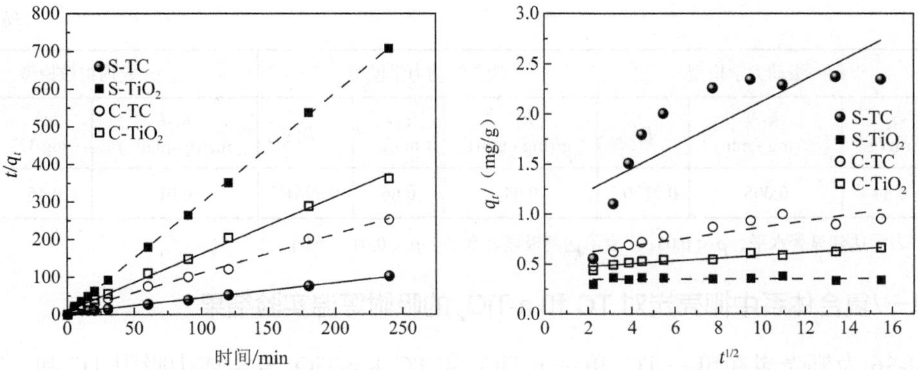

(c) 伪二级动力学模型　　(d) 颗粒内扩散模型

图 4-35　单一/复合体系中椰壳炭对 TC 和 n-TiO$_2$ 的吸附动力学实验结果、伪一级动力学模型拟合结果、伪二级动力学模型拟合结果及颗粒内扩散模型拟合结果

由图 4-35（a）可知，单一 TC 和 TC + n-TiO$_2$ 体系中 TC 和 n-TiO$_2$ 的吸附量随时间变化的规律基本一致，在 0～20min 范围内，单一复合体系中 TC 和 n-TiO$_2$ 的吸附量均快速增大，此阶段椰壳炭表面有大量吸附位点，体系中的 TC 和 n-TiO$_2$ 可以快速地吸附于椰壳炭的孔隙和表面。在 20～100min 范围内，TC 和 n-TiO$_2$ 的吸附量增幅逐渐减小，吸附量趋于稳定。单一和复合体系中 TC 和 n-TiO$_2$ 的吸附量基本在 150min 后达到稳定，因此将后续吸附等温实验时间设定为 4h。复合体系中 TC 的吸附量小于单一 TC 体系，但 n-TiO$_2$ 的吸附量大于单体 n-TiO$_2$ 体系，表明复合体系中共存的 n-TiO$_2$ 会抑制 TC 在椰壳炭上的吸附，但 TC 对 n-TiO$_2$ 在椰壳炭上的吸附具有促进作用。

采用伪一级动力学模型［图 4-35（b）］、伪二级动力学模型［图 4-35（c）］和颗粒内扩散模型［图 4-35（d）］对吸附动力学实验结果进行拟合，以考察单一复合体系中 TC 和 n-TiO$_2$ 在椰壳炭表面吸附速率的变化，拟合参数见表 4-17。

伪一级动力学模型、伪二级动力学模型及颗粒内扩散模型的决定系数（R^2）的平均值分别为 0.5531、0.9956 和 0.6704，可见伪二级动力学模型对实验数据的拟合效果最好。由表 4-17 可以看出，与单一 TC 体系相比，复合体系中 TC 的吸附速率参数（k_2）和平衡吸附量（q_e）均减小，这表明复合体系中出现的 n-TiO$_2$ 降低了 TC 在椰壳炭上的吸附速率和平衡吸附量。而与单一 n-TiO$_2$ 体系相比，复合体系中 n-TiO$_2$ 的吸附速率（k_2）和平衡吸附量（q_e）均增大，这表明复合体系中出现的 TC 促进了 n-TiO$_2$ 在椰壳炭上的吸附。这与 Cd + n-TiO$_2$ 复合体系中 Cd 和 n-TiO$_2$ 在椰壳炭上共吸附所得的结果存在差异。

颗粒内扩散模型拟合结果未通过原点［图 4-35（d）］，表明颗粒内扩散不是控制吸附速率的唯一方式，TC 和 n-TiO$_2$ 在椰壳炭上的吸附受多种机制共同影响。

表 4-17　伪一级、伪二级及颗粒内扩散动力学模型拟合参数

样品	伪一级动力学模型			伪二级动力学模型			颗粒内扩散模型		
	q_e/（mg/g）	k_1/［g/(mg · min)］	R^2	k_2/［g/(mg · min)］	q_e/（mg/g）	R^2	k_{ip}/［mg/(g · min$^{1/2}$)］	c/（mg/L）	R^2
S-TC	1.22	0.012	0.6778*	1.34	2.50	0.9914**	0.11	1.01	0.6155*
S-TiO$_2$	0.15	0.004	0.2321	0.03	0.34	0.9998**	0.01	0.35	0.4512
C-TC	0.58	0.007	0.5905*	0.13	0.97	0.9951**	0.03	0.56	0.7180**

续表

样品	伪一级动力学模型			伪二级动力学模型			颗粒内扩散模型		
	q_e/（mg/g）	k_1/[g/(mg · min)]	R^2	k_2/[g/(mg · min)]	q_e/（mg/g）	R^2	k_{ip}/[mg/(g · $min^{1/2}$)]	c/（mg/L）	R^2
C-TiO_2	0.34	0.008	0.7120**	0.04	0.66	0.9961**	0.01	0.45	0.8967**

注：*表示达到显著水平，$p < 0.05$；**表示达到极显著水平，$p < 0.01$。下同。

（二）单一/复合体系中椰壳炭对 TC 和 n-TiO_2 的吸附等温实验结果

图 4-36 为椰壳炭在单一 TC、单一 n-TiO_2 和 TC + n-TiO_2 复合体中吸附 TC 和 n-TiO_2 的吸附等温实验结果。分别采用 Langmuir 模型、Freundlich 模型、Sips 模型和 Dubinin-Radushkevich（D-R）模型对吸附等温实验结果进行拟合，拟合参数见表 4-18。根据拟合所得决定系数（R^2）（Langmuir 模型 ≥ 0.8921*、Freundlich 模型 ≥ 0.9211*、Sips 模型 ≥ 0.9215* 和 D-R 模型 ≥ 0.8035），使用 Sips 模型对吸附等温实验结果进行分析。

由图 4-36（a）可以看出，单一 TC 和 TC + n-TiO_2 复合体系中椰壳炭对 TC 的吸附等温线均为非线性，TC 吸附量随着平衡浓度的增大而增大。25℃条件下，单一 TC 体系中，椰壳炭对 TC 的最大吸附量为 2.39mg/g。TC + n-TiO_2 复合体系中椰壳炭对 TC 的吸附量减小 59.41%，TC 最大吸附量为 0.97mg/g。

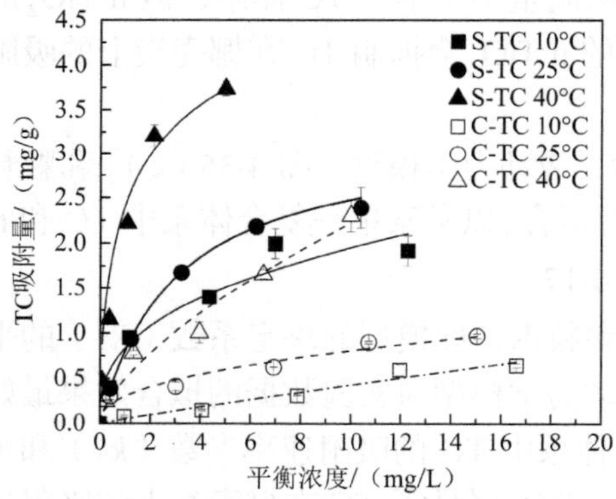

(a) 单一/复合体系中 TC 的吸附等温实验结果

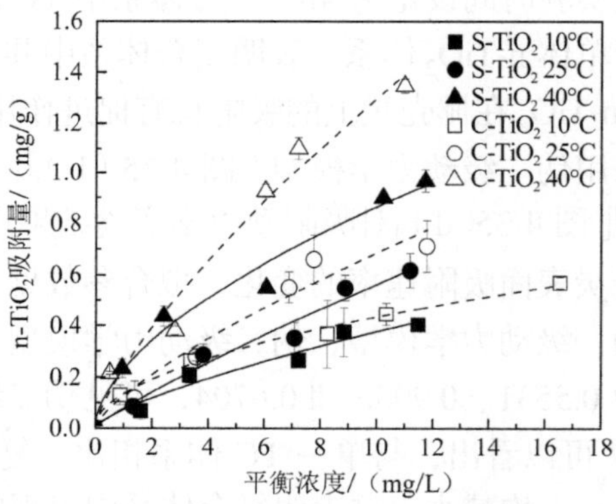

(b) 单一/复合体系中 n-TiO_2 的吸附等温实验结果

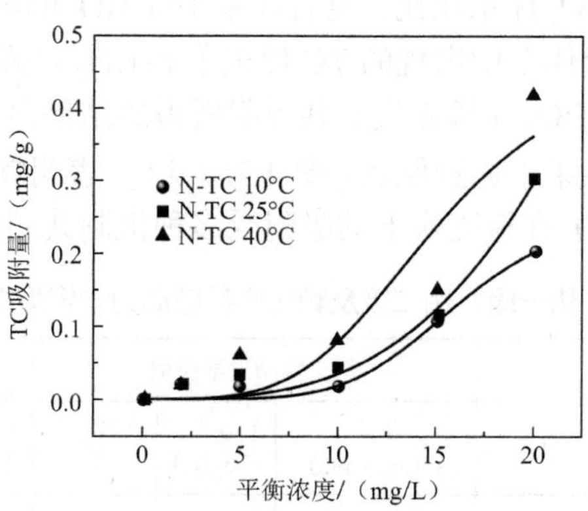

(c) 对照组中 n-TiO_2 对 TC 的吸附等温实验结果

图 4-36　单一/复合体系中 TC 和 n-TiO_2 的吸附等温实验结果及对照组中 n-TiO_2 对 TC 的吸附等温实验结果

表 4-18　单一/复合体系中 TC 和 n-TiO_2的吸附等温模型拟合参数

样品	温度 T/℃	Langmuir 模型			Freundlich 模型			Sips 模型				Dubinin-Radushkevich 模型		
		q_{mL}/（mg/g）	k_L/（L/mg）	R^2	k_F/［$mg^{1-1/n}$/($g \cdot L^{1/n}$)］	n	R^2	q_{mS}/（mg/g）	K_S/（L/mg）	γ	R^2	β	E/（kJ/mol）	R^2
S-TC	10	2.25	0.56	0.9678**	0.83	2.71	0.9211*	2.40	0.59	0.84	0.9749**	0.012	6.59	0.9404*
	25	3.07	0.36	0.9985**	0.88	2.2	0.9665**	2.88	0.44	1.04	0.9972**	0.011	6.80	0.9632**
	40	4.61	0.93	0.9951**	2.02	2.36	0.9603**	5.62	0.55	0.86	0.9961**	0.010	7.14	0.9746**
C-TC	10	4.32	0.01	0.9580**	0.05	1.09	0.9560**	0.98	0.05	1.28	0.9713**	0.015	5.83	0.9043*
	25	1.35	0.16	0.8921*	0.31	2.36	0.9570**	1.21	0.26	0.91	0.9215*	0.013	6.11	0.8972*
	40	5.16	0.08	0.9463**	0.50	1.53	0.9708**	4.05	0.11	1.00	0.9545*	0.012	6.40	0.9735**
S-TiO_2	10	1.89	0.04	0.9141*	0.07	1.38	0.9561*	0.76	0.11	0.93	0.9647**	0.028	4.24	0.9541*
	25	3.20	0.02	0.9647**	0.08	1.15	0.9661**	0.99	0.08	1.22	0.9615**	0.025	4.47	0.9716**
	40	1.53	0.13	0.9522*	0.23	1.73	0.9756**	1.52	0.10	1.12	0.9747**	0.013	6.23	0.9522*
C-TiO_2	10	0.78	0.14	0.9697**	0.13	1.95	0.9947**	0.89	0.15	0.82	0.9839**	0.023	4.66	0.9349*
	25	1.75	0.06	0.9679**	0.12	1.35	0.9518*	1.11	0.06	1.77	0.9785**	0.021	4.88	0.8035
	40	3.82	0.05	0.9736**	0.23	1.34	0.9728**	4.78	0.04	0.93	0.9649**	0.011	6.87	0.9724**

Sips 模型拟合所得的理论最大吸附量（q_{mS}）的变化规律与实验结果相符，25℃条件下，复合体系中q_{mS}较单一 TC 体系减小 57.99%，而在复合体系中吸附亲和力参数K_S也减小为 0.26L/mg（单一 TC 体系中为 0.44L/mg）。这表明复合体系中出现的 n-TiO_2不仅抑制了 TC 在椰壳炭上的吸附量，同时还导致 TC 与椰壳炭之间的吸附亲和力减弱，与动力学实验中吸附速率减小的结果相符合。而椰壳炭表面均一化系数γ在单一 TC 体系中为 1.04，复合体系中为 0.91，复合体系中γ值更远离 1。这表明与单一 TC 相比，复合体系中椰壳炭表面的复杂程度增大。这是复合体系中 n-TiO_2和 TC 同时吸附于椰壳炭表面所导致的。D-R 模型计算所得的吸附自由能E值表明，复合体系中 TC 的吸附自由能减小。这表明复合体系中 TC 分子更难以扩散进入椰壳炭的孔隙结构。

复合体系中椰壳炭对 n-TiO_2的吸附等温线见图 4-36（b）。由图中可以看出，n-TiO_2在椰壳炭上的吸附等温线为非线性，n-TiO_2的吸附量随平衡浓度增大而增大，这与 TC 相似。25℃条件下，TC + n-TiO_2复合体系中椰壳炭对 n-TiO_2的最大吸附量为 0.71mg/g，与单一 n-TiO_2体系相比，复合体系中 n-TiO_2的吸附量增大 14.51%，这与动力学实验结果相符。

Sips 模型拟合结果表明，复合体系中的理论最大吸附量q_{mS}增大 12.12%，而吸附亲和力K_S减小 25%，表明复合体系中出现的 TC 促进了 n-TiO_2在椰壳炭上的吸附量，但抑制了 n-TiO_2与椰壳炭之间的吸附亲和力。均一化系数γ表明，复合体系中椰壳炭的表面复杂程度增大，与复合体系中 TC 的结果相同，证实了复合体系中椰壳炭表面同时吸附有机相 TC 和固体颗粒 n-TiO_2导致表面均一化程度降低。D-R 模型拟合结果表明，复合体系中 n-TiO_2的E值增大，表明复合体系中有更多的 n-TiO_2通过孔径填充作用吸附于椰壳炭的孔隙结构中，这可能是复合体系中 n-TiO_2在椰壳炭上的吸附量增大的原因之一。

图 4-36（c）为无椰壳炭对照组中 n-TiO_2对 TC 的吸附等温线。由图中可以看出，TC +

$n\text{-}TiO_2$复合体系中$n\text{-}TiO_2$对TC的吸附量随TC平衡浓度增大而增大，并逐渐趋于稳定。这证实了复合体系中共存的TC和$n\text{-}TiO_2$之间同样存在相互作用。

（三）单一/复合体系中温度对椰壳炭吸附TC和$n\text{-}TiO_2$的影响

不同温度条件下椰壳炭对单一和复合体系中的TC和$n\text{-}TiO_2$的吸附等温实验结果见图4-36。吸附等温模型参数见表4-18，而由Sips模型参数K_S计算所得的热力学参数见表4-19。

表4-19　单一/复合体系中TC和$n\text{-}TiO_2$的吸附热力学参数

样品	温度/°C	K_S/（L/mg）	热力学参数			
			K_T/K	ΔG/（kJ/mol）	ΔH/（kJ/mol）	ΔS/［J/(mol·K)］
S-TC	10	0.59	262.02	−13.11	−1.94	38.78
	25	0.44	195.40	−13.08		
	40	0.55	244.26	−14.31		
C-TC	10	0.05	39.97	−8.68	−1.97	26.66
	25	0.26	115.47	−11.77		
	40	0.11	35.53	−9.30		
S-TiO_2	10	0.11	8.79	−5.12	−2.56	8.31
	25	0.08	6.39	−4.60		
	40	0.10	7.99	−5.41		
C-TiO_2	10	0.15	11.99	−5.85	−32.66	−95.29
	25	0.06	4.79	−3.89		
	40	0.04	3.20	−3.03		

由图4-36（a）可以看出，单一和复合体系中TC在椰壳炭上的吸附量随温度升高而增大，表明高温有利于TC在椰壳炭上的吸附。Sips模型拟合所得q_{mS}随温度变化的规律基本与实验结果相符（表4-18）。而D-R模型拟合结果表明，不同温度条件下，单一和复合体系中TC在椰壳炭上的吸附均为物理吸附（$E < 8$kJ/mol）。单一和复合体系中TC吸附自由能E值均随温度升高而升高，表明高温有利于TC扩散进入椰壳炭孔隙结构，解释了TC在椰壳炭上发生物理吸附但吸附量随温度升高而增大的现象。这与前人有关大分子有机物在多孔吸附剂上吸附行为的研究结果相符。

而对比单一和复合体系中TC吸附的自由能E值发现，与单一TC相比，复合体系中E值平均减小10.68%，表明复合体系中的TC更难进入椰壳炭的孔隙结构。随着温度升高，复合体系中椰壳炭对TC的吸附量的减小幅度逐渐由66.32%减小为38.23%，表明低温环境中$n\text{-}TiO_2$对TC在椰壳炭上的吸附量的抑制作用更强。热力学参数表明，单一和复合体系中TC在椰壳炭上的吸附为自发放热熵增的过程。

单一和复合体系中温度对$n\text{-}TiO_2$吸附量的影响见图4-36（b）。复合体系中$n\text{-}TiO_2$的吸附量随温度升高而增大，这与TC相同，表现为增温正效应。不同温度条件下单一和复合体系中 D-R 模型所得 n-TiO_2 吸附自由能随温度升高而升高，这与 TC 的结果相同，高温增大了 n-TiO_2 的能量，使得 n-TiO_2 更容易突破能级壁垒扩散进入椰壳炭孔隙结构。随着温度升高，复合体系中 n-TiO_2 吸附量的增幅整体呈减小趋势，表明 TC + n-TiO_2 复合体系中 TC 和 n-TiO_2 在椰壳炭上吸附的拮抗作用在低温环境中更强。

而对比单一和复合体系中 n-TiO_2 的E值可以发现，复合体系中 n-TiO_2 的E值平均增大 9.78%，表明与单一 n-TiO_2 相比，复合体系中有更多的 n-TiO_2 吸附进入椰壳炭孔隙中。这与吸附等温实验中复合体系中 n-TiO_2 的吸附量增大的结果相对应。

（四）单一/复合体系中 pH 值对椰壳炭吸附 TC 和 n-TiO_2 的影响

图 4-37 为单一和复合体系中椰壳炭在不同初始 pH 值条件下对 TC 和 n-TiO_2 吸附量影响的实验结果。对于 TC 来说，在 pH = 3～10 范围内，随着 pH 值增大，复合体系中 TC 吸附量的减小幅度整体上呈减小趋势（由 70.71%减小为 62.55%），表明酸性环境中 n-TiO_2 对 TC 的抑制作用更强。

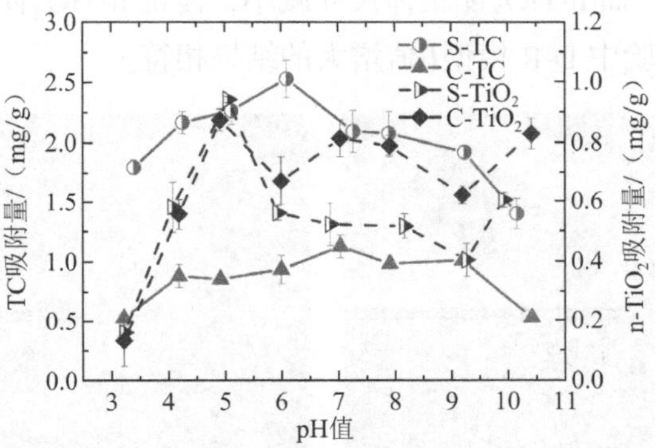

图 4-37　初始 pH 值对单一/复合体系中 TC 和 n-TiO_2 吸附量的影响

S-TC 与 C-TC 随 pH 值变化的规律基本相同，均表现为先升高后降低的趋势，但转折点存在差异。S-TC 在 pH = 3～6 范围内随 pH 值升高而增大，在 pH = 6 处达到最大吸附量，而 pH > 6 后 S-TC 开始减小，在 pH > 9 后 S-TC 大幅减小。这是由于当 pH > 5.5 后，TC 逐渐转变为负电荷形式，TC 与表面携带负电荷的椰壳炭之间开始出现静电斥力，造成 TC 吸附量开始减小；而当 pH > 9 后，TC 完全变为负电性的 TCH^{2-} 形式，TC 与椰壳炭之间变为相互排斥，因此 TC 吸附量大幅减小。C-TC 则是在 pH = 3～5 范围内随 pH 值升高而增大，在 pH = 5～9 范围内吸附量较为稳定，基本不随 pH 值升高而改变，这可能与复合体系中的 n-TiO_2 吸附在椰壳炭表面改变了椰壳炭的表面电荷性质有关。

对于 n-TiO_2 来说，随着 pH 值升高，S-TiO_2 与 C-TiO_2 的变化规律基本相同，在 pH = 3～5 范围内吸附量均随着 pH 值增大而增大，在 pH = 5 处达到最大值，而在 pH > 5 后开始减小。对比不同 pH 值条件下单一 n-TiO_2 和 TC + n-TiO_2 复合体系中 n-TiO_2 的吸附量可以发现，随着 pH 值增大，复合体系中 TC 对 n-TiO_2 吸附量的影响逐渐由抑制转变为促进作用，复合体系中 TC 对 n-TiO_2 的促进作用出现在 pH > 5 后。这表明复合体系中 TC 对 n-TiO_2 的抑制作用出现在酸性环境中，而在中性和碱性环境中则表现为促进作用。

（五）单一/复合体系中椰壳炭吸附 TC 和 n-TiO_2 后的 SEM 分析结果

椰壳炭在单一 TC 和 TC + n-TiO_2 复合体系中吸附 TC 和 n-TiO_2 前后的 SEM 如图 4-38 所示。图 4-38（b）为椰壳炭在单一 TC 体系中吸附 TC 后的 SEM 图像，单一 TC 体系中吸附 TC 后，椰壳炭表面微孔结构数量减少，椰壳炭表面和孔结构中出现有机相包裹，表面变得圆润光滑。这证实了 TC 在椰壳炭表面和孔隙内部的吸附。与单一 TC 和单一 n-TiO_2 体系相比，TC + n-TiO_2 复合体系中椰壳炭吸附 TC 和 n-TiO_2 后［图 4-38（d）］，椰壳炭表面的微孔数量减少得更加明显，有机相 TC 的包裹现象和 n-TiO_2 堆积体同时出现在椰壳炭表面和孔隙中。这证实了在 TC + n-TiO_2 复合体系中 TC 和 n-TiO_2 均可以吸附在椰壳炭表面和孔结构中，孔径填充作用是 TC 和 n-TiO_2 吸附在椰壳炭上的方式之一。进一步对比单一 n-TiO_2 体系和 TC + n-TiO_2 复合体系的高倍镜扫描结果发现，复合体系中椰壳炭上的 n-TiO_2 团聚体的直径小于单一 n-TiO_2 体系中的团聚体直径，同时复合体系中的 n-TiO_2 团聚体表面出现了被有机相包裹的现象，表面更加光滑。这表明在复合体系中椰壳炭表面存在 TC 和 n-TiO_2 的结合体。而 n-TiO_2 团聚体尺寸减小，使得 n-TiO_2 团聚更容易进入椰壳炭孔隙中，这与吸附等温实验中 D-R 模型E值增大的结果相符。

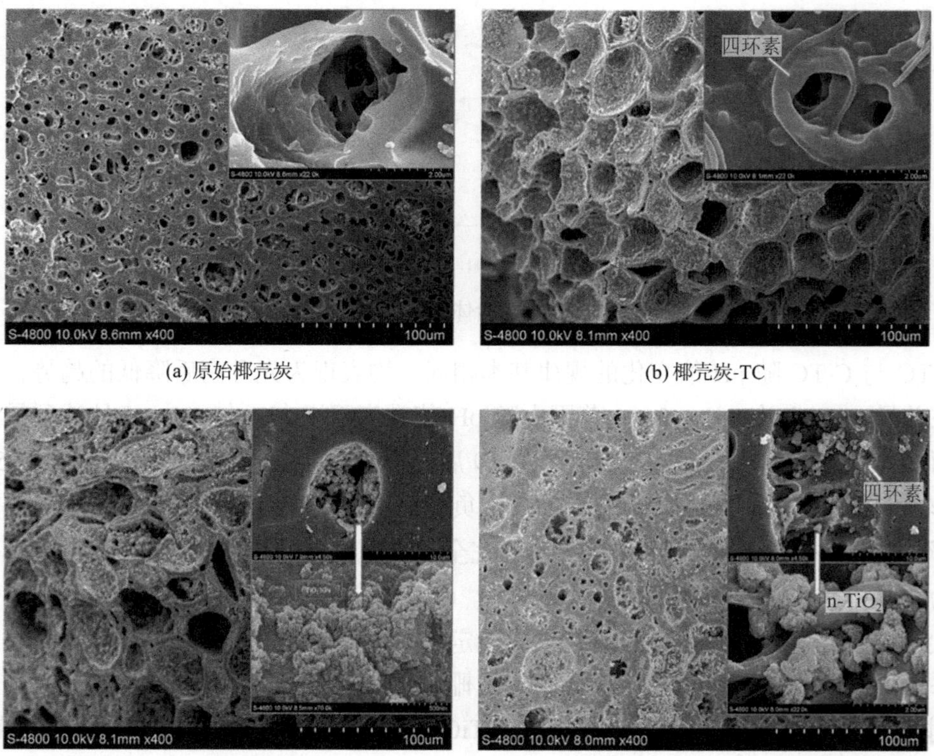

(a) 原始椰壳炭　(b) 椰壳炭-TC

(c) 椰壳炭-n-TiO_2　(d) 椰壳炭-TC + n-TiO_2

图 4-38　椰壳炭在单一/复合体系中吸附 TC 和 n-TiO_2后的 SEM 图片

（六）单一/复合体系中椰壳炭吸附 TC 和 n-TiO_2 后的 CEC、S_{BET}和孔径和孔体积分布结果

椰壳炭吸附 TC 和 n-TiO_2 后氮气吸附-脱附等温线和孔径分布结果见图 4-39。根据氮气吸附-脱附等温线计算所得的比表面积（S_{BET}）及孔径分布结果见表 4-20。在单一 TC 体系

中吸附TC后，椰壳炭-TC的比表面积减小为121.00m^2/g，与原始椰壳炭相比减小了31.87%，同时孔径和孔体积增大为2.80nm和0.047cm^3/g。这是因为有机相TC通过孔径填充作用吸附于椰壳炭表面，造成部分椰壳炭微孔结构被堵塞或填充，微孔数量减少导致孔径和孔体积增大，比表面积减小。对比单一TC和单一n-TiO_2体系的结果发现，单一TC体系中吸附TC后，椰壳炭的比表面积和孔径变化幅度更大。这是由有机相TC尺寸更小，对于椰壳炭表面孔结构的填充作用更大所致。

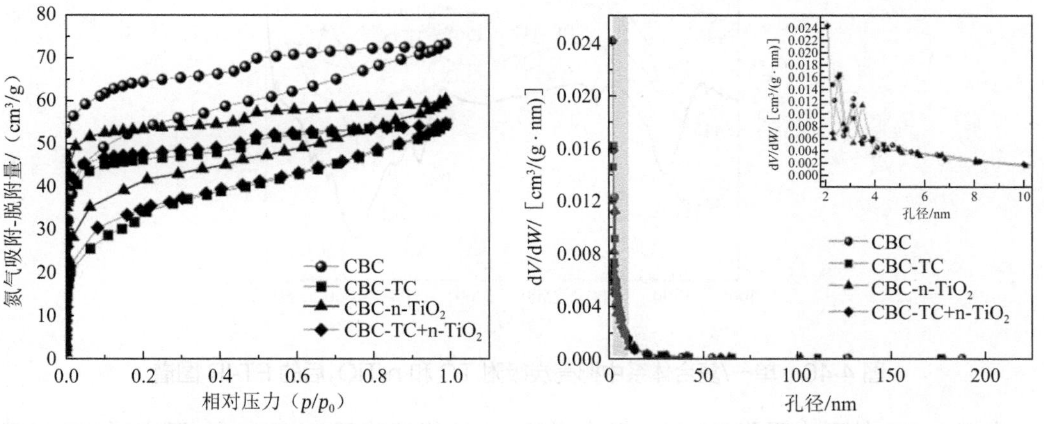

(a) 氮气吸附-脱附等温线　　(b) 孔径分布

图4-39　椰壳炭吸附TC和n-TiO_2后的氮气吸附-脱附等温线和孔径分布结果

在TC＋n-TiO_2复合体系中同时吸附TC和n-TiO_2后，椰壳炭-TC＋n-TiO_2的比表面积减小为120.29m^2/g，与原始椰壳炭相比减小了32.27%，孔径和孔体积增大为2.81nm和0.046cm^3/g。可见在复合体系中同时吸附TC和n-TiO_2后，椰壳炭的比表面积和孔径变化规律与单一TC和单一n-TiO_2相同，复合体系中比表面积的变化幅度大于单一TC和单一n-TiO_2体系。这是由于复合体系中n-TiO_2团聚体的体积减小，n-TiO_2团聚体更容易进入椰壳炭的微孔结构。

吸附前后椰壳炭的阳离子交换量（CEC）的测定结果见表4-20。在单一TC体系中吸附后，CEC减小为129.2mmol/kg，吸附TC后CEC的减小幅度大于在单一n-TiO_2体系中吸附n-TiO_2后的减小幅度。这是由于TC对椰壳炭表面和孔结构的包裹和填充作用更强，同时，TC还会通过静电引力作用吸附于椰壳炭表面，消耗椰壳炭表面部分负电荷，因此在单一TC体系中吸附TC后，CEC大幅减小。TC＋n-TiO_2复合体系中椰壳炭的CEC进一步减小为110.9mmol/kg，这是由于复合体系中TC和n-TiO_2对椰壳炭孔隙的填充作用，更多位于孔隙中和表面的负电荷位点被掩盖。

表4-20　椰壳炭吸附后的CEC、S_{BET}、孔径和孔体积变化

样品	阳离子交换量CEC/（mmol/kg）	比表面积S_{BET}/（m^2/g）	孔径/nm	孔体积/（cm^3/g）
CBC	162.9	177.59	2.55	0.043
CBC-TC	129.2	121.00	2.80	0.047
CBC-n-TiO_2	159.6	143.4	2.60	0.041
CBC-TC＋n-TiO_2	110.9	120.29	2.81	0.046

（七）单一/复合体系中椰壳炭吸附 TC 和 n-TiO_2 后的 FT-IR 分析结果

椰壳炭在单一 TC 和 TC + n-TiO_2 复合体系中吸附 TC 和 n-TiO_2 前后的 FT-IR 结果见图 4-40。

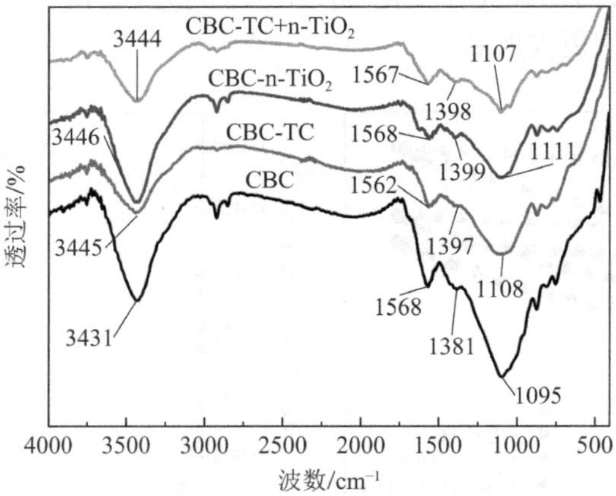

图 4-40 单一/复合体系中椰壳炭吸附 TC 和 n-TiO_2 后的 FT-IR 图谱

在单一 TC 体系中吸附 TC 后，椰壳炭的—OH 峰偏移至 3445cm^{-1}，证实了 TC 与椰壳炭表面的—OH 之间的静电引力作用。而 C═C 键和 C—O 键在吸附 TC 后偏移至 1562cm^{-1} 和 1397cm^{-1}，同时峰强减弱。C═C 键和 C—O 键被认为是碳基吸附剂表面主要的 π 电子供体，C═C 键和 C—O 键的偏移证实了 TC 与椰壳炭之间存在 π-π 键或 n-π 键相互作用。

在复合体系中吸附同时 TC 和 n-TiO_2 后，椰壳炭的—OH 峰蓝移至 3444cm^{-1} 处，移动幅度小于单一 TC 和单一 n-TiO_2 体系。这证实了通过静电引力和氢键作用与椰壳炭表面—OH 结合的 TC 和 n-TiO_2 的数量均减少。而 C═C 峰由 1568cm^{-1} 处移动至 1567cm^{-1} 处，移动幅度小于单一 TC 体系（1568cm^{-1} 到 1562cm^{-1}），证实了椰壳炭与 TC 之间的 π-π 键或 n-π 键相互作用受到共存 n-TiO_2 的抑制。而与单一 TC 体系相比，复合体系中羧基峰吸附 TC 和 n-TiO_2 后移动幅度更大，证实了椰壳炭在复合体系中吸附后表面出现了更多的氢键。同时，酚羟基峰的峰形也发生变化，由一个明显的大峰分裂为两个小峰，这可能证实了这些氢键来源不同。

FT-IR 结果证实，复合体系中 n-TiO_2 与 TC 会争抢椰壳炭表面—OH 提供的吸附位点，同时共存的 n-TiO_2 还会抑制 TC 与椰壳炭之间的 π-π 键或 n-π 键相互作用，导致复合体系中 TC 吸附量减小。而对于复合体系中的 n-TiO_2 来说，虽然 TC 抢占了部分—OH 结合位点，但羧基峰和酚羟基峰的变化证实 TC 与 n-TiO_2 之间可能存在氢键作用，可能是部分通过 π-π 键或 n-π 键相互作用、孔径填充作用和氢键作用吸附于椰壳炭表面或孔隙中的 TC 为 n-TiO_2 提供了新的氢键吸附位点，导致了复合体系中 n-TiO_2 吸附量的增大。

（八）单一/复合体系中椰壳炭吸附 TC 和 n-TiO_2 后的 XPS 分析结果

为了进一步探究 TC 和 n-TiO_2 在复合体系中椰壳炭表面的共吸附机制，采用 XPS 对吸附后椰壳炭的表面元素及官能团变化进行分析。XPS 全谱扫描结果及高分辨率 C 1s、O 1s、N 1s 及 Ti 2p 谱图见图 4-41。

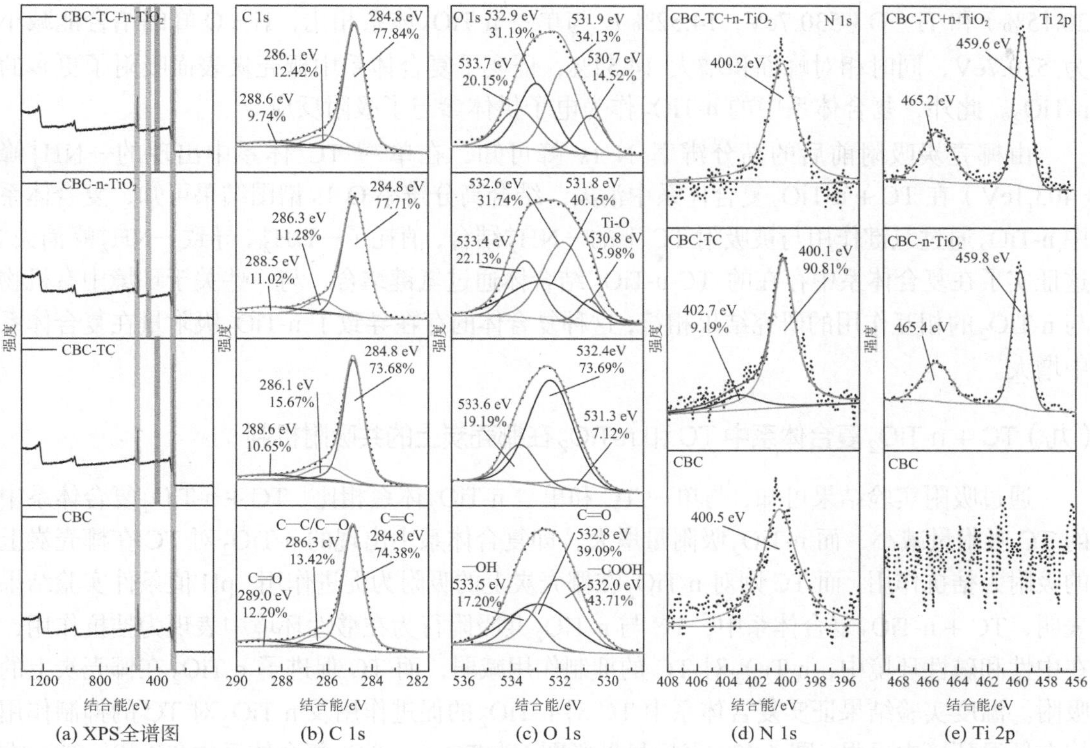

图 4-41　单一/复合体系中椰壳炭吸附后的 XPS 结果

在单一 TC 体系中吸附 TC 后，椰壳炭全谱中出现了 N 1s 的峰，在单一 n-TiO_2 体系中吸附 n-TiO_2 后，出现了 Ti 2p 峰，而在 TC + n-TiO_2 复合体系中共吸附 TC 和 n-TiO_2 后，全谱中同时出现了 N 1s 和 Ti 2p 峰，证实了 TC 和 n-TiO_2 被吸附在椰壳炭表面。

原始椰壳炭的高分辨率 C 1s 峰可分为 3 个峰：C═C（284.8eV，74.38%）、C—C/C—O（286.3eV，13.42%）和 C═O（289.0eV，12.20%）。而高分辨率 O 1s 峰同样可以分为 3 个峰，分别是 O—C═O（532.0eV，43.71%）、C═O（酯或酰胺，532.8eV，39.09%）和—OH（533.5eV，17.20%）。

在单一 TC 体系中吸附 TC 后，C 1s 中的 C═C 和 C═O 峰的相对峰面积分别减小为 73.68%和 10.65%，而 C—C/C—O 峰的相对峰面积增大为 15.67%，C═O 和 C—C/C—O 峰的结合能分别由 289.1eV 和 286.3eV 减小为 288.6eV 和 286.1eV。上述结果证实 TC 通过 π-π 或 n-π 电子供体、受体相互作用与椰壳炭上的 C—C/C—O/C═O 基团相结合，而 TC 分子中的 C—C 和 C—O 键使得椰壳炭表面 C—C/C—O 峰的相对峰面积增大。O 1s 中的—OH峰结合能增大为 533.6eV，相对峰面积增大为 19.19%，结合 FT-IR 中的结果，证实了 TC 还可以与椰壳炭表面的—OH 基团通过静电引力作用结合，椰壳炭表面的—OH 为电子供体。

在 TC + n-TiO_2 复合体系中，当椰壳炭同时吸附了 TC 和 n-TiO_2 后，椰壳炭的 C 1s 的 3 个峰分别为 C═C（284.8eV，77.84%）、C—C/C—O（286.1eV，12.42%）和 C═O（288.6eV，9.74%）。与单一 TC 体系相比，C—C/C—O 峰相对峰面积减少，证实了复合体系中椰壳炭上吸附的 TC 数量减少。复合体系中高分辨率 O 1s 峰的 4 个峰分别为 O—C═O（531.9eV，34.13%）、C═O（酯或酰胺，532.9eV，31.19%）、—OH（533.7eV，

20.15%）和 Ti—O（530.7eV，14.52%）。与单一 n-TiO_2 体系相比，Ti—O 峰的结合能减小为 530.7eV，同时相对峰面积增大 14.52%，证实了复合体系中椰壳炭表面吸附了更多的 n-TiO_2。此外，复合体系中的 n-TiO_2 作为电子供体参与了吸附反应。

由椰壳炭吸附前后的高分辨率 N 1s 峰可知，在单一 TC 体系中出现的—NH_2^+峰（403.1eV）在 TC + n-TiO_2 复合体系中消失，结合高分辨率 O 1s 谱图结果可知，复合体系中 n-TiO_2 通过氢键作用与被吸附 TC 上的—NH_2^+结合，消耗了—NH_2^+，导致—NH_2^+峰消失。这证实了在复合体系中存在的 TC-n-TiO_2 结合体通过氢键结合，与一些关于环境中有机物与 n-TiO_2 的相互作用的研究结果相符，这种复合体的存在导致了 n-TiO_2 吸附量在复合体系中增大。

（九）TC + n-TiO_2 复合体系中 TC 和 n-TiO_2 在椰壳炭上的共吸附机制

通过吸附实验结果可知，与单一 TC 和单一 n-TiO_2 体系相比，TC + n-TiO_2 复合体系中的 TC 吸附量减小，而 n-TiO_2 吸附量增大，即复合体系中出现的 n-TiO_2 对 TC 在椰壳炭上的吸附为拮抗作用，而 TC 则对 n-TiO_2 在椰壳炭上的吸附为促进作用。pH 值条件实验结果表明，TC + n-TiO_2 复合体系中，TC 与 n-TiO_2 共吸附行为在酸性环境中表现为拮抗作用，在中性和碱性环境中，n-TiO_2 对 TC 的抑制作用减弱，而 TC 促进了 n-TiO_2 在椰壳炭上的吸附。温度实验结果证实复合体系中 TC 对 n-TiO_2 的促进作用及 n-TiO_2 对 TC 的抑制作用均在低温环境中更强。图 4-42（书后另见彩图）为 TC + n-TiO_2 复合体系中 TC 和 n-TiO_2 在椰壳炭上的共吸附机制。

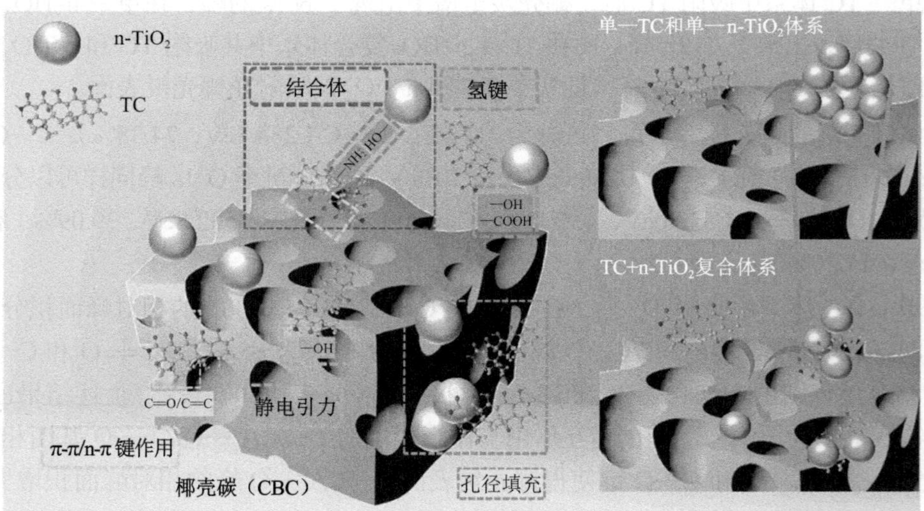

图 4-42　TC + n-TiO_2 复合体系中 TC 和 n-TiO_2 在椰壳炭上的共吸附机制

椰壳炭吸附前后的表征结果表明，TC 主要通过孔径填充、π-π/n-π 键相互作用和静电引力作用吸附于椰壳炭孔隙和表面，TC 在椰壳炭上的吸附过程为自发的放热熵增反应。与单一 TC 体系相比，TC + n-TiO_2 复合体系中的 TC 吸附量减小、吸附亲和力和吸附自发性减弱。这是由于以下几点原因。

① 复合体系中的 n-TiO_2 吸附于椰壳炭上，造成椰壳炭上部分微孔结构被堵塞或填充，导致 TC 的孔径填充作用受到抑制；

② FT-IR 分析证实，复合体系中的 n-TiO_2 会与 TC 竞争椰壳炭表面的—OH 提供的—OH 吸附位点，造成复合体系中椰壳炭表面吸附的 TC 数量减少；

③ 椰壳炭吸附前后的 XPS 结果证实，TC 与椰壳炭表面 C—C/C—O/C═O 基团之间的 π-π/n-π 键相互作用被抑制。

上述原因共同造成了 TC + n-TiO_2 复合体系中椰壳炭对 TC 的吸附量小于单一 TC 体系。

TC + n-TiO_2 复合体系中，n-TiO_2 对 TC 在椰壳炭上的吸附的抑制作用在酸性环境中更强，这是由于酸性环境中 TC 分子为阳离子形式，n-TiO_2（$pH_{ZPC}=4.5$）和椰壳炭（$pH_{ZPC}=3.3$）表面电荷以正电荷为主，三者之间存在静电斥力。由于 TC 在椰壳炭上的吸附量随温度升高而增大，表现为增温正效应。在低温环境中，TC 在椰壳炭上的吸附量更小，此时 n-TiO_2 对孔径和表面吸附位点的竞争作用更为明显，n-TiO_2 对 TC 的抑制作用也就更为明显。

而对于 n-TiO_2，椰壳炭吸附前后的表征测定结果表明，n-TiO_2 主要通过孔径填充和氢键作用吸附于椰壳炭孔隙和表面。TC + n-TiO_2 复合体系中的 n-TiO_2 吸附量增大，但吸附亲和力和自发性减弱。主要原因如下：

① 复合体系中出现的 TC 促进了 n-TiO_2 在椰壳炭孔隙中的吸附。SEM 结果证实复合体系中 TC 在 n-TiO_2 上的吸附会造成 n-TiO_2 团聚体尺寸减小，更小尺寸的 n-TiO_2 更容易进入椰壳炭的孔隙结构，因此 D-R 模型所得的复合体系中 n-TiO_2 的吸附自由能 E 值增大。

② 椰壳炭表面和孔隙中被吸附的 TC 为 n-TiO_2 提供了额外的氢键结合位点。由 XPS 分析结果可知，吸附于椰壳炭上的 TC 结构中的—NH_2^+ 通过氢键作用与 n-TiO_2 结合，桥联了 n-TiO_2 与椰壳炭，造成复合体系中 n-TiO_2 吸附量增大。而 TC 对—OH 吸附位点的竞争及有机相对椰壳炭表面的包裹作用造成了复合体系中亲水性 n-TiO_2 的吸附亲和力和自发性减弱。

对于 TC + n-TiO_2 复合体系中的 n-TiO_2 来说，TC 在酸性环境中抑制了 n-TiO_2 在椰壳炭上的吸附，这与 TC 被抑制的机制相似。但在中性和碱性环境中 TC 促进了 n-TiO_2 在椰壳炭上的吸附，中性环境中 TC 分子为两性/中性形式，静电引力作用相对较弱，TC 主要通过孔径填充和 π 电子作用吸附于椰壳炭上，此时 TC 与 n-TiO_2 之间可以氢键作用相结合。因此，吸附于椰壳炭上的 TC 成了 n-TiO_2 的额外吸附位点，导致复合体系中的 n-TiO_2 吸附量大于单一 n-TiO_2。

综上所述，对于 TC + n-TiO_2 共存体系中的 TC 和 n-TiO_2 来说，n-TiO_2 抑制了 TC 在椰壳炭上的吸附，但 TC 增强了 n-TiO_2 在椰壳炭上的吸附，造成共存体系中 TC 迁移性增强，n-TiO_2 迁移性减弱。

（十）小结

本节采用 TC 和 n-TiO_2 作为典型重金属污染物和纳米材料，考察了 TC 和 n-TiO_2 在负电荷多孔表面（椰壳炭）的共吸附行为，并通过多种表征方式对吸附前后椰壳炭的表面结构、形貌、元素组成、官能团组成及电荷性质进行了表征，对比了单一和复合体系中椰壳炭吸附 TC 和 n-TiO_2 前后的表征差异，探讨了 TC + n-TiO_2 复合体系中 TC 和 n-TiO_2 在椰壳炭上的共吸附行为机制。主要结论如下。

① 复合体系中的 n-TiO_2 与 TC 竞争椰壳炭表面的吸附位点（—OH），造成复合体系中 TC 和 n-TiO_2 的吸附量减小。FT-IR 和 XPS 结果证实，TC 可以通过静电引力作用与椰壳炭上的—OH 相结合，而 n-TiO_2 则会通过氢键作用与—OH 相结合，复合体系中 TC 和 n-TiO_2

会争夺椰壳炭表面的—OH 吸附位点，造成 TC 吸附量减小。

② TC + n-TiO_2 复合体系中 TC 在椰壳炭孔结构中的吸附被抑制，n-TiO_2 在椰壳炭孔结构中的吸附被促进。表征结果证实椰壳炭表面存在大量微孔结构，n-TiO_2 在椰壳炭上的吸附会堵塞部分微孔结构，造成椰壳炭平均孔径增大，因此复合体系中吸附于椰壳炭上的 n-TiO_2 会抑制 TC 在椰壳炭微孔结构中的吸附，造成 TC 吸附量减小。TC 在椰壳炭上的吸附同样会填充椰壳炭上的微孔结构，但 SEM 图像显示，复合体系中吸附于 n-TiO_2 表面的 TC 导致 n-TiO_2 团聚体体积减小，造成 TC + n-TiO_2 复合体系中 n-TiO_2 团聚体进入椰壳炭微孔结构的难度减小，复合体系中的 n-TiO_2 吸附量增大。

③ 无沸石对照组和 XPS 分析结果证实，复合体系中椰壳炭表面存在 TC-n-TiO_2 结合体，TC 和 n-TiO_2 之间可以通过氢键相结合。复合体系中被吸附于椰壳炭上的 TC 会为 n-TiO_2 提供额外的氢键吸附位点（—NH_2^+），导致复合体系中 n-TiO_2 的吸附量增大。

④ TC + n-TiO_2 复合体系中，n-TiO_2 对 TC 在椰壳炭上的吸附的抑制作用在低温酸性环境中更强，而 TC 对 n-TiO_2 的促进作用主要出现在中性和碱性环境中，且在高温环境中这种促进作用减弱。

⑤ TC 和 n-TiO_2 在椰壳炭上的共吸附行为与沸石部分结果存在差异。沸石上 TC 和 n-TiO_2 的共吸附行为表现为拮抗作用，而椰壳炭上的 n-TiO_2 仍然抑制 TC 吸附，但 TC 却促进了 n-TiO_2 在椰壳炭上的吸附，这种差异源自椰壳炭表面所具有的 C═C/C═O 官能团及椰壳炭丰富的孔隙结构。

第5章

纳米二氧化钛与典型污染物在正电荷表面的交互作用及机制

近年来，以磁性吸附剂来吸附去除水体中的污染物逐渐成了研究热点。在众多的磁性吸附剂中，磁化黏土矿物是一种制备简单、成本低、吸附性能好且回收率高的吸附剂。研究证实，磁化黏土矿物可以达到快速分离并收集的目的，并且经过修饰改性后，磁化黏土矿物对于苯酚和镉具有良好的吸附性能。Hajizadeh 等以埃洛石为基质，制备了磁化改性埃洛石，研究证实磁化埃洛石对 Cr(Ⅵ)具有优异的去除性能，在 15min 内 Cr(Ⅵ)去除率达到 98%，并且磁化埃洛石具有良好的分离性能。此外，研究证实磁化黏土矿物表面荷正电（中性 pH 值条件下），由前文对于沸石和椰壳炭的研究结果可知，静电引力作用是污染物（TC/Cd）和 n-TiO_2 吸附于固体表面的吸附方式之一，而黏土矿物表面电荷性质的差异必然会导致黏土矿物对污染物和纳米材料的吸附行为的变化。

磁化改性材料因其独特的磁性、大比表面积和丰富的活性位点，在环境修复领域展现出广阔的应用前景。这类材料通过磁性纳米颗粒与基质材料（如生物炭、黏土矿物等）的复合，不仅增强了材料的吸附性能，还实现了污染物的高效去除和材料的便捷回收。磁性纳米材料（如 Fe_3O_4）因其大比表面积和强吸附能力，被广泛用于去除废水中的重金属离子（如 Pb^{2+}、Cd^{2+}、Hg^{2+}等）。例如，研究发现磁性纳米 Fe_3O_4 对 Pb^{2+}的吸附容量可达 265.3mg/g。磁性生物炭通过引入磁性纳米颗粒，显著提高了对重金属的吸附能力。例如，磁性稻壳生物炭对 Cd^{2+}的吸附容量可达 320.7mg/g。磁性复合材料（如磁性壳聚糖、磁性活性炭等）在去除有机污染物方面表现出色。例如，磁性壳聚糖对四环素的吸附容量可达 133.8mg/g。

磁化纳米材料在土壤修复领域同样有着广泛的应用，磁性生物炭通过表面官能团（如羟基、羧基）与重金属形成配位键，实现重金属的固定。例如，铁修饰磁性生物炭对 As 和 Cd^{2+} 的协同固定效率分别可达 52.0%和 66.0%。磁性黏土矿物（如磁性蒙脱石）通过层间吸附和表面配位作用，有效固定土壤中的重金属。磁性催化材料（如磁性零价铁、磁性过硫酸盐激活剂）通过催化氧化作用降解土壤中的有机污染物。例如，磁性零价铁对多环芳烃的降解率可达 90%以上。土壤修复中磁性纳米材料固定重金属的机制主要包括以下几个方面。

① 物理吸附：磁性材料通过分子间作用力将重金属离子吸附在其表面和内部孔隙中，

从而实现重金属的去除。

② 化学吸附：磁性材料表面的官能团（如羟基、羧基等）与重金属离子发生化学键配位或螯合作用，形成稳定的配合物。

③ 离子交换吸附：重金属离子通过静电引力向磁性材料表面移动，与材料表面的离子发生交换吸附。

④ 氧化还原作用：磁性材料（如零价铁）通过其还原性将高价态的重金属离子还原为低价态或零价态，从而降低其迁移性和毒性。例如，Cr(Ⅵ)被还原为 Cr(Ⅲ)，并进一步矿化为稳定的 $Cr(OH)_3$ 或 $FeCr_2O_4$。

⑤ 共沉淀作用：磁性材料在与土壤中的重金属离子接触时，会形成稳定的沉淀物（如氢氧化物、硫化物等），这些沉淀物附着在磁性材料表面，从而实现重金属离子的固定。

⑥ 表面改性与增强作用：通过表面功能化处理（如修饰官能团或包覆材料），磁性材料的吸附性能和选择性得到显著提高。例如，磁性生物炭通过引入层状双金属氢氧化物（LDH）基材料，增强了对镉和砷的协同固定能力。

⑦ 桥联作用：磁性材料中的纳米颗粒（如层状双金属氢氧化物）在土壤中形成“纳米桥”，促进重金属物种的迁移和转化，形成稳定的重金属物种。

在本章中，我们采用磁化高岭土（MK）模拟环境中表面携带正电荷的黏土矿物，考察了共存体系中污染物 Cd^{2+}/TC 和 n-TiO_2 在正电荷黏土矿物表面的共吸附行为及机制，并对比了正电荷黏土矿物表面与负电荷黏土矿物表面 Cd^{2+}/TC 与 n-TiO_2 共吸附行为的差异。此外，磁化高岭土具有良好的分离性能，使得我们可以将吸附后的磁化高岭土从 n-TiO_2 悬浮液中完全分离出来，对磁化高岭土表面吸附的 n-TiO_2 的状态进行测定与分析，因此在本章中我们进一步考察了吸附后磁化高岭土上的污染物的脱附率及被吸附 n-TiO_2 的稳定性。

第一节　n-TiO_2 及 Cd^{2+} 在正电荷黏土矿物表面的交互作用及机制

一、研究方案的设计

（一）高岭土的预处理和磁化高岭土的制备

高岭土（kaolin）购自信阳工业城同创膨润土。提纯后 CEC = 802.6mmol/kg，比表面积为 $7.20m^2/g$，总碳含量为 0.01g/kg，零电荷点为 pH = 2.7。

采用湿法提纯高岭土。称取 1000g 高岭土原土，缓慢逐次加入 5L 蒸馏水，搅拌混匀成泥浆后静置 24h，24h 后搅拌泥浆 15min，再次静置 4h，分离上部悬浊液和底部沉淀，将上部悬浮液继续搅拌 15min 后再次静置 8h，将上部悬浮液分离并离心（2400r/min，10min），取离心后底部沉淀烘干并研磨过 100 目筛，备用，即得到提纯后的高岭土。

采用水热共沉淀法制备磁化高岭土。将高岭土与蒸馏水按 1∶10 比例混合，在持续搅拌条件下加入摩尔比为 2∶1 的 $FeCl_3$ 和 $FeCl_2$，60℃水浴条件下搅拌 2h，然后升温至 80℃后加入 10mol/L 的 NaOH 溶液，至混合液 pH = 10，继续搅拌 2h 后自然冷却至室温。使用磁铁分离混合液中的磁性物质，使用蒸馏水洗涤直至 pH 值为中性，得到磁化高岭土，磁铁分离后，于 60℃烘干至恒重后，研磨过 100 目筛备用。经测定，磁化高岭土零电荷点为

pH = 7，CEC 为 219.8mmol/kg。

（二）脱附实验

脱附实验用于评价磁化高岭土表面吸附的 Cd^{2+}和 n-TiO_2 的稳定性。待吸附达到平衡后，使用磁铁将磁化高岭土固定在聚四氟乙烯离心管底部，弃去溶液或悬浮液，重新加入 50mL 去离子水，盖紧瓶盖，避光恒温振荡 4h 后，根据第四章中的测定方法测定溶液或悬浮液中的 Cd^{2+}和 n-TiO_2 含量，即为 Cd^{2+}和 n-TiO_2 的脱附量。

二、研究方法

Cd^{2+}及 n-TiO_2 吸附量的测定方法如下所述。

将单一 Cd 体系中磁化高岭土对 Cd^{2+}的吸附量记为 S-Cd，将复合体系中 Cd^{2+}的吸附量记为 C-Cd，无磁化高岭土对照组中 Cd^{2+}的吸附量记为 N-Cd，单一 Cd 体系中 Cd^{2+}的脱附量记为 DS-Cd，复合体系中 Cd^{2+}脱附量记为 DC-Cd。

待吸附达到平衡后，使用磁铁将磁化高岭土固定于离心管底部，取上层溶液或悬浮液离心（4500r/min，10min），使用火焰原子吸收光谱法（FAAS）测定溶液或悬浮液中 Cd^{2+}浓度，并通过式(4-1)计算单一和复合体系中 Cd^{2+}的吸附量及脱附量。

将单一 n-TiO_2 体系和 Cd + n-TiO_2 复合体系中 n-TiO_2 的总吸附量分别记为 S-TiO_2 M1 和 C-TiO_2 M1。测定方法如下：待吸附达到平衡后，使用磁铁将磁化高岭土固定于离心管底部，取上层悬浮液于聚四氟乙烯坩埚中，用电热板（C-MB-400，上海舍岩仪器有限公司，中国）加热至溶液完全挥发，冷却至室温后加入 5mL 浓硫酸和 3mL 氢氟酸，在电热板上加热至产生白烟，冷却后将溶液转移至 25mL 比色管中，加入适量去离子水混匀，冷却后加入 3mL 过氧化氢并定容，使用紫外-可见分光光度计于 410nm 处测定吸光度，通过标准曲线得出 n-TiO_2 浓度，并计算 n-TiO_2 吸附量。

将单一和复合体系中脱附后的磁化高岭土表面的 n-TiO_2 定义为表面稳定吸附态 n-TiO_2，其含量分别记为 S-TiO_2 M2 和 C-TiO_2 M2。稳定吸附态 n-TiO_2 吸附量的测定方法如下：待脱附实验完成后，使用磁铁将脱附后的磁化高岭土固定于聚四氟乙烯离心管底部，弃去悬浮液，重新加入适量去离子水，将脱附后的磁化高岭土完全转移至聚四氟乙烯坩埚中，加热蒸干坩埚中的水分，冷却至室温后加入 5mL 浓硫酸和 3mL 氢氟酸，加盖后于电热板（C-MB-400，上海舍岩仪器有限公司，中国）上加热消解至冒白烟，冷却至室温后将消解液转移至 25mL 比色管中，加入 10～15mL 去离子水，摇匀后静置，待溶液冷却至室温后加入 3mL 过氧化氢显色，定容后摇匀，在 410nm 处测定 Ti 含量，并根据式(5-1)计算 n-TiO_2 含量。所得 n-TiO_2 含量记为稳定吸附态 n-TiO_2 吸附量。

$$q_{e2} = \frac{c_{e2}V}{m} \tag{5-1}$$

式中 q_{e2}——磁化高岭土表面稳定吸附态 n-TiO_2 吸附量，mg/g；

c_{e2}——根据标准曲线计算所得 Ti 元素浓度，mg/L；

V——定容体积，L；

m——磁化高岭土质量，g。

吸附动力学模型、吸附等温模型、热力学模型及表征方法见第 4 章第一节。

三、研究结果与分析

（一）单一/复合体系中磁化高岭土对 Cd^{2+} 和 n-TiO_2 的吸附动力学实验结果

图 5-1 为单一和复合体系中磁化高岭土吸附 Cd^{2+} 和 n-TiO_2 的吸附动力学实验结果。由图 5-1（a）可以看出，单一 Cd 和 Cd + n-TiO_2 复合体系中磁化高岭土对 Cd^{2+} 的吸附量随吸附时间增加而增大，在 0～30min 内，磁化高岭土对 Cd^{2+} 的吸附量快速增大，为快速吸附阶段；在 30～100min 范围内，Cd^{2+} 吸附量增幅逐渐变缓，说明此时磁化高岭土上的 Cd^{2+} 吸附位点逐渐趋于饱和，Cd^{2+} 吸附速率降低。单一和复合体系中的 Cd^{2+} 吸附量在 240min 后基本不再发生变化，表明单一和复合体系中 Cd^{2+} 在磁化高岭土上的吸附平衡时间约为 4h。对比单一 Cd 和 Cd + n-TiO_2 复合体系中的 Cd^{2+} 吸附量发现，复合体系中的 Cd^{2+} 吸附量大于单一体系中的 Cd^{2+} 吸附量，表明 Cd + n-TiO_2 复合体系中出现的 n-TiO_2 促进了 Cd^{2+} 在磁化高岭土上的吸附。这与负电荷黏土矿物沸石所得到的结果不同。

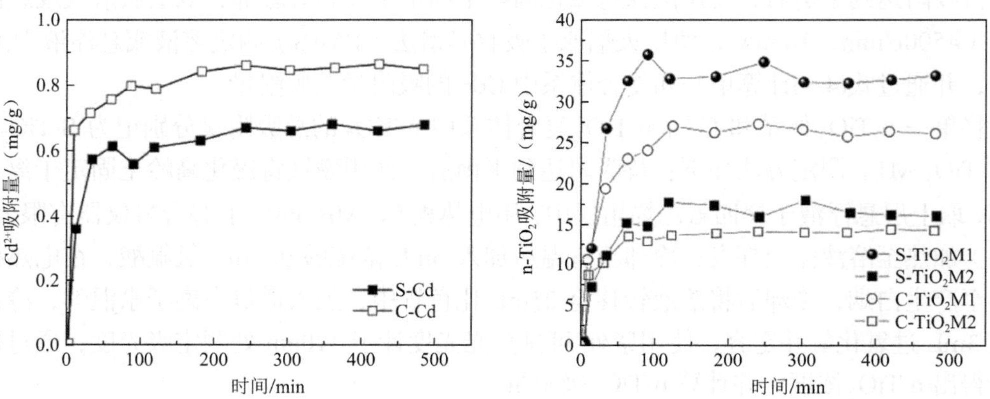

(a) Cd^{2+} (b) n-TiO_2

图 5-1 单一/复合体系中磁化高岭土吸附 Cd^{2+} 和 n-TiO_2 的吸附动力学实验结果

单一和复合体系中 n-TiO_2 在磁化高岭土上的吸附动力学结果见图 5-1（b）。由图中可以看出，单一和复合体系中的 n-TiO_2 总吸附量（M1）和稳定吸附态 n-TiO_2 吸附量（M2）均随着吸附时间增加而增大，在 0～30min 内 n-TiO_2 吸附量快速增大，30min 后增加幅度减缓，并在 100min 后基本稳定不再发生变化，表明单一/复合体系中 n-TiO_2 的平衡吸附时间约为 100min。对比单一 n-TiO_2 体系和 Cd + n-TiO_2 复合体系中 n-TiO_2 的吸附量可以发现，复合体系中出现的 Cd^{2+} 造成磁化高岭土上的 n-TiO_2 总吸附量减小，同时稳定吸附态 n-TiO_2 吸附量也减少，表明复合体系中出现的 Cd^{2+} 抑制了 n-TiO_2 在磁化高岭土上的吸附。

单一和复合体系中 Cd^{2+} 和 n-TiO_2 在磁化高岭土上的吸附动力学模型拟合结果见图 5-2。图 5-2（c）中颗粒内扩散模型的拟合结果未通过原点，表明单一和复合体系中的 Cd^{2+} 和 n-TiO_2 在磁化高岭土上的吸附受多种吸附过程的共同控制。伪一级、伪二级动力学和颗粒内扩散模型拟合参数见表 5-1，3 种模型的决定系数分别 ≥ 0.2641、≥ 0.9955^{**} 和 ≥ 0.5243，可见伪二级动力学模型对实验数据的拟合效果最好。

与单一 Cd 体系相比，Cd + n-TiO_2 复合体系中 Cd^{2+} 的吸附速率（k_2）和理论平衡吸附量（q_e）均增大，这与吸附实验结果基本相符。这说明复合体系中出现的 n-TiO_2 不仅提升了磁化高岭土对 Cd^{2+} 的吸附量，同时也会造成 Cd^{2+} 在磁化高岭土上的吸附速率增大。这与沸石和椰壳炭上所得到的结果不同。

而对于复合体系中的 n-TiO_2 来说，与单一 n-TiO_2 体系相比，复合体系中的 n-TiO_2（M1）和稳定吸附态 n-TiO_2（M2）的吸附速率和平衡吸附量均降低，表明复合体系中出现的 Cd^{2+} 抑制了 n-TiO_2 在磁化高岭土上的吸附。这与沸石上的结果存在差异，沸石上 Cd^{2+} 的共存造成 n-TiO_2 吸附速率增大。

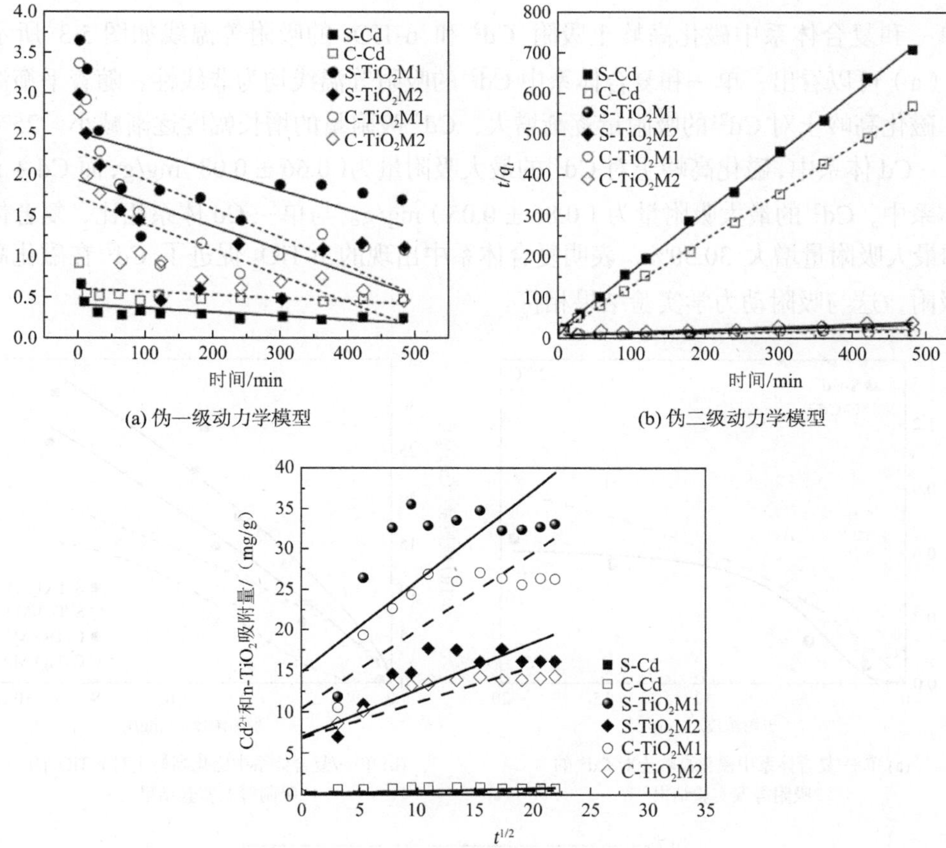

(a) 伪一级动力学模型

(b) 伪二级动力学模型

(c) 颗粒内扩散模型

图 5-2　伪一级、伪二级动力学模型及颗粒内扩散模型拟合结果

表 5-1　伪一级、伪二级动力学模型及颗粒内扩散模型拟合参数

样品	伪一级动力学模型			伪二级动力学模型			颗粒内扩散模型		
	q_e/（mg/g）	k_1/［g/(mg · min)］	R^2	k_2/［g/(mg · min)］	q_e/（mg/g）	R^2	k_{ip}/［mg/(g · min$^{1/2}$)］	c/（mg/L）	R^2
S-Cd	1.51	0.0005	0.4234	0.123	0.69	0.9988**	0.022	0.30	0.6129*
C-Cd	1.86	0.0004	0.3449	0.169	0.87	0.9997**	0.025	0.44	0.5243
S-TiO_2 M1	12.05	0.0023	0.2641	0.007	33.33	0.9976**	1.115	14.63	0.5309
S-TiO_2 M2	6.82	0.0028	0.3562	0.010	16.67	0.9955**	0.588	6.58	0.6251*
C-TiO_2 M1	9.81	0.0035	0.4897	0.005	26.71	0.9987**	0.934	10.47	0.6369*

续表

样品	伪一级动力学模型			伪二级动力学模型			颗粒内扩散模型		
	q_e/(mg/g)	k_1/[g/(mg·min)]	R^2	k_2/[g/(mg·min)]	q_e/(mg/g)	R^2	k_{ip}/[mg/(g·min$^{1/2}$)]	c/(mg/L)	R^2
C-TiO_2 M2	5.53	0.0031	0.5629	0.008	14.44	0.9996**	0.453	6.46	0.5993*

注：*表示达到显著水平，$p < 0.05$；**表示达到极显著水平，$p < 0.01$。下同。

（二）单一/复合体系中磁化高岭土对 Cd^{2+}和 n-TiO_2 的吸附等温实验结果

单一和复合体系中磁化高岭土吸附 Cd^{2+}和 n-TiO_2 的吸附等温线如图 5-3 所示。由图 5-3（a）可以看出，单一和复合体系中 Cd^{2+}的吸附等温线均为非线性，随着平衡浓度的增大，磁化高岭土对 Cd^{2+}的吸附量逐渐增大，Cd^{2+}吸附量的增长幅度逐渐减小。25℃条件下，单一 Cd 体系中，磁化高岭土对 Cd^{2+}的最大吸附量为（0.66 ± 0.08）mg/g，而 Cd + n-TiO_2 复合体系中，Cd^{2+}的最大吸附量为（0.86 ± 0.05）mg/g。与单一 Cd 体系相比，复合体系中 Cd^{2+}的最大吸附量增大 30.30%，表明复合体系中出现的 n-TiO_2 促进了 Cd^{2+}在磁化高岭土上的吸附，这与吸附动力学实验结果相符。

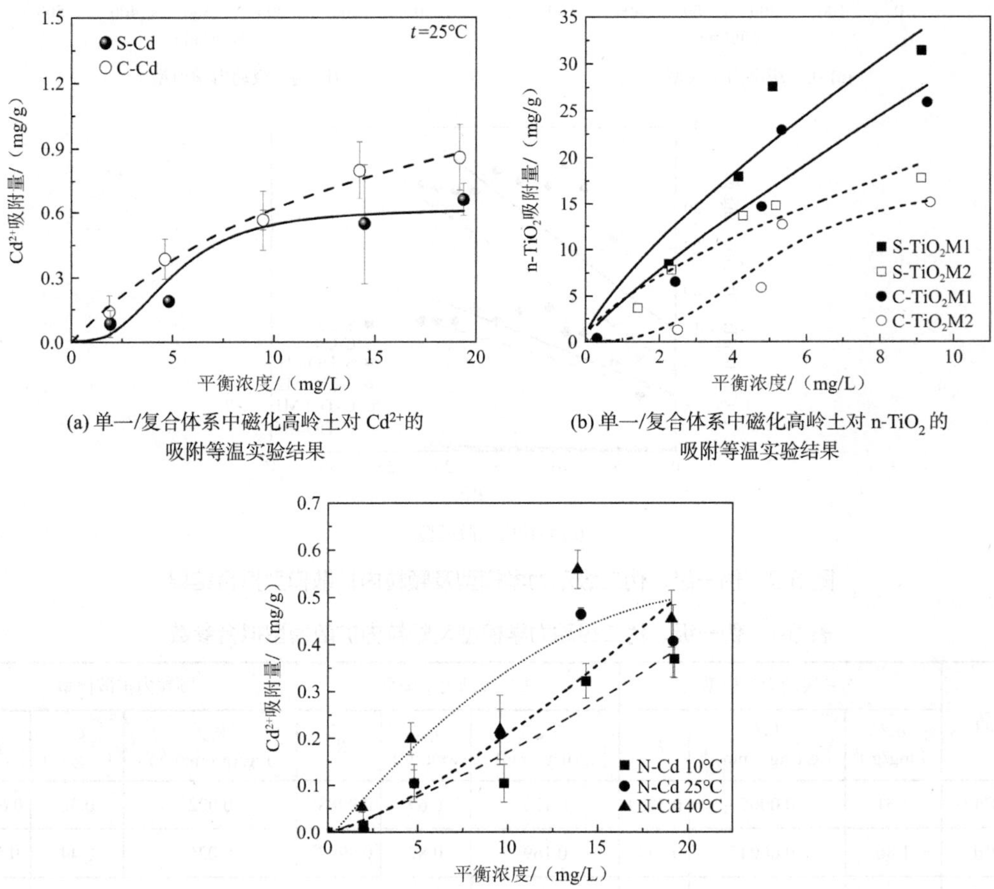

(a) 单一/复合体系中磁化高岭土对 Cd^{2+}的吸附等温实验结果

(b) 单一/复合体系中磁化高岭土对 n-TiO_2 的吸附等温实验结果

(c) 对照组中 n-TiO_2 对 Cd^{2+}的吸附等温实验结果

图 5-3 单一/复合体系中磁化高岭土对 Cd^{2+}和 n-TiO_2 吸附等温实验结果及对照组中 n-TiO_2 对 Cd^{2+}的吸附等温实验结果

复合体系中 n-TiO_2 的吸附等温线见图 5-3（b），25℃条件下，磁化高岭土在单一和复合体系中对 n-TiO_2 的吸附等温线均为非线性，n-TiO_2 的吸附量随平衡浓度增大而增大。单一 n-TiO_2 体系中，n-TiO_2 总吸附量（S-TiO_2 M1）的最大值为（35.63 ± 1.87）mg/g，稳定吸附态 n-TiO_2 吸附量（S-TiO_2 M2）的最大值为（21.04 ± 1.37）mg/g。Cd + n-TiO_2 复合体系中 C-TiO_2 M1 最大吸附量为（25.94 ± 1.44）mg/g，C-TiO_2 M2 最大吸附量为（15.24 ± 0.74）mg/g。上述结果证实，与单一 n-TiO_2 体系相比，Cd + n-TiO_2 复合体系中磁化高岭土上吸附的 n-TiO_2 总量减少 27.20%，稳定吸附态 n-TiO_2 的吸附量减少 27.57%，即 Cd + n-TiO_2 复合体系中出现的 Cd^{2+}抑制了 n-TiO_2 在磁化高岭土上的吸附。

单一和复合体系中 Cd^{2+}吸附等温线模型的拟合结果见表 5-2。Langmuir、Freundlich 和 Sips 模型拟合所得的决定系数（R^2）的平均值分别为 0.9344、0.9211 和 0.9651，Sips 模型对实验数据的拟合效果最好。

表 5-2　单一和复合体系中 Cd^{2+}和 n-TiO_2 的吸附等温模型拟合结果

样品	Langmuir 模型			Freundlich 模型			Sips 模型			
	q_{mL}/（mg/g）	K_L/（L/mg）	R^2	K_F/[$mg^{1-1/n}/(g \cdot L^{1/n})$]	n	R^2	q_{mS}/（mg/g）	K_S/（L/mg）	γ	R^2
S-Cd	1.38	0.05	0.9269*	0.08	1.40	0.9059*	1.25	0.07	0.95	0.9355*
C-Cd	1.62	0.06	0.9905**	0.13	1.53	0.9807**	1.33	0.06	1.15	0.9986**
S-TiO_2 M1	87.81	0.06	0.9324*	5.45	1.21	0.8994*	35.36	0.04	2.48	0.9635**
S-TiO_2 M2	99.71	0.04	0.9410*	4.84	1.60	0.9381*	19.49	0.12	2.05	0.9996**
C-TiO_2 M1	42.27	0.09	0.9668**	4.57	1.24	0.9465*	31.69	0.05	2.11	0.9660**
C-TiO_2 M2	38.49	0.06	0.8490	1.33	0.89	0.8564	17.85	0.01	2.72	0.9274*

由 Sips 模型拟合所得q_{mS}可知，与单一 Cd 体系相比，Cd + n-TiO_2 复合体系中的 Cd^{2+}吸附量增大，这与实验所得结果吻合，而 Cd + n-TiO_2 复合体系中 Cd^{2+}吸附亲和力（K_S）减弱，同时磁化高岭土表面均一化程度（γ）降低，表明复合体系中出现的 n-TiO_2 虽然提升了 Cd^{2+}在磁化高岭土上的吸附量，但造成 Cd^{2+}吸附亲和力减弱。这与沸石和椰壳炭上的实验结果存在差异。而磁化高岭土表面均一化程度（γ）降低是由于复合体系中 Cd^{2+}和 n-TiO_2 同时吸附于磁化高岭土上，使磁化高岭土表面复杂程度增大。这与沸石部分的实验结果相同。

与单一 n-TiO_2 体系相比，复合体系中 C-TiO_2 M1 和 C-TiO_2 M2 的q_{mS}值分别减小 10.38% 和 8.41%，与吸附实验结果相符。而与单一 n-TiO_2 体系相比，复合体系中 C-TiO_2 M2 的吸附亲和力减弱，磁化高岭土表面均一化程度增加，这表明复合体系中出现的 Cd^{2+}抑制了 n-TiO_2 与磁化高岭土之间的吸附亲和力，此外磁化高岭土表面 n-TiO_2 数量的减少造成了磁化高岭土表面复杂程度减少，均一化程度增加。

单一和复合体系中 Cd^{2+}和 n-TiO_2 吸附量的测定结果表明，Cd + n-TiO_2 复合体系中的 Cd^{2+}对 n-TiO_2 的吸附为拮抗作用，造成 n-TiO_2 吸附量减小，吸附亲和力减弱，而 n-TiO_2 的出现促进了 Cd^{2+}在磁化高岭土上的吸附，造成 Cd^{2+}吸附量增大，但 Cd^{2+}吸附亲和力减弱。

图 5-3（c）为无磁化高岭土对照组中 n-TiO_2 对 Cd^{2+} 的吸附等温线。由图中可以看出，Cd + n-TiO_2 复合体系中 n-TiO_2 对 Cd^{2+} 的吸附量随 Cd^{2+} 平衡浓度增大而增大，并逐渐趋于稳定。这证实了复合体系中共存的 Cd^{2+} 和 n-TiO_2 之间同样存在相互作用。

单一和复合体系中 Cd^{2+} 脱附实验结果见表 5-3。由脱附实验结果可知，Cd + n-TiO_2 复合体系中 Cd^{2+} 的脱附率为 56.98%，而单一 Cd 体系中 Cd^{2+} 脱附率为 33.33%。与单一 Cd 体系相比，复合体系中 Cd^{2+} 脱附量增大 122.73%。这表明复合体系中出现的 n-TiO_2 造成磁化高岭土表面吸附的 Cd^{2+} 的稳定性降低。结合前文磁化高岭土表面稳定吸附态 n-TiO_2 数量减少的结果可知，复合体系中磁化高岭土表面吸附的 Cd^{2+} 和 n-TiO_2 稳定性均发生下降，可能是 Cd^{2+} 与 n-TiO_2 之间的相互作用所致。

表 5-3　单一/复合体系中 Cd^{2+} 脱附实验结果

样品	Cd^{2+} 吸附量/（mg/g）	Cd^{2+} 脱附量/（mg/g）	脱附率/%
DS-Cd	0.66 ± 0.08	0.22 ± 0.02	33.33
DC-Cd	0.86 ± 0.05	0.49 ± 0.08	56.98

注：脱附率（%）= Cd 脱附量/Cd 吸附量。

（三）单一/复合体系中温度对 Cd^{2+} 和 n-TiO_2 在磁化高岭土表面吸附的影响

单一和复合体系中温度对 Cd^{2+} 和 n-TiO_2 吸附量的影响见图 5-4。如图 5-4（a）所示，单一 Cd 体系中，Cd^{2+} 在磁化高岭土上的吸附等温均为非线性，随着温度升高，Cd^{2+} 吸附量逐渐增大，表现为增温正效应。不同温度条件下（T = 10℃、25℃、40℃），单一 Cd 体系中 Cd^{2+} 最大吸附量分别为（0.51 ± 0.05）mg/g、（0.66 ± 0.08）mg/g 和（0.77 ± 0.05）mg/g。而在 Cd + n-TiO_2 复合体系中，Cd^{2+} 吸附量同样表现出增温正效应。随着温度升高，Cd^{2+} 最大吸附量分别为（0.58 ± 0.08）mg/g、（0.86 ± 0.05）mg/g 和（1.16 ± 0.07）mg/g。与单一 Cd 体系相比，Cd + n-TiO_2 复合体系中 Cd^{2+} 最大吸附量分别增大 13.73%、30.30%及 50.64%，可见随着温度升高，复合体系中 n-TiO_2 对 Cd^{2+} 在磁化高岭土上的吸附的促进作用逐渐增强。

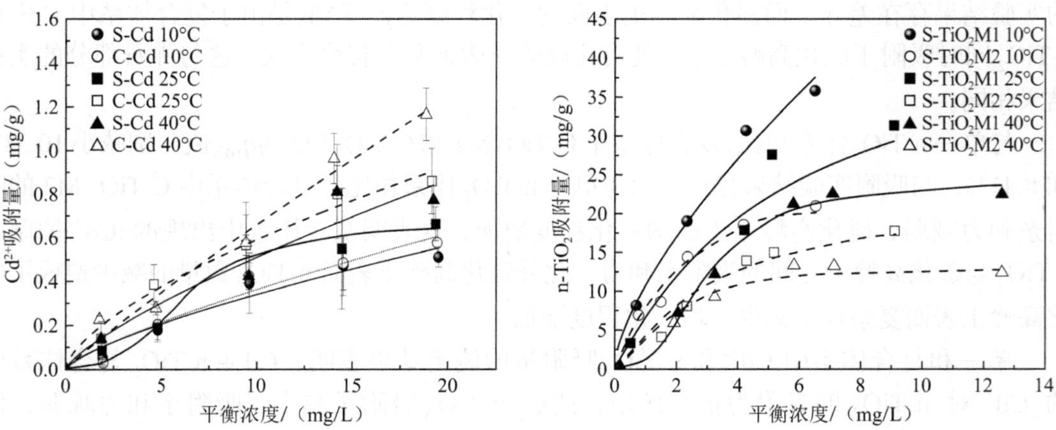

(a) Cd^{2+}　　(b) 单一体系 n-TiO_2

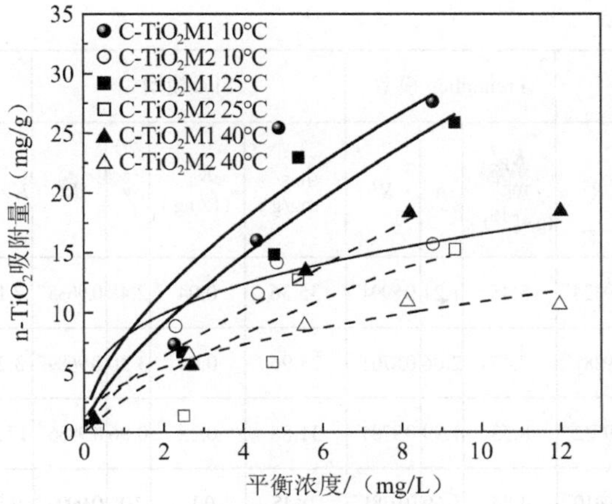

(c) 复合体系 n-TiO_2

图 5-4　温度对单一和复合体系中 Cd^{2+}和 n-TiO_2吸附量的影响

不同温度条件下吸附等温实验的 Langmuir 模型、Freundlich 模型和 Sips 模型拟合结果见表 5-4。由表中可以看出，虽然不同温度条件下复合体系中 Cd^{2+}的q_{mS}增大，与吸附实验结果相符，但K_S呈减小趋势，表明复合体系中 Cd^{2+}与磁化高岭土之间的吸附亲和力减弱。同时，与单一 Cd 体系相比，复合体系中磁化高岭土表面均一化系数与 1 之间的差值增大，表明磁化高岭土表面在复合体系中更加复杂，均一化程度降低。热力学参数表明，Cd^{2+}在单一和复合体系中的吸附为自发放热熵减的过程。而与单一 Cd 体系相比，复合体系中 Cd^{2+}的吉布斯自由能ΔG的绝对值平均减小 13.55%，表明复合体系中 Cd^{2+}吸附的自发性减弱。而熵变值的绝对值在复合体系中增大，说明复合体系中磁化高岭土表面固-液界面混乱度增大。这是由复合体系中 Cd^{2+}和 n-TiO_2 共同吸附于磁化高岭土上造成的，与 Sips 模型中表面均一化系数远离 1 的结果相符。

表 5-4　Langmuir、Freundlich 和 Sips 模型拟合参数及热力学参数

样品	温度 T/℃	Langmuir 模型			Freundlich 模型			Sips 模型				热力学参数			
		q_{mL}/(mg/g)	K_L/(L/mg)	R^2	K_F/[$mg^{1-1/n}$/($g\cdot L^{1/n}$)]	n	R^2	q_{mS}/(mg/g)	K_S/(L/mg)	γ	R^2	K_T/K	ΔG/(kJ/mol)	ΔH/(kJ/mol)	ΔS/[J/(mol·K)]
S-Cd	10	1.14	0.05	0.9728**	0.06	1.37	0.9525**	0.98	0.04	1.15	0.9832**	4.50	−3.54	−6.48	−8.53
	25	1.38	0.05	0.9269**	0.08	1.40	0.9059**	1.25	0.07	0.95	0.9355**	7.87	−5.11		
	40	1.82	0.06	0.9905**	0.10	1.38	0.9109**	1.65	0.03	1.21	0.9481**	3.37	−3.16		
C-Cd	10	1.40	0.04	0.9675**	0.06	1.29	0.9512**	1.09	0.04	1.18	0.9806**	4.50	−3.54	−16.40	−43.39
	25	1.62	0.06	0.9905**	0.13	1.53	0.9807**	1.33	0.06	1.15	0.9986**	6.74	−4.73		
	40	11.86	0.01	0.9775**	0.08	1.09	0.9785**	1.99	0.02	1.46	0.9645**	2.25	−2.11		
S-TiO_2 M1	10	65.35	0.18	0.9723**	9.63	1.37	0.9629**	56.87	0.12	1.27	0.9746**	9.59	−5.32	−26.76	−74.95

续表

<table>
<tr><th rowspan="2">样品</th><th rowspan="2">温度 T/℃</th><th colspan="3">Langmuir 模型</th><th colspan="3">Freundlich 模型</th><th colspan="4">Sips 模型</th><th colspan="4">热力学参数</th></tr>
<tr><th>q_{mL}/(mg/g)</th><th>K_L/(L/mg)</th><th>R^2</th><th>K_F/[$mg^{1-1/n}$/($g\cdot L^{1/n}$)]</th><th>n</th><th>R^2</th><th>q_{mS}/(mg/g)</th><th>K_S/(L/mg)</th><th>γ</th><th>R^2</th><th>K_T/K</th><th>ΔG/(kJ/mol)</th><th>ΔH/(kJ/mol)</th><th>ΔS/[J/(mol·K)]</th></tr>
<tr><td rowspan="2">S-TiO_2 M1</td><td>25</td><td>87.81</td><td>0.06</td><td>0.9324**</td><td>5.45</td><td>1.21</td><td>0.8994**</td><td>35.36</td><td>0.04</td><td>2.48</td><td>0.9635**</td><td>7.19</td><td>−4.89</td><td rowspan="2">−26.76</td><td rowspan="2">−74.95</td></tr>
<tr><td>40</td><td>34.35</td><td>0.20</td><td>0.9381**</td><td>7.47</td><td>2.06</td><td>0.8702**</td><td>23.96</td><td>0.04</td><td>3.30</td><td>0.9689**</td><td>3.20</td><td>−3.03</td></tr>
<tr><td rowspan="3">S-TiO_2 M2</td><td>10</td><td>38.73</td><td>0.21</td><td>0.9732**</td><td>8.53</td><td>1.99</td><td>0.9784**</td><td>31.88</td><td>0.22</td><td>0.96</td><td>0.9836**</td><td>17.58</td><td>−6.75</td><td rowspan="3">−15.13</td><td rowspan="3">−30.36</td></tr>
<tr><td>25</td><td>99.71</td><td>0.04</td><td>0.9410**</td><td>4.84</td><td>1.60</td><td>0.9381**</td><td>18.45</td><td>0.12</td><td>2.05</td><td>0.9996**</td><td>9.59</td><td>−5.6</td></tr>
<tr><td>40</td><td>21.07</td><td>0.20</td><td>0.9096**</td><td>6.43</td><td>3.18</td><td>0.8799**</td><td>14.53</td><td>0.12</td><td>2.01</td><td>0.9686**</td><td>9.59</td><td>−5.89</td></tr>
<tr><td rowspan="3">C-TiO_2 M1</td><td>10</td><td>55.93</td><td>0.11</td><td>0.9250**</td><td>5.97</td><td>1.36</td><td>0.8964**</td><td>51.69</td><td>0.11</td><td>1.12</td><td>0.9310**</td><td>8.79</td><td>−5.12</td><td rowspan="3">−5.49</td><td rowspan="3">−3.13</td></tr>
<tr><td>25</td><td>42.27</td><td>0.09</td><td>0.9668**</td><td>4.57</td><td>1.24</td><td>0.9465**</td><td>31.69</td><td>0.05</td><td>2.11</td><td>0.9660**</td><td>4.00</td><td>−3.43</td></tr>
<tr><td>40</td><td>35.42</td><td>0.10</td><td>0.9686**</td><td>4.20</td><td>1.59</td><td>0.9431**</td><td>25.56</td><td>0.09</td><td>1.44</td><td>0.9786**</td><td>7.19</td><td>−5.14</td></tr>
<tr><td rowspan="3">C-TiO_2 M2</td><td>10</td><td>21.88</td><td>0.30</td><td>0.9913**</td><td>5.63</td><td>2.00</td><td>0.9646**</td><td>19.24</td><td>0.25</td><td>1.36</td><td>0.9904**</td><td>19.97</td><td>−7.05</td><td>−35.96</td><td>−104.96</td></tr>
<tr><td>25</td><td>38.49</td><td>0.06</td><td>0.8490**</td><td>1.33</td><td>0.89</td><td>0.8564**</td><td>17.85</td><td>0.04</td><td>2.72</td><td>0.9274**</td><td>3.20</td><td>−2.88</td><td></td><td></td></tr>
<tr><td>40</td><td>13.16</td><td>0.42</td><td>0.9746**</td><td>4.61</td><td>2.70</td><td>0.9837**</td><td>12.45</td><td>0.06</td><td>2.38</td><td>0.9750**</td><td>4.79</td><td>−4.08</td><td></td><td></td></tr>
</table>

单一 n-TiO_2 体系中，不同温度条件对 n-TiO_2 吸附量的影响如图 5-4（b）所示。不同温度条件下单一 n-TiO_2 体系中 n-TiO_2 总吸附量分别为（35.63 ± 1.87）mg/g、（31.32 ± 1.67）mg/g 和（22.43 ± 1.67）mg/g，而稳定吸附态 n-TiO_2 吸附量分别为（21.04 ± 1.37）mg/g、（17.92 ± 0.39）mg/g 和（12.43 ± 1.57）mg/g。可见单一 n-TiO_2 体系中，n-TiO_2 吸附量随温度升高而减小，表现为增温负效应。

在 Cd + n-TiO_2 复合体系中，n-TiO_2 吸附量随温度升高逐渐减小，这与单一 n-TiO_2 体系中所得到的结果相同。不同温度条件下 Cd + n-TiO_2 复合体系中 n-TiO_2 的最大总吸附量分别为（27.5 ± 0.59）mg/g、（25.94 ± 1.44）mg/g 和（18.23 ± 2.20）mg/g，稳定吸附态 n-TiO_2 吸附量分别为（15.72 ± 0.69）mg/g、（15.24 ± 0.74）mg/g 和（10.83 ± 0.15）mg/g。与单一 n-TiO_2 相比，3 个温度条件下复合体系中 n-TiO_2 最大总吸附量的减小幅度分别为 22.82%、17.18%和 18.72%，磁化高岭土表面稳定吸附态 n-TiO_2 吸附量的减小幅度分别为 25.29%、14.96%和 12.87%，表明复合体系中出现的 Cd^{2+}抑制了 n-TiO_2 在磁化高岭土上的吸附，且抑制作用随温度升高而减弱。

热力学参数结果表明，单一和复合体系中 n-TiO_2 在磁化高岭土上的吸附为自发放热熵减的过程。随着温度升高，单一 n-TiO_2 体系中 n-TiO_2 的吉布斯自由能ΔG的绝对值呈减小趋势，表明温度升高会降低 n-TiO_2 在磁化高岭土上的吸附自发性，这与前文多孔固体表面（椰壳炭和沸石）的结果存在差异。与单一 n-TiO_2 体系相比，复合体系中磁化高岭土表面稳定吸附态 n-TiO_2（C-TiO_2 M2）的焓变和熵变的绝对值均增大，表明复合体系中 n-TiO_2 在磁化高岭土表面吸附所需热能增大。而磁化高岭土表面的固-液界面混乱度增大，与前文中沸石和椰壳炭的结果相似，是由复合体系中两种吸附质同时吸附于磁化高岭土上所致。

（四）单一/复合体系中 pH 值对 Cd^{2+}和 n-TiO_2 在磁化高岭土表面吸附的影响

初始 pH 值对单一和复合体系中 Cd^{2+}和 n-TiO_2 在磁化高岭土上吸附量的影响见图 5-5。对于单一 Cd 体系中的 Cd^{2+}［图 5-5（a）］，在 pH = 3～7 范围内，磁化高岭土对 Cd^{2+}的吸附量随 pH 值增大而增大，当 pH > 7 后，Cd^{2+}逐渐转变为 $Cd(OH)_2$，溶解度降低，Cd^{2+}吸附量开始大幅减小。

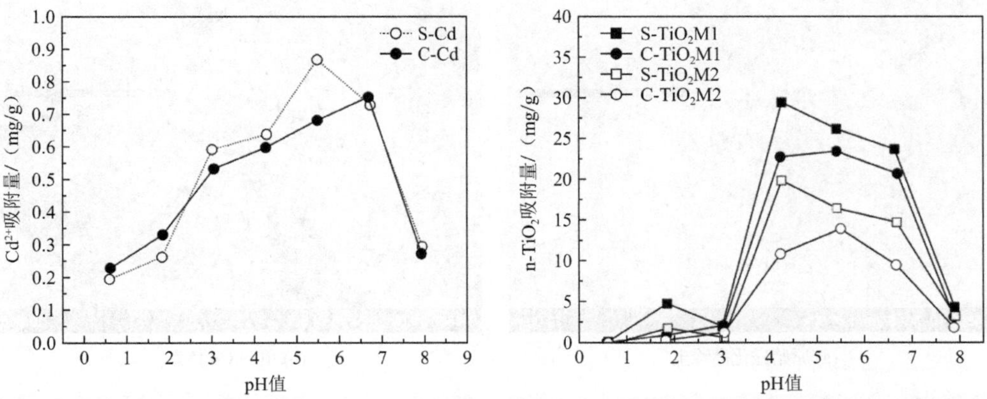

(a) Cd^{2+}　　(b) n-TiO_2

图 5-5　pH 值对单一和复合体系中 Cd^{2+}和 n-TiO_2 吸附量的影响

Cd + n-TiO_2 复合体系中 Cd^{2+}吸附量随 pH 值变化的规律与单一 Cd 体系存在差异［图 5-5（a）］。复合体系中，在 pH = 3～6 范围内，磁化高岭土对 Cd^{2+}的吸附量随 pH 值增大而增大，在 pH = 6 处达到最大，而在 pH > 6 后，Cd^{2+}吸附量开始减小，并在 pH > 7 后大幅减小。而对比单一和复合体系中的 Cd^{2+}吸附量发现，随着初始 pH 值的增大，复合体系中磁化高岭土对 Cd^{2+}吸附量的变化幅度逐渐由 13.33%减小为−5.26%，表明在 pH < 4 范围内，复合体系中的 n-TiO_2 抑制了 Cd^{2+}在磁化高岭土上的吸附，而在 pH > 4 后，复合体系中的 n-TiO_2 促进了 Cd^{2+}在磁化高岭土上的吸附。

单一和复合体系中磁化高岭土对 n-TiO_2 的吸附量随 pH 值变化的规律如图 5-5（b）所示。单一和复合体系中 n-TiO_2 总吸附量（M1）和稳定吸附态 n-TiO_2 吸附量（M2）随 pH 值变化的规律基本相同。在 pH < 4 和 pH > 7 范围内，n-TiO_2 和磁化高岭土表面携带同种电荷，二者之间存在静电斥力，因此 n-TiO_2 吸附量较小；而在 pH = 4～7 范围内，n-TiO_2 与磁化高岭土之间存在静电引力作用，n-TiO_2 吸附量明显增大。这证实了单一和复合体系中 n-TiO_2 在磁化高岭土上的吸附主要通过静电引力作用。

在 pH = 4～7 范围内，复合体系中 n-TiO_2 总吸附量均小于单一 n-TiO_2 体系，复合体系中的 n-TiO_2 总吸附量和稳定吸附态 n-TiO_2 吸附量的减少量随 pH 值增大均表现为减小趋势，表明复合体系中 Cd^{2+}对 n-TiO_2 的拮抗作用随 pH 值增大而减弱。

（五）单一/复合体系中磁化高岭土吸附 Cd^{2+}和 n-TiO_2 后的 SEM&TEM 分析结果

采用 SEM 考察了单一/复合体系中磁化高岭土吸附 Cd^{2+}和 n-TiO_2 后的表面形貌变化

（图 5-6）。在单一 Cd 体系中吸附 Cd^{2+}后［图 5-6（b）］，磁化高岭土表面变得更加松散，碎屑化程度增大；在单一 n-TiO_2 体系中吸附 n-TiO_2 后［图 5-6（c）］，磁化高岭土表面出现由球状颗粒堆积而成的堆积体，直径为 1～2μm，证实了 n-TiO_2 在磁化高岭土上的吸附，且 n-TiO_2 会在磁化高岭土表面形成堆积体；在 Cd + n-TiO_2 复合体系中同时吸附 Cd^{2+}和 n-TiO_2 后，磁化高岭土表面同样出现了 n-TiO_2 堆积体［图 5-6（d）］，但与单一 n-TiO_2 体系相比，复合体系中堆积体的尺寸更大，表明复合体系中出现的 Cd^{2+}会造成磁化高岭土表面 n-TiO_2 聚集体的尺寸增大。

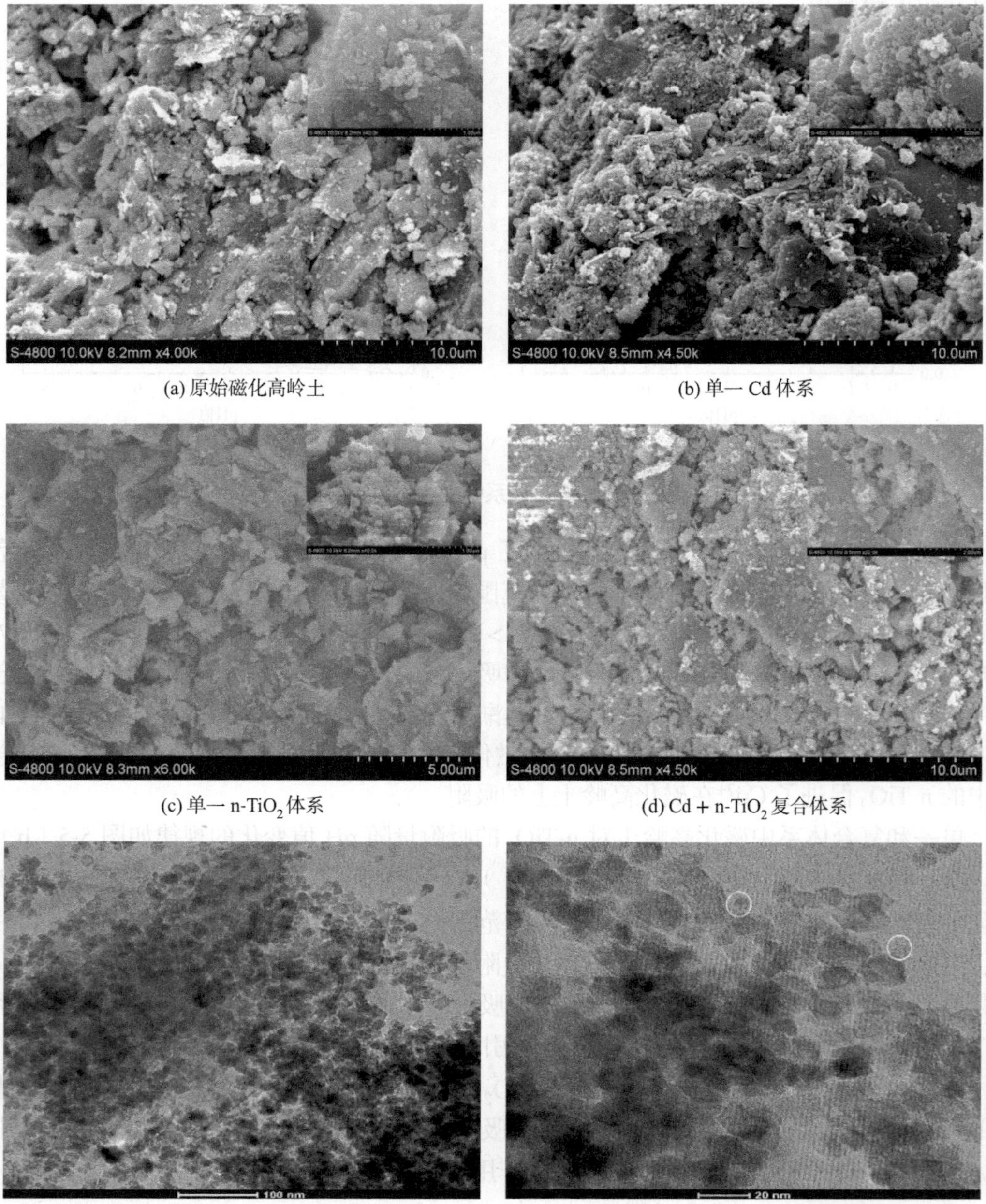

(a) 原始磁化高岭土　(b) 单一 Cd 体系

(c) 单一 n-TiO_2 体系　(d) Cd + n-TiO_2 复合体系

(e) Cd + n-TiO_2 复合体系中吸附后磁化高岭土的 TEM 图像（100nm）　(f) Cd + n-TiO_2 复合体系中吸附后磁化高岭土的 TEM 图像（20nm）

图 5-6　单一/复合体系中磁化高岭土吸附前后 SEM 和 TEM 图像

不同倍数的 TEM（透射电镜）图像［图 5-6（e）和图 5-6（f）］证实了磁铁矿成功负载在高岭土上，磁化高岭土表面的磁铁矿为块状颗粒，而 n-TiO_2 则为球状颗粒，并且 n-TiO_2 粒径更小。

（六）单一/复合体系中磁化高岭土吸附 Cd^{2+}和 n-TiO_2 后的 CEC、AEC、S_{BET}、孔径和孔体积分布结果

单一复合体系中磁化高岭土吸附前后的氮气吸附-脱附等温线如图 5-7 所示。由氮气吸附-脱附等温线计算所得的比表面积（S_{BET}）、孔径及孔体积见表 5-5。

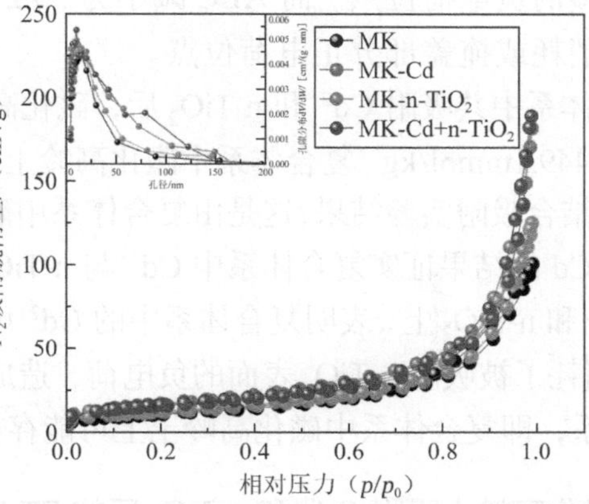

图 5-7　单一/复合体系中磁化高岭土吸附后的氮气吸附-脱附等温线

表 5-5　单一/复合体系中磁化高岭土吸附后的 CEC、AEC、比表面积（S_{BET}）、孔径及孔体积分布结果

样品	阳离子交换量 CEC/（mmol/kg）	阴离子交换量 AEC/（mmol/kg）	比表面积 S_{BET}/（m^2/g）	孔径/nm	孔体积/（cm^3/g）
MK	219.8	49.36	38.80	14.40	0.16
MK-Cd	162.9	47.01	34.16	18.06	0.22
MK-n-TiO_2	287.3	33.29	43.03	17.24	0.20
MK-TC + n-TiO_2	179.4	44.91	38.47	20.96	0.29

在单一 Cd 体系中吸附 Cd^{2+}后，磁化高岭土比表面积减小 11.96%，孔径和孔体积分别增大 25.42%和 37.5%，表明 Cd^{2+}在磁化高岭土表面的孔径填充作用造成部分孔隙结构被堵塞或填充，孔径、孔体积增大，比表面积减小。

在单一 n-TiO_2 体系中吸附 n-TiO_2 后，磁化高岭土比表面积增大 10.90%，孔径和孔体积分别增大 19.72%和 25.00%，单一 n-TiO_2 体系中孔径和孔体积增大且比表面积也增大，这可能是由于一方面被吸附在磁化高岭土上的 n-TiO_2 填充或堵塞了部分孔隙结构，造成平均孔径、孔体积增大；而另一方面，吸附于磁化高岭土表面的 n-TiO_2 造成磁化高岭土表面复杂程度增大，并且 n-TiO_2 自身比表面积大于磁化高岭土，因此吸附 n-TiO_2 后磁化高岭土比表面积增大。

而在Cd + n-TiO_2复合体系中共吸附Cd^{2+}和n-TiO_2后，磁化高岭土比表面积减小0.85%，减小幅度小于单一 Cd 体系，这是由于复合体系中被吸附在磁化高岭土上的 n-TiO_2 会增大磁化高岭土的比表面积。而 Cd + n-TiO_2 复合体系中孔径和孔体积分别增大 45.56%和

81.25%，增长幅度大于单一 Cd 和单一 n-TiO_2 体系。结合 SEM 图像，这可能是由于复合体系中 n-TiO_2 团聚体体积增大，造成磁化高岭土上的孔结构进一步减少。

单一和复合体系中磁化高岭土吸附前后阳离子交换量（CEC）和阴离子交换量（AEC）的测定结果见表 5-5。在单一 Cd 体系中吸附 Cd^{2+}后，磁化高岭土的 CEC 减小为 162.9mmol/kg，表明 Cd^{2+}通过静电引力作用消耗了磁化高岭土表面部分负电荷点位，AEC 小幅减少，可能是 Cd^{2+}对孔隙结构的填充造成部分正电荷点位被掩盖。在单一 n-TiO_2 体系中吸附 n-TiO_2 后，磁化高岭土的 CEC 增大为 287.3mmol/kg，这是由于 n-TiO_2 自身携带负电荷，当 n-TiO_2 通过孔径填充或静电引力作用吸附于磁化高岭土上后，会为磁化高岭土表面增加更多的负电荷位点。而 AEC 减小为 33.29mmol/kg，表明 n-TiO_2 在磁化高岭土上的吸附会消耗或掩盖部分正电荷位点。

在 Cd + n-TiO_2 复合体系中共吸附 Cd^{2+}和 n-TiO_2 后，磁化高岭土的 CEC 和 AEC 分别减小为 179.4mmol/kg 和 449.1mmol/kg。复合体系中磁化高岭土的 CEC 大于单一 Cd 体系，但小于单一 n-TiO_2 体系。结合吸附实验结果，这是由复合体系中磁化高岭土上吸附的 n-TiO_2 数量减少所致。此外，N-Cd 的结果证实复合体系中 Cd^{2+}与 n-TiO_2 之间存在相互作用，Cd^{2+}会同时吸附在磁化高岭土和 n-TiO_2 上，表明复合体系中的 Cd^{2+}可能不仅消耗了磁化高岭土表面的负电荷位点，还消耗了被吸附 n-TiO_2 表面的负电荷，造成复合体系中磁化高岭土的 CEC 小于单一 n-TiO_2 体系，即复合体系中磁化高岭土上可能存在 Cd-n-TiO_2 复合体。

（七）单一/复合体系中磁化高岭土吸附 Cd^{2+}和 n-TiO_2 后的 FT-IR 分析结果

采用 FT-IR 分析了磁化高岭土在单一/复合体系中吸附后表面官能团的变化（图 5-8）。在单一 Cd 体系中吸附 Cd^{2+}后，磁化高岭土表面—OH 振动峰蓝移至 1630cm^{-1}，证实了 Cd^{2+}和磁化高岭土表面—OH 之间的静电引力作用。而磁化高岭土表面吸附水的 H—O—H 振动峰移动至 3438cm^{-1}，证实了 Cd^{2+}与磁化高岭土表面吸附水之间的相互作用，二者形成 $Cd(OH)_2$。研究证实 Cd^{2+}与吸附水之间的配位作用是 Cd^{2+}吸附的主要方式之一。而磁化高岭土表面的 Fe—O 峰吸附 Cd^{2+}后红移至 541cm^{-1} 处，表明磁化高岭土表面 Fe—O 键参与了 Cd^{2+}吸附反应，可能是磁化高岭土表面磁铁矿暴露出的负电荷位点为 Cd^{2+}提供了静电引力吸附位点。

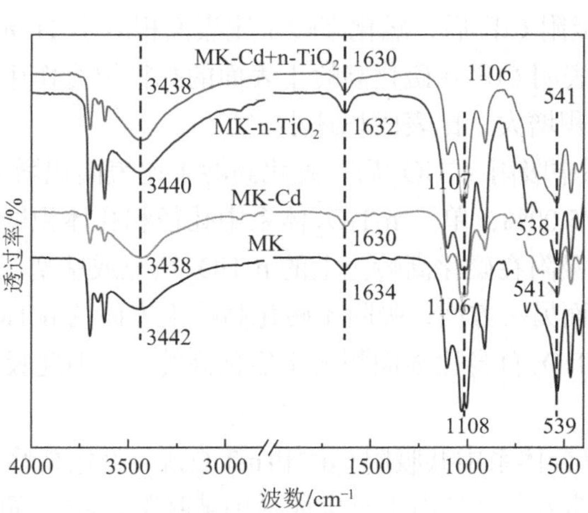

图 5-8 单一/复合体系中磁化高岭土吸附后的 FT-IR 图谱

在单一 n-TiO_2 体系中吸附 n-TiO_2 后，磁化高岭土表面—OH 和 Fe—O 振动峰分别移动至 1630cm^{-1} 和 538cm^{-1} 处，这证实了单一体系中 n-TiO_2 可以通过表面—OH 与磁化高岭土表面—OH 和 Fe—O 键之间形成氢键。与 Cd^{2+} 相比，氢键作用是 n-TiO_2 在磁化高岭土上吸附的主要作用。

而在 Cd + n-TiO_2 复合体系中共吸附 Cd^{2+} 和 n-TiO_2 后，与单一 Cd 体系相比，复合体系中—OH 及 Fe—O 峰的位置未发生变化；而与单一 n-TiO_2 体系相比，复合体系中磁化高岭土表面—OH 峰的移动幅度增大，这是由于复合体系中被吸附的 Cd^{2+} 数量增多，更多的 Cd^{2+} 通过静电引力作用与磁化高岭土或被吸附在磁化高岭土表面的 n-TiO_2 相结合，造成—OH 移动幅度增大。

FT-IR 结果证实，Cd^{2+} 通过与磁化高岭土表面的—OH 和 Fe—O 之间的静电引力作用吸附于磁化高岭土上，而 n-TiO_2 则主要通过与磁化高岭土表面的—OH 和 Fe—O 键之间形成氢键来吸附于磁化高岭土上。Cd^{2+} 与 n-TiO_2 在磁化高岭土上存在相同的吸附位点，因此在复合体系中 Cd^{2+} 和 n-TiO_2 会争夺磁化高岭土表面的—OH 和 Fe—O 吸附位点。此外，复合体系中出现的 Cd^{2+} 还抑制了 n-TiO_2 与 Fe—O 之间的氢键作用，造成复合体系中 n-TiO_2 的吸附量进一步减小。

（八）Cd + n-TiO_2 复合体系中 Cd^{2+} 和 n-TiO_2 的共吸附机制

吸附实验结果证实，与单一 Cd 和单一 n-TiO_2 体系相比，Cd + n-TiO_2 复合体系中 Cd^{2+} 吸附量增大，n-TiO_2 总吸附量及稳定态 n-TiO_2 吸附量减小。

对于 Cd + n-TiO_2 复合体系中的 Cd^{2+}，虽然 n-TiO_2 抑制了 Cd^{2+} 的孔隙填充作用，并占据了部分磁化高岭土上的—OH 和 Fe—O 静电引力吸附位点，但当表面携带负电荷的 n-TiO_2 吸附于磁化高岭土上后，n-TiO_2 为 Cd^{2+} 提供了额外的静电引力吸附位点，造成 Cd^{2+} 吸附量大于单一 Cd 体系。这表明复合体系中吸附于磁化高岭土上的 n-TiO_2 对 Cd^{2+} 氢键吸附位点的竞争作用弱于 n-TiO_2 提供的静电引力吸附位点的促进作用。可见复合体系中出现的 n-TiO_2 会增大 Cd^{2+} 在表面带正电的固体表面的吸附量，但被吸附的 Cd^{2+} 中部分吸附于 n-TiO_2 上的 Cd^{2+} 会随 n-TiO_2 一同脱落并重新回到环境中（Cd^{2+} 脱附量增大）。

而对于 Cd + n-TiO_2 复合体系中的 n-TiO_2，Cd^{2+} 的出现一方面占据了部分—OH 吸附位点，另一方面 Cd^{2+} 还会抑制 n-TiO_2 与 Fe—O 之间的氢键作用，因此复合体系中 n-TiO_2 的总吸附量和稳定态吸附量均减小，而复合体系中通过静电引力吸附于 n-TiO_2 表面的 Cd^{2+} 会消耗 n-TiO_2 表面的负电荷数量，造成 n-TiO_2 表面负电性减弱，导致磁化高岭土与 n-TiO_2 之间的静电引力作用减弱。因此，磁化高岭土表面被吸附的 n-TiO_2 稳定性减弱，复合体系中被吸附的 n-TiO_2 更容易脱附重新进入环境中。

综上所述，对于表面为正电的固体，Cd + n-TiO_2 复合体系中出现的 n-TiO_2 会为 Cd^{2+} 提供额外的静电引力吸附位点，这与沸石和椰壳炭两种负电荷表面所得结果不同。而 Cd + n-TiO_2 复合体系中出现的 Cd^{2+} 则造成 n-TiO_2 吸附量减小，这与沸石和椰壳炭上的结果相似，原因是 Cd^{2+} 占据了 n-TiO_2 部分吸附位点，同时造成 n-TiO_2 团聚体体积增大，更难进入孔隙结构，而被吸附的 Cd^{2+} 也未能给 n-TiO_2 提供新的吸附位点，所以复合体系中的 n-TiO_2 吸附量减小。而由于磁化高岭土具有磁分离特性，可以通过脱附实验对磁化高岭土上吸附的 Cd^{2+} 和 n-TiO_2 的稳定性进行评估。实验结果表明，与单一体系相比，复合体系中磁化高岭土表面吸附的 Cd^{2+} 和 n-TiO_2 的稳定性降低。

（九）小结

本节采用 Cd^{2+}和 n-TiO_2 作为典型重金属污染物和纳米材料，考察了 Cd^{2+}和 n-TiO_2 在正电荷黏土矿物（磁化高岭土）上的共吸附行为，并通过多种表征方式对吸附后磁化高岭土的表面结构、形貌、元素组成、官能团组成及电荷性质进行了表征，对比了单一和复合体系中磁化高岭土吸附 Cd^{2+}和 n-TiO_2 后的表征差异，探讨了 Cd + n-TiO_2 复合体系中 Cd^{2+}和 n-TiO_2 在磁化高岭土上的共吸附行为机制。主要结论如下。

① 复合体系中的 n-TiO_2 与 Cd^{2+}竞争磁化高岭土表面的吸附位点（—OH 和 Fe—O）。FT-IR 结果证实，Cd^{2+}可以通过静电引力作用与椰壳炭上的—OH 和 Fe—O 相结合，而 n-TiO_2 则会通过氢键作用与—OH 和 Fe—O 相结合，复合体系中 Cd^{2+}和 n-TiO_2 会争抢椰壳炭表面的—OH 和 Fe—O 吸附位点。

② Cd + n-TiO_2 复合体系中，n-TiO_2 在磁化高岭土孔结构中的吸附被抑制。表征结果证实，磁化高岭土表面以大孔结构为主，同时具有少量微孔结构，与沸石类似。SEM 结果证实，复合体系中的 Cd^{2+}会造成磁化高岭土表面吸附的 n-TiO_2 团聚体的体积增大，导致 n-TiO_2 团聚体更难以进入磁化高岭土的孔结构，因此复合体系中 n-TiO_2 的吸附量减少。

③ 结合前文沸石及椰壳炭中的结果和无磁化高岭土对照组及 FT-IR 分析结果，复合体系中磁化高岭土表面存在 Cd 和 n-TiO_2 结合体，Cd^{2+}和 n-TiO_2 之间可以通过静电引力相结合。复合体系中被吸附于磁化高岭土上的 n-TiO_2 会为 Cd^{2+}提供新的静电引力吸附位点（—OH），Cd^{2+}通过静电引力作用吸附于磁化高岭土表面的 n-TiO_2 上，这是造成复合体系中 Cd^{2+}吸附亲和力和吸附量增大的原因。

④ 脱附实验结果证实，与单一 Cd 体系相比，Cd + n-TiO_2 复合体系中 Cd^{2+}脱附量增大。复合体系中吸附于磁化高岭土上的 n-TiO_2 为 Cd^{2+}提供了额外的静电引力吸附位点，但吸附于 n-TiO_2 上的 Cd^{2+}会造成 n-TiO_2 与磁化高岭土之间的静电引力作用减弱，使得 n-TiO_2 稳定性降低，更容易脱落，导致 Cd^{2+}与 n-TiO_2 一同从磁化高岭土上脱落，重新进入环境中。

⑤ Cd + n-TiO_2 复合体系中，n-TiO_2 对 Cd^{2+}在磁化高岭土上吸附的促进作用在高温环境中更强，且这种促进作用仅出现在中性环境中。酸性环境中 H^+数量增多，Cd^{2+}和 n-TiO_2（$pH_{ZPC} = 4.5$）在磁化高岭土表面的吸附难度增大，因此 n-TiO_2 对 Cd^{2+}在磁化高岭土上的吸附表现为抑制作用。而高温环境中 n-TiO_2 在磁化高岭土上的吸附量减少，n-TiO_2 对磁化高岭土上吸附位点的竞争作用减弱，导致复合体系中 Cd^{2+}的吸附量大幅增加。

⑥ 磁化高岭土上 Cd^{2+}与 n-TiO_2 的共吸附行为与沸石存在差异。Cd^{2+}和 n-TiO_2 在沸石上的共吸附行为表现为拮抗作用，而在磁化高岭土上，n-TiO_2 促进了 Cd^{2+}的吸附，但 Cd^{2+}对 n-TiO_2 为抑制作用。这是由于 n-TiO_2 可以通过静电引力、氢键和孔径填充作用吸附于磁化高岭土上，n-TiO_2 吸附量明显高于沸石，被吸附的 n-TiO_2 为 Cd^{2+}提供的额外负电荷位点更多，因此复合体系中磁化高岭土上吸附的 Cd^{2+}数量增多。

第二节　n-TiO_2 及 TC 在正电荷黏土矿物表面的交互作用及机制

由第 5 章第一节的结果可知，Cd^{2+}和 n-TiO_2 在正电荷黏土矿物（磁化高岭土）表面的共吸附行为与负电荷黏土矿物（沸石）表面存在差异，这种差异源自磁化高岭土上 n-TiO_2 吸附方式的多样化。而对于不同污染物 Cd^{2+}和 TC，前文已经证实二者在同种固体表面的吸附方式及与 n-TiO_2 的共吸附行为存在差异。而对于正电荷黏土矿物表面，TC 与 n-TiO_2 之间的共吸附行为是否与 Cd^{2+}存在差异？这种差异是否与固体表面的电荷性质有关？

在本节中，以磁化高岭土模拟正电性黏土矿物表面，考察了单一 TC 和单一 n-TiO_2 体系中 TC 和 n-TiO_2 在磁化高岭土上的吸附行为差异、TC + n-TiO_2 复合体系中 TC 在 n-TiO_2 上的吸附行为、TC + n-TiO_2 复合体系中 TC 和 n-TiO_2 在磁化高岭土上的共吸附行为。采用条件实验考察了温度和初始 pH 值对 TC 和 n-TiO_2 在磁化高岭土上共吸附行为的影响。通过多种表征手段对单一和复合体系中吸附 TC 和 n-TiO_2 后的磁化高岭土的表面结构特性进行分析，并探讨了 TC 和 n-TiO_2 在磁化高岭土上的共吸附行为机制。通过对比沸石和磁化高岭土部分结果，探究固体表面电荷性质对 TC 和 n-TiO_2 共吸附行为的影响。通过对比 Cd^{2+} 和 TC 部分实验结果，探究不同污染物在正电荷黏土矿物表面的共吸附行为差异及机制。

一、研究方案的设计

高岭土的预处理和磁化高岭土的制备方法同第 5 章第一节。

二、研究方法

TC 及 n-TiO_2 吸附量的测定方法如下所述。

将单一 TC 体系中磁化高岭土对 TC 的吸附量记为 S-TC，将复合体系中 TC 的吸附量记为 C-TC，无磁化高岭土对照组中 TC 的吸附量记为 N-TC，单一 TC 体系中 TC 的脱附量记为 DS-TC，复合体系中 TC 的脱附量记为 DC-TC。待吸附达到平衡后，使用磁铁将磁化高岭土固定于离心管底部，取上层溶液或悬浮液离心（4500r/min，10min），使用紫外-可见分光光度计测定溶液或悬浮液中的 TC 浓度，并通过式(4-1)计算单一和复合体系中 TC 的吸附量及脱附量。

将单一 n-TiO_2 体系和 TC + n-TiO_2 复合体系中的 n-TiO_2 总吸附量分别记为 S-TiO_2 M1 和 C-TiO_2 M1。测定方法如下：待吸附达到平衡后，使用磁铁将磁化高岭土固定于离心管底部，取上层悬浮液于聚四氟乙烯坩埚中，用电热板（C-MB-400，上海舍岩仪器有限公司，中国）加热至溶液完全挥发，冷却至室温后加入 5mL 浓硫酸和 3mL 氢氟酸，电热板加热至产生白烟，冷却后将溶液转移至 25mL 比色管中，加入适量去离子水混匀，冷却后加入 3mL 过氧化氢并定容，使用紫外-可见分光光度计于 410nm 处测定吸光度，通过标准曲线得出 n-TiO_2 浓度，并计算 n-TiO_2 吸附量。

将单一和复合体系中脱附后磁化高岭土表面 n-TiO_2 的量定义为表面稳定吸附态 n-TiO_2 吸附量，分别记为 S-TiO_2 M2 和 C-TiO_2 M2。稳定吸附态 n-TiO_2 吸附量的测定方法如下：

待脱附实验完成后，使用磁铁将脱附后的磁化高岭土固定于聚四氟乙烯离心管底部，弃去悬浮液，重新加入适量去离子水，将脱附后的磁化高岭土完全转移至聚四氟乙烯坩埚中，加热蒸干坩埚中的水分，冷却至室温后加入 5mL 浓硫酸和 3mL 氢氟酸，加盖后于电热板（C-MB-400，上海舍岩仪器有限公司，中国）上加热消解至冒白烟，冷却至室温后将消解液转移至 25mL 比色管中，加入 10～15mL 去离子水，摇匀后静置待溶液冷却至室温后加入 3mL 过氧化氢显色，定容后摇匀在 410nm 处测定 Ti 含量，并根据式(5-1)计算 n-TiO_2 含量。所得 n-TiO_2 含量记为稳定吸附态 n-TiO_2 的吸附量。

吸附动力学模型、吸附等温模型、热力学模型及表征方法见第 4 章第一节。

三、研究结果与分析

（一）单一/复合体系中磁化高岭土对 TC 和 n-TiO_2 的吸附动力学实验结果

图 5-9 为单一/复合体系中磁化高岭土对 TC 和 n-TiO_2 的吸附动力学实验结果。实验结果表明，磁化高岭土对 TC 和 n-TiO_2 的吸附基本在 400min 内达到吸附平衡。因此后续吸附等温实验的吸附时间设定为 8h。

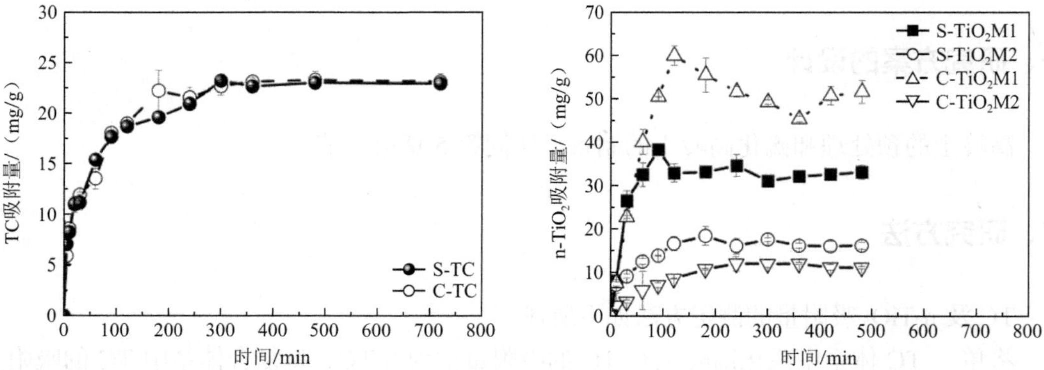

(a) TC　　(b) n-TiO_2

图 5-9　单一/复合体系中磁化高岭土对 TC 和 n-TiO_2 的吸附动力学实验结果

伪二级动力学模型拟合参数见表 5-6。单一 TC 体系（S-TC）中，磁化高岭土对 TC 的平衡吸附量（q_e）和吸附速率常数（k_2）分别为 23.98mg/g 和 9.39×10^{-2}g/(mg · h)。与 S-TC 体系相比，C-TC 的q_e和k_2分别增大到 24.25mg/g 和 9.49×10^{-2}g/(mg · h)。单一 n-TiO_2（S-TiO_2）体系中，S-TiO_2 M1 的q_e和k_2分别为 33.00mg/g 和 27.63×10^{-2}g/(mg · h)，S-TiO_2 M2 的q_e和k_2分别为 53.48mg/g 和 5.01×10^{-2}g/(mg · h)。与 S-TiO_2 M1 和 S-TiO_2 M2 相比，C-TiO_2 M1 和 C-TiO_2 M2 的k_2分别增大为 29.59×10^{-2}g/(mg · h)和 7.18×10^{-2}g/(mg · h)；q_e分别减小为 16.85mg/g 和 13.25mg/g。吸附动力学模型拟合结果证实，复合体系中的 n-TiO_2 会促进 TC 在磁化高岭土表面的吸附，而 TC 则会抑制 n-TiO_2 在磁化高岭土表面的吸附。

表 5-6　吸附动力学模型参数

样品	伪一级动力学模型			伪二级动力学模型			颗粒内扩散模型		
	q_e/（mg/g）	k_1/［10^{-2}g/(mg · h)］	R^2	q_e/（mg/g）	k_2/［10^{-2}g/(mg · h)］	R^2	k_{ip}/［mg/(g · min$^{1/2}$)］	c/（mg/L）	R^2
S-TC	3.04	0.0029	0.8921**	23.98	9.39	0.9979**	0.70	8.52	0.8449**
C-TC	2.91	0.0034	0.8116**	24.25	9.49	0.9979**	0.74	8.33	0.8188**

续表

样品	伪一级动力学模型			伪二级动力学模型			颗粒内扩散模型		
	q_e/（mg/g）	k_1/［10^{-2}g/(mg · h)］	R^2	q_e/（mg/g）	k_2/［10^{-2}g/(mg · h)］	R^2	k_{ip}/［mg/(g · min$^{1/2}$)］	c/（mg/L）	R^2
S-TiO_2 M1	3.18	0.0012	0.3302	33.00	27.63	0.9934**	0.94	15.90	0.4413
C-TiO_2 M1	2.47	0.0017	0.4990	16.85	29.59	0.9918**	1.78	17.82	0.5520
S-TiO_2 M2	4.30	0.0014	0.3753	53.48	5.01	0.9745**	0.51	6.67	0.6131*
C-TiO_2 M2	2.50	0.0037	0.5256	13.25	7.18	0.9739**	0.47	2.00	0.8050**

注：*表示达到显著水平，$p < 0.05$；**表示达到极显著水平，$p < 0.01$。下同。

（二）单一/复合体系中磁化高岭土对 TC 和 n-TiO_2 的吸附等温实验结果

单一和复合体系中磁化高岭土对 TC 和 n-TiO_2 的吸附等温实验结果见图 5-10。采用 Langmuir、Freundlich 和 Sips 模型对吸附结果进行拟合。

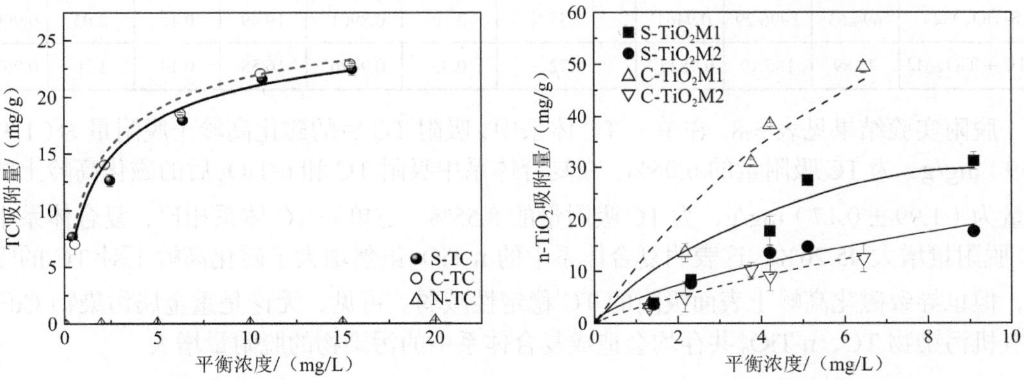

(a) TC　　(b) n-TiO_2

图 5-10　单一/复合体系中磁化高岭土吸附 TC 和 n-TiO_2 的吸附等温实验结果

对于 TC 来说，复合体系中 TC 吸附量（C-TC）大于单一 TC 体系中 TC 吸附量（S-TC），与 S-TC 相比，C-TC 最大吸附量由 22.46mg/g 增大为 22.95mg/g。在实验设定的初始浓度条件下，复合体系中 TC 吸附量平均增大 2.02%。

吸附动力学和吸附等温实验均证实复合体系中的 n-TiO_2 会促进 TC 在磁化高岭土表面的吸附。由图 5-10（a）可知，对照组 N-TC 平均吸附量为 0.09mg/g，最大吸附量仅为 0.30mg/g，可见 C-TC 的吸附量大于 S-TC 与 N-TC 之和。这表明共存的 n-TiO_2 可能与 TC 相结合，并一同吸附于磁化高岭土表面。

对于 n-TiO_2 来说，C-TiO_2 M1 和 C-TiO_2 M2 的最大吸附量分别为 49.42mg/g 和 12.71mg/g。与 S-TiO_2 M1 相比，C-TiO_2 M1 的最大吸附量增大 57.59%。而与 S-TiO_2 M2 相比，C-TiO_2 M2 的最大吸附量减少 29.07%。上述结果表明，复合体系中的 TC 会促进 n-TiO_2 在磁化高岭土表面的吸附，但稳定吸附态 n-TiO_2 的吸附量减少，与 Cd^{2+} 部分所得结果相同。

Langmuir、Freundlich 和 Sips 模型拟合结果见表 5-7，拟合所得决定系数分别 ≥ 0.8930*、≥ 0.8901* 和 ≥ 0.9635**，其中 Sips 模型拟合所得决定系数最大。Sips 模型拟合结果表明，TC 和 n-TiO_2 在磁化高岭土表面的吸附过程均为有限的不规则表面单层吸附。S-TC

的q_{mS}为 27.39mg/g，K_S为 0.36L/mg，γ为 0.40，而复合体系中 C-TC 的q_{mS}、K_S和γ分别增大为 29.08mg/g、0.49L/mg 和 0.75。这证实了复合体系中的 n-TiO_2不仅增大了磁化高岭土对 TC 的吸附量，同时还增大了磁化高岭土与 TC 之间的吸附亲和力。而由于颗粒状 n-TiO_2和有机相 TC 在磁化高岭土表面的吸附，磁化高岭土表面的均一性增强，与前文沸石和椰壳炭的结果相似。

表 5-7 吸附等温模型拟合参数

样品	Langmuir 模型			Freundlich 模型			Sips 模型			
	K_L/（L/mg）	q_{mL}/（mg/g）	R^2	K_F/［$mg^{1-1/n}$/($g \cdot L^{1/n}$)］	$1/n$/（g/L）	R^2	q_{mS}/（mg/g）	K_S/（L/mg）	γ	R^2
S-TC	1.31	20.37	0.9155*	9.82	0.31	0.9919**	27.39	0.36	0.40	0.9932**
C-TC	1.12	23.89	0.9956**	9.30	0.36	0.9557*	29.08	0.49	0.75	0.9968**
S-TiO_2 M1	0.08	35.71	0.9650**	1.64	1.16	0.9202*	35.36	0.04	2.48	0.9635**
C-TC + TiO_2 M1	0.17	14.16	0.8930*	1.62	1.66	0.9274*	59.19	0.04	2.67	0.9955**
S-TiO_2 M2	694.63	1996.29	0.9461*	2.57	2.10	0.8901*	19.49	0.12	2.05	0.9996**
C-TC + TiO_2 M2	75.89	185.19	0.9835**	1.72	0.83	0.9476*	16.58	0.14	1.70	0.9677**

脱附实验结果见表 5-8。在单一 TC 体系中，吸附 TC 后的磁化高岭土脱附量为（1.37 ± 0.39）mg/g，为 TC 吸附量的 6.06%。在复合体系中吸附 TC 和 n-TiO_2后的磁化高岭土的脱附量为（1.99 ± 0.17）mg/g，为 TC 吸附量的 8.55%。与单一 TC 体系相比，复合体系中的 TC 脱附量增大 45.26%。这表明复合体系中的 n-TiO_2虽然增大了磁化高岭土对 TC 的吸附量，但也导致磁化高岭土表面吸附的 TC 稳定性减弱。可见，无论是重金属污染物 Cd^{2+}还是有机污染物 TC，n-TiO_2共存均会造成复合体系中的污染物的脱附量增大。

表 5-8 单一/复合体系中 TC 脱附实验结果

样品	TC 吸附量/（mg/g）	TC 脱附量/（mg/g）	脱附率/%
DS-TC	22.65 ± 1.03	1.37 ± 0.39	6.06
DC-TC	23.24 ± 0.04	1.99 ± 0.17	8.55

注：脱附率（%）= TC 脱附量/TC 吸附量。

（三）单一/复合体系中 pH 值对磁化高岭土吸附 TC 和 n-TiO_2的影响

单一和复合体系中不同 pH 值条件对 TC 和 n-TiO_2吸附量的影响见图 5-11。对于 TC 来说［图 5-11（a）］，单一 TC 和 TC + n-TiO_2复合体系中的 TC 吸附量随 pH 值变化的规律基本相同，随着 pH 值增大，TC 吸附量均表现为先增大后减小。在单一 TC 体系中，在 pH = 3～4 范围内，TC 吸附量随 pH 值增大而增大，在 pH = 3 处 TC 的吸附量达到最大值。而当 pH > 3 后，TC 吸附量开始减小，pH > 8 后，TC 吸附量大幅减小。在 TC + n-TiO_2复合体系中，TC 吸附量在 pH = 3～6 范围内随 pH 值增大而增大，在 pH = 6 处吸附量达到最大值，pH > 6 后 TC 吸附量开始减小，并在 pH > 8 后大幅减小。随着 pH 值增大，单一 TC 体系中的 TC 吸附量与 TC + n-TiO_2复合体系中的 TC 吸附量之间的差值无明显统一的变化规律。

pH 值对 n-TiO_2吸附量的影响见图 5-11（b）。在 pH = 4～8 范围内，随着 pH 值增大，单一和复合体系中 n-TiO_2 的吸附量均表现为先增大后减小的趋势。n-TiO_2 的吸附量随 pH 值变化的规律与零电荷点的测定结果相吻合，经测定 n-TiO_2 的零电荷点为 pH = 5，磁化高岭土的零电荷点为 pH = 7。在 pH = 3～5 范围内，n-TiO_2 表面为正电性，此时磁化高岭土表面也为正电性，二者之间存在静电斥力；而在 pH = 5～7 范围内，n-TiO_2 表面为负电性，而磁化高岭土表面为正电性，二者之间存在静电引力；在 pH > 7 后，磁化高岭土和 n-TiO_2 表面均为负电性，二者之间出现静电斥力。因此，在 pH = 3～8 范围内，随着 pH 值增大，磁化高岭土与 n-TiO_2 之间由静电斥力逐渐转变为静电引力，最终又转变为静电斥力，n-TiO_2 吸附量表现为先增大后减小。而在 pH < 4 和 pH > 8 后，n-TiO_2 吸附量基本不存在，因此复合体系中 TC 对 n-TiO_2 吸附量的影响主要发生在中性环境中，这也证实了静电引力作用是 n-TiO_2 在磁化高岭土表面吸附的主要作用力。

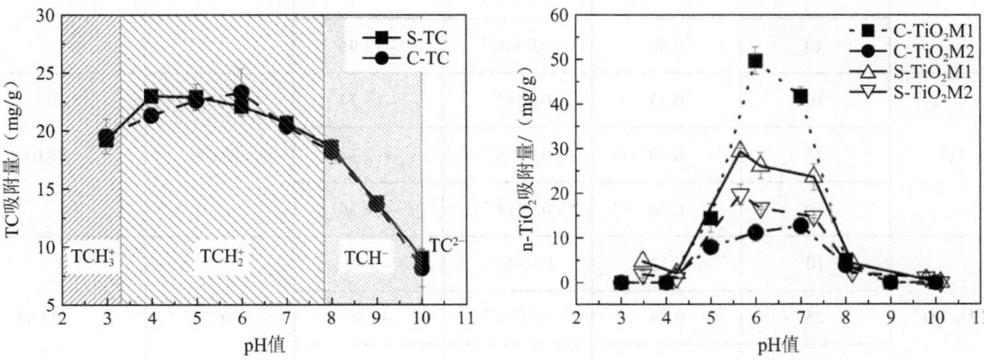

(a) TC　　(b) n-TiO_2

图 5-11　单一/复合体系中 pH 值对 TC 和 n-TiO_2 吸附量的影响

（四）单一/复合体系中温度对磁化高岭土吸附 TC 和 n-TiO_2 的影响

单一/复合体系中温度对 TC 和 n-TiO_2 吸附量的影响见图 5-12。对于 TC 来说，单一和复合体系中磁化高岭土对 TC 的吸附量均随温度升高而增大，表现出增温正效应。随着温度升高，与单一体系中的 TC 吸附量相比，复合体系中 TC 吸附量的增长量逐渐增大（由−0.22%增大为 8.13%），表明高温会促进 n-TiO_2 对 TC 吸附量的提升作用。而温度对单一和复合体系中 n-TiO_2 吸附量的影响均表现为增温负效应。

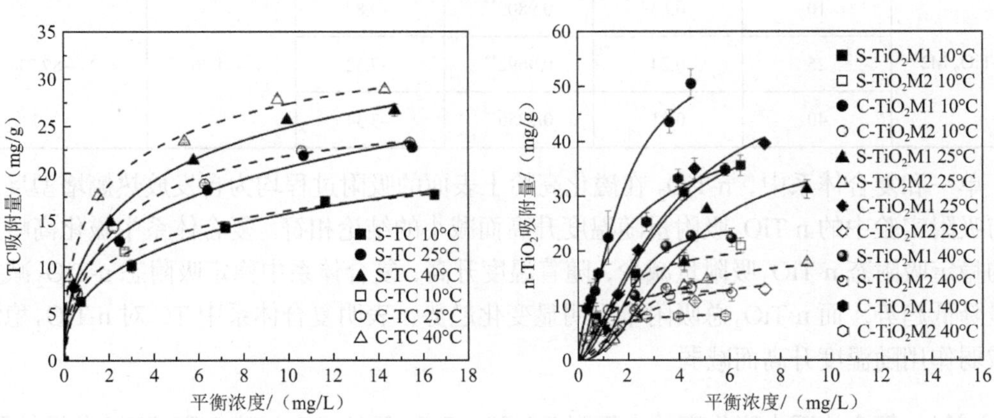

(a) TC　　(b) n-TiO_2

图 5-12　单一/复合体系中温度对 TC 和 n-TiO_2 吸附量的影响

通过 Sips 模型常数K_S计算而得的热力学参数见表 5-9。在单一 TC 和 TC + n-TiO_2 复合体系中，吉布斯自由能ΔG为负值，表明磁化高岭土对 TC 的吸附为自发过程；而吸附焓变值ΔH为正值，表明 TC 在磁化高岭土表面的吸附过程为吸热过程，因此 TC 在磁化高岭土表面的吸附作用力由物理、化学吸附过程组成；而熵变ΔS为正值则表明磁化高岭土表面吸附 TC 之后固-液界面的无序性增强。

表 5-9 单一/复合体系中 TC 和 n-TiO_2 的吸附热力学参数

样品	T/℃	K_S/（L/mg）	R^2	ΔG/（kJ/mol）	ΔH/（kJ/mol）	ΔS/［J/(K · mol)］
S-TC	10	0.28	0.9847**	−11.35	13.22	86.69
	25	0.36	0.9932**	−12.58		
	40	0.48	0.9908**	−13.96		
C-TC	10	0.33	0.9881**	−11.74	13.09	88.01
	25	0.49	0.9968**	−13.34		
	40	0.56	0.9914**	−14.36		
S-TiO_2 M1	10	0.12	0.9746**	−5.32	−26.76	−74.95
	25	0.04	0.9635**	−4.89		
	40	0.04	0.9689**	−3.03		
S-TiO_2 M2	10	0.22	0.9836**	−6.75	−15.13	−30.36
	25	0.12	0.9996**	−5.60		
	40	0.12	0.9686**	−5.89		
C-TiO_2 M1	10	0.45	0.9903**	−8.43	−2.12	19.09
	25	0.13	0.9992**	−5.80		
	40	0.43	0.9884**	−9.21		
C-TiO_2 M2	10	0.83	0.9809**	−9.87	−34.20	−87.27
	25	0.24	0.9692**	−7.32		
	40	0.21	0.9956**	−7.34		

单一和复合体系中，n-TiO_2 在磁化高岭土表面的吸附过程均为自发放热熵增型反应。这与吸附实验中的 n-TiO_2 吸附量随温度升高而减小的结论相符。复合体系中磁化高岭土表面的稳定吸附态 n-TiO_2 吸附量减少，随着温度升高，复合体系中稳定吸附态 n-TiO_2 减少幅度呈降低趋势，而 n-TiO_2 总吸附量无明显变化趋势，表明复合体系中 TC 对 n-TiO_2 稳定性的减弱作用随温度升高而减弱。

（五）单一/复合体系中磁化高岭土吸附 TC 和 n-TiO_2 后的 SEM-EDS 和 TEM 分析结果

通过 SEM-EDS（扫描电镜能谱仪）分析吸附前后磁化高岭土的表面形貌和元素含量变

化（图 5-13）。在单一 TC 体系中吸附 TC 后，磁化高岭土表面更加平滑，松散程度减小，EDS 结果表明吸附后磁化高岭土的 N 含量由 1.34%增至 1.69%。这是由于 TC 吸附于磁化高岭土表面，有机相在磁化高岭土表面的包裹造成磁化高岭土表面松散程度减小，同时 TC 含有的NH_2^+增大了磁化高岭土中的 N 含量。在单一 n-TiO_2 体系中吸附 n-TiO_2 后，磁化高岭土表面出现了规则的球状颗粒，球状颗粒粒径 $<$ 20nm，同时吸附 n-TiO_2 后的磁化高岭土的 Ti 和 O 含量分别由 0.14%和 29.30%增加到 1.76%和 33.91%。这证实了 n-TiO_2 在磁化高岭土表面的吸附。

而在 TC + n-TiO_2 复合体系中吸附 TC 和 n-TiO_2 后，磁化高岭土表面 Ti 和 N 含量大幅增大，分别由 0.14%和 1.34%增加到 3.95%和 2.30%。复合体系中 Ti 和 N 元素含量的增大幅度大于单一 TC 和单一 n-TiO_2 体系，表明相较于单一 TC 和单一 n-TiO_2 体系，在复合体系中磁化高岭土表面吸附了更多的 TC 和 n-TiO_2。而由 EDS 面扫描结果可以看出，吸附 TC 和 n-TiO_2 后，N 和 Ti 元素均匀分布在磁化高岭土表面。这表明被吸附的 TC 和 n-TiO_2 均匀分布在磁化高岭土表面。

将在 TC + n-TiO_2 复合体系中吸附后的磁化高岭土进行脱附，脱附后的磁化高岭土的 SEM-EDS 结果见图 5-13（e）。脱附后磁化高岭土表面 Ti 元素含量由 3.95%减小到 0.49%，脱附后磁化高岭土表面 Ti 元素含量仍高于原始磁化高岭土（0.14%）。这表明脱附后磁化高岭土表面仍存在部分 n-TiO_2，这部分 n-TiO_2 较为稳定，不易脱附。脱附后磁化高岭土表面 N 元素含量由 2.30%减小为 1.49%，减小幅度小于 Ti 元素，说明磁化高岭土表面被吸附的 TC 与 n-TiO_2 相比更为稳定，同时部分 TC 可能与 n-TiO_2 一同由磁化高岭土表面脱附。

TEM 图像证实了磁铁矿在高岭土表面成功负载，由图 5-13（f）、（g）可以看出，磁化高岭土表面磁铁矿为棱角分明的长方体形状，而复合体系中吸附 TC 和 n-TiO_2 后的磁化高岭土表面出现了粒径较小的球状颗粒及有机相的包裹现象，均证实了 TC 和 n-TiO_2 在磁化高岭土表面的吸附。而高分辨率图像则证实了在有机相中存在规则的球形颗粒，证实了磁化高岭土表面存在 TC-n-TiO_2 结合体。而从图 5-13（f）中可以观察到，被包裹在有机相中的 n-TiO_2 与磁化高岭土表面之间存在空隙，表明在 n-TiO_2 与磁化高岭土之间存在有机相 TC，即 TC 桥联了 n-TiO_2 与磁化高岭土。

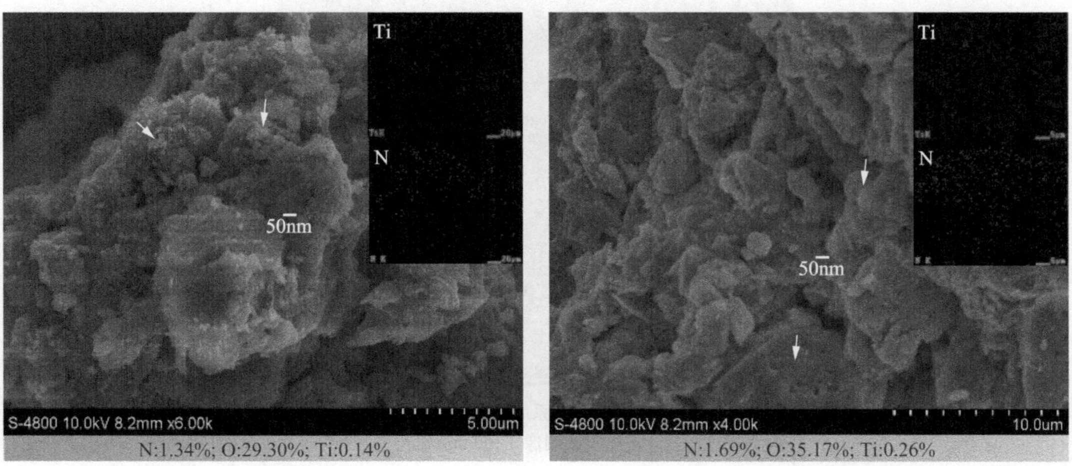

(a) 原始磁化高岭土　　(b) 单一 TC 体系中吸附 TC 后

图 5-13

(c) 单一 n-TiO_2 体系中吸附 n-TiO_2 后

(d) TC + n-TiO_2 复合体系中
同时吸附 TC 和 n-TiO_2 后

(e) 脱附后的磁化高岭土（同时吸附 TC 和 n-TiO_2）

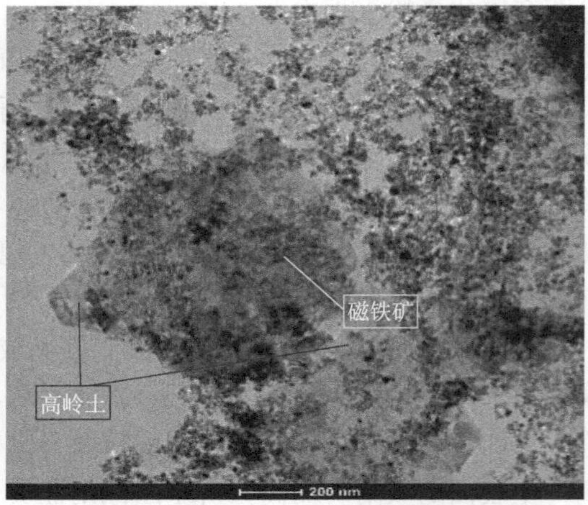

(f) 磁化高岭土在复合体系中吸附 TC 和 n-TiO_2 后的
透射电镜图像（200nm）

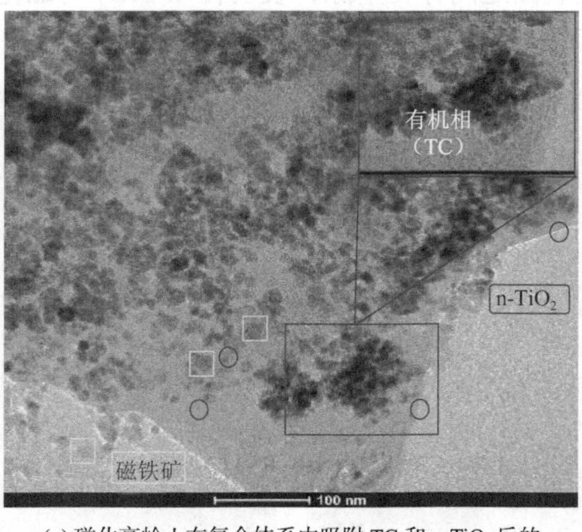

(g) 磁化高岭土在复合体系中吸附 TC 和 n-TiO_2 后的
透射电镜图像（100nm）

图 5-13　磁化高岭土吸附后的 SEM-EDS 和 TEM 图像

插图为 EDS 的 Ti 元素及 N 元素的面扫描结果，各样品的元素含量（%，质量分数）列于图片下方

（六）单一/复合体系中磁化高岭土吸附 TC 和 n-TiO_2 后的 CEC、AEC、S_{BET} 和孔径分布结果

单一/复合体系中磁化高岭土吸附前后的氮气吸附-脱附等温线及孔径分布结果见图 5-14。孔径分布结果［图 5-14（b）］表明，磁化高岭土表面孔径分布范围较广（10～100nm）。在单一 TC 体系中吸附 TC 后，磁化高岭土上大孔分布范围变化幅度较小，0～10nm 范围内分布减少，证实了 TC 对磁化高岭土表面微孔结构的填充作用。而在单一 n-TiO_2 体系中吸附 n-TiO_2 后，磁化高岭土孔径分布变化主要发生在 20～50nm 范围内，表明 n-TiO_2 主要填充并影响磁化高岭土上的大孔结构。而在 TC + n-TiO_2 复合体系中同时吸附 TC 和 n-TiO_2 后，磁化高岭土孔径在微孔范围内分布减少，大孔范围内分布增多，证实了复合体系中 TC 和 n-TiO_2 一同吸附于磁化高岭土孔隙结构中。

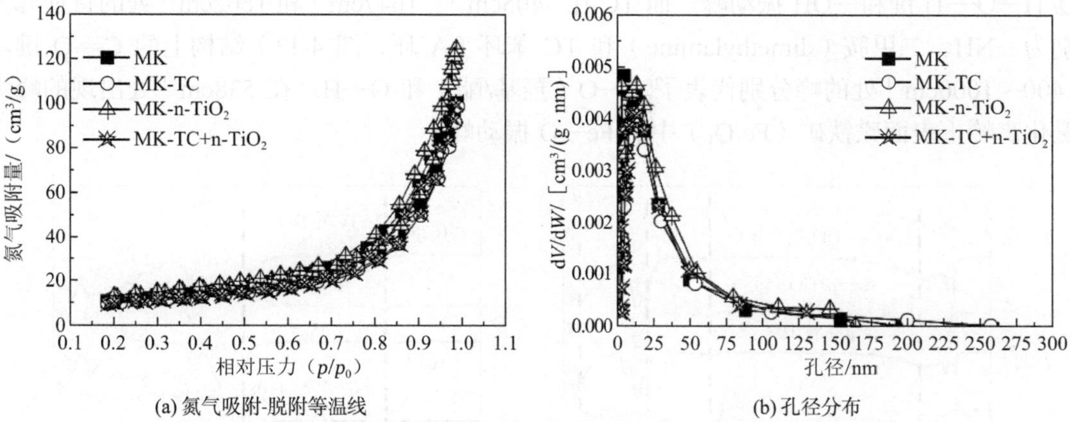

图 5-14　磁化高岭土吸附后的氮气吸附-脱附等温线及孔径分布

磁化高岭土吸附后的 CEC、AEC、比表面积（S_{BET}）和孔径结果见表 5-10。与原始磁化高岭土相比，在单一 TC 体系中吸附 TC 后的磁化高岭土的 CEC 和比表面积分别由 219.8mmol/kg 和 38.80m^2/g 减小为 201.5mmol/kg 和 34.45m^2/g，孔径由 14.40nm 增大为 16.82nm。这证实了 TC 吸附于磁化高岭土表面会消耗磁化高岭土表面部分负电荷点位，同时有机相 TC 在磁化高岭土表面的包裹，造成磁化高岭土表面微孔数量减少、比表面积减小、孔径增大。

表 5-10　单一/复合体系中磁化高岭土吸附后的 CEC、AEC、S_{BET} 及孔径

样品	MK	MK-TC	MK-TiO_2	MK-TC + TiO_2
阳离子交换量 CEC/（mmol/kg）	219.8	201.5	287.3	225.0
阴离子交换量 AEC/（mmol / kg）	493.6	408.8	338.9	394.5
比表面积 S_{BET}/（m^2/g）	38.80	35.45	43.03	34.86
孔径/nm	14.40	16.82	17.24	18.63

而在 TC + n-TiO_2 复合体系中同时吸附 TC 和 n-TiO_2 后，磁化高岭土的比表面积和 CEC

分别为 225.0mmol/kg 和 $34.86m^2/g$。复合体系中吸附后磁化高岭土（MK-TC + TiO_2）的 CEC 大于原始磁化高岭土，但小于单一 n-TiO_2 体系中吸附后的磁化高岭土（MK-TiO_2）。与单一 TC 体系中仅吸附 TC 的磁化高岭土相比，复合体系中吸附后磁化高岭土的比表面积减小 1.69%。这可能是复合体系中的 TC 在磁化高岭土和 n-TiO_2 表面的包裹作用，造成了磁化高岭土表面微孔结构减少，磁化高岭土和 n-TiO_2 表面部分负电荷位点被消耗或掩盖，导致复合体系中 CEC 和比表面积减小。而与单一 TC 体系相比，复合体系中的减小幅度更大，说明复合体系中磁化高岭土表面吸附的 TC 数量大于单一 TC 体系。

（七）单一/复合体系中磁化高岭土吸附 TC 和 n-TiO_2 后的 FT-IR 分析结果

单一和复合体系中磁化高岭土吸附 TC 和 n-TiO_2 后的 FT-IR 结果如图 5-15 所示（书后另见彩图）。锐钛矿 n-TiO_2 分别在 700～$500cm^{-1}$ 和 $1637cm^{-1}$ 处有两个特征峰，分别是 Ti—O/Ti—O—Ti 键和—OH 振动峰。而 TC 在 $3405cm^{-1}$、$1647cm^{-1}$ 和 $1602cm^{-1}$ 处的特征峰分别为—NH、二甲胺（dimethylamine）和 TC 苯环（A 环，图 4-13）结构上的 C═O 键。1400～$1000cm^{-1}$ 处的峰分别代表了 C—O（羟基/酯）和 O—H。在 $538cm^{-1}$ 处出现的峰为磁化高岭土表面磁铁矿（Fe_xO_y）中的 Fe—O 振动峰。

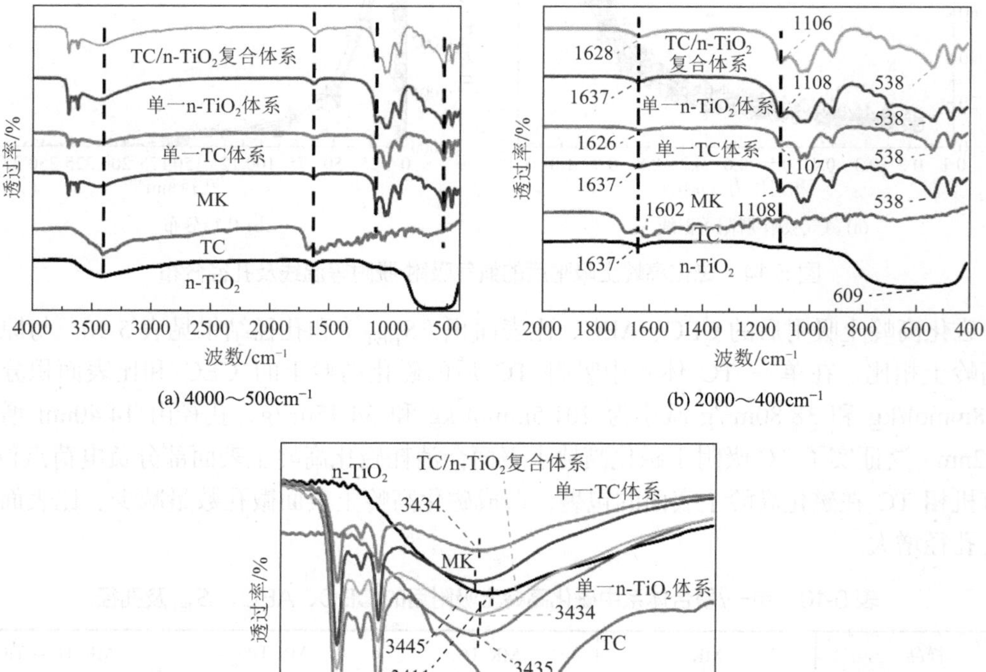

图 5-15 单一和复合体系中磁化高岭土吸附后的 FT-IR 图谱

当磁化高岭土在单一 TC 体系中吸附 TC 后，原始磁化高岭土位于 $1637cm^{-1}$ 处的特征峰偏移至 $1626cm^{-1}$ 处，证实了 TC 苯环结构中的 C═O 作为 π 电子受体与磁化高岭土表面

的 π 电子供体 C═O 通过 π-π 键相互作用相结合；原始磁化高岭土的羟基峰（3445cm^{-1}）移动至 3434cm^{-1}，证实 TC 分子中的—NH_2 通过静电引力作用与磁化高岭土表面的—OH 相结合；而 1108cm^{-1} 处的 C—OH 峰移动至 1107cm^{-1} 处，证实 TC 与磁化高岭土之间存在氢键作用。上述结果证实，TC 主要通过氢键作用、静电引力作用和 π-π 键相互作用与磁化高岭土相结合。

磁化高岭土在 TC + n-TiO_2 复合体系中吸附 TC 和 n-TiO_2 后，原始磁化高岭土位于 1637cm^{-1} 处的 C═O 峰偏移至 1628cm^{-1} 处，移动幅度小于单一 TC 体系，而在 1108cm^{-1} 处的 C—OH 峰偏移至 1106cm^{-1}，移动幅度大于单一 TC 体系；3445cm^{-1} 处的羟基峰移动至 3434cm^{-1} 处，移动幅度小于单一 n-TiO_2 体系。上述结果证实复合体系中 TC 与磁化高岭土之间的 π-π 键相互作用、n-TiO_2 与磁化高岭土之间的氢键作用受到抑制，同时磁化高岭土表面出现更多的氢键。这可能是复合体系中磁化高岭土表面吸附的 n-TiO_2 掩盖了部分磁化高岭土表面 C═O 键，造成 TC 与磁化高岭土之间的 π-π 键相互作用被抑制，而被吸附的 n-TiO_2 表面携带的—OH 又为 TC 提供了新的氢键结合位点，造成磁化高岭土表面氢键数量增加。而复合体系中的 TC 对磁化高岭土表面的包裹作用，造成磁化高岭土表面部分静电引力吸附位点被掩盖，导致 n-TiO_2 与磁化高岭土之间的静电引力作用被抑制。

而磁化高岭土表面的 Fe—O 峰在单一或复合体系中吸附 TC 和 n-TiO_2 后均未发生偏移，证实磁化高岭土表面的 Fe—O 键没有与 TC 或 n-TiO_2 发生化学反应。

（八）TC + n-TiO_2 复合体系中磁化高岭土吸附 TC 和 n-TiO_2 后的 XPS 分析结果

为了进一步探明 TC 和 n-TiO_2 在磁化高岭土表面的吸附机理，对 TC + n-TiO_2 复合体系中吸附后的磁化高岭土进行了 XPS 分析（图 5-16）。在 TC + n-TiO_2 复合体系中吸附完 TC 和 n-TiO_2 后，磁化高岭土全扫描图中出现 Ti 2p（图 5-16），证实了 n-TiO_2 在磁化高岭土表面的吸附。而吸附后谱图中 N 1s 峰不明显，可能是磁化高岭土表面吸附 TC 量较少、N 元素含量较低所致。

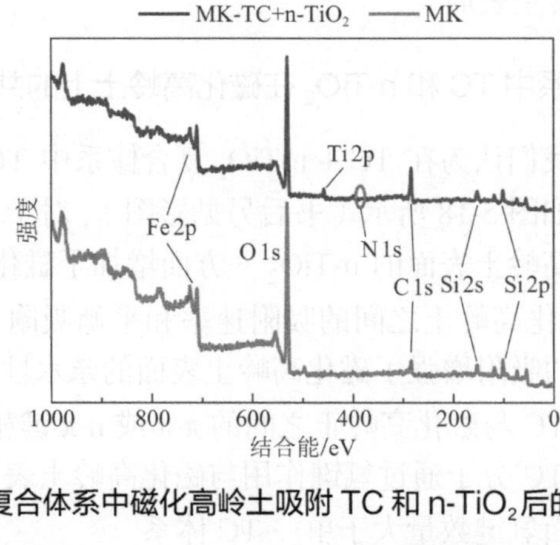

图 5-16　复合体系中磁化高岭土吸附 TC 和 n-TiO_2 后的 XPS 谱图

复合体系中磁化高岭土吸附 TC 和 n-TiO_2 后的高分辨率 C 1s 谱图如图 5-17 所示。位于 283.8eV 处的 C═C/C—C 峰在吸附完成后峰面积由 36.64%增大为 51.63%，峰位置未发生变化；而 284.7eV 处的 C—O 峰位移至 285.2eV，峰面积由 56.13%减小为 45.44%；288.3eV 处的 C═O 峰位移至 285.8eV，峰面积由 7.22%减小为 2.92%。而磁化高岭土吸附前后的高分辨率 O 1s 谱图（图 5-17）显示，O—H 峰由 531.8eV 偏移至 531.9eV，峰面积由 83.39% 减小为 70.74%；Fe—O 峰的峰面积由 16.61%减小为 14.97%。

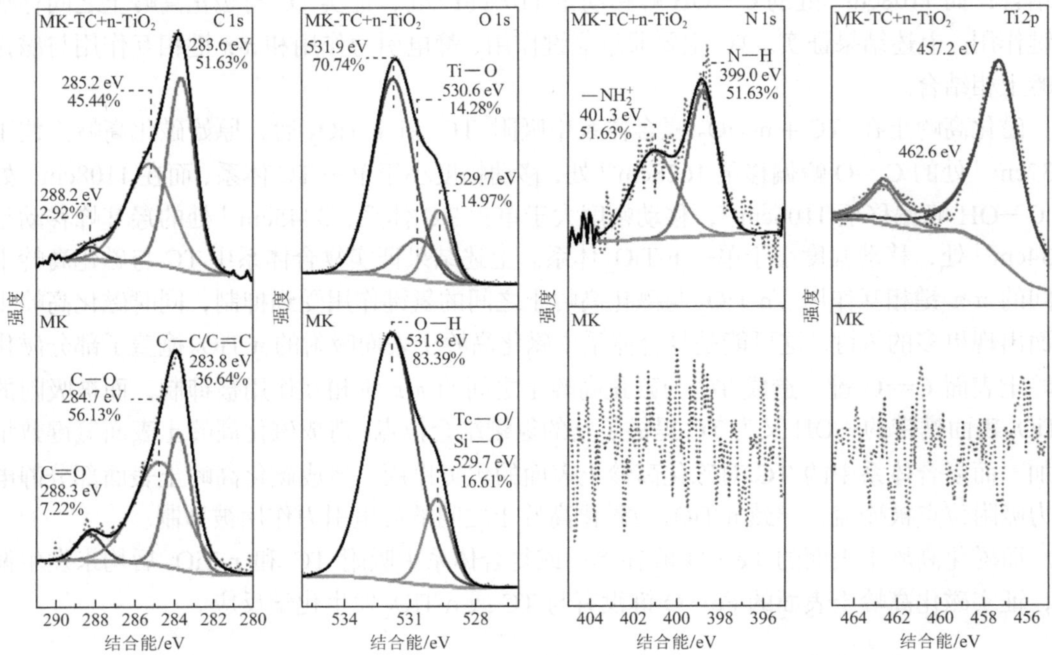

(a) C 1s　(b) O 1s　(c) N 1s　(d) Ti 2p

图 5-17　复合体系中磁化高岭土吸附 TC 和 n-TiO_2 后的高分辨率 XPS 谱图

C 1s 和 O 1s 高分辨率谱图证实，磁化高岭土在复合体系中吸附 TC 和 n-TiO_2 后，表面 C═O 和 C—O 键被消耗，这是由 TC 与磁化高岭土之间的 π-π 或 n-π 键相互作用导致的。而 Fe—O 峰面积减小、C—OH 峰面积增大，则是吸附于磁化高岭土表面的 n-TiO_2 提供了更多的—OH 和 Ti—O 键所致。而高分辨率 N 1s 和 Ti 2p 谱图证实了复合体系中 TC 和 n-TiO_2 同时吸附于磁化高岭土表面。

（九）TC + n-TiO_2 复合体系中 TC 和 n-TiO_2 在磁化高岭土上的共吸附行为机制

结合上述实验结果，我们认为在 TC + n-TiO_2 复合体系中 TC 和 n-TiO_2 在磁化高岭土表面的环境化学行为机制如图 5-18 所示（书后另见彩图）。对于 TC 来说，在 TC + n-TiO_2 复合体系中，吸附于磁化高岭土表面的 n-TiO_2 一方面增加了磁化高岭土表面的—OH 和负电荷数量，导致 TC 与磁化高岭土之间的吸附速率和平衡吸附量增大；另一方面亲水性 n-TiO_2 在磁化高岭土表面的吸附增强了磁化高岭土表面的亲水性，抑制了 TC 在磁化高岭土表面的分配吸附作用及 TC 与磁化高岭土之间的 π-π 或 n-π 键相互作用，导致磁化高岭土表面异质性增强，而部分 TC 分子通过氢键作用与磁化高岭土表面的 n-TiO_2 相结合，造成复合体系中磁化高岭土表面氢键数量大于单一 TC 体系。

对于 n-TiO_2 来说，单一 n-TiO_2 和 TC + n-TiO_2 复合体系中的 n-TiO_2 均通过静电引力作用吸附于磁化高岭土表面。而在复合体系中，磁化高岭土表面稳定吸附态 n-TiO_2 理论最大吸附量 q_{mS} 减小 14.93%，同时 TC 脱附量增大 45.26%。这表明一部分 TC 通过氢键结合在被吸附的不稳定态 n-TiO_2 表面，并随着 n-TiO_2 一同脱附，重新进入环境。而磁化高岭土表面被吸附 n-TiO_2 稳定性减弱则是由于 TC 吸附于 n-TiO_2 表面后会减弱磁化高岭土与 n-TiO_2 之间的静电引力作用，研究同样证实了这种 TC 对 n-TiO_2 的作用。此外，有机相在磁化高岭土表面的吸附还会包裹和掩盖部分静电引力吸附位点。因此，与单一 TC 体系相比，虽然复合体系中存在的 n-TiO_2 为 TC 提供了新的氢键吸附位点，小幅增大了 TC 的吸附量（2.02%），但复合体系中部分 TC 吸附于 n-TiO_2 表面，而 TC 的存在造成磁化高岭土表面吸附的 n-TiO_2 稳定性减弱，最终导致 TC 和 n-TiO_2 更容易从磁化高岭土表面脱附，重新进入环境。

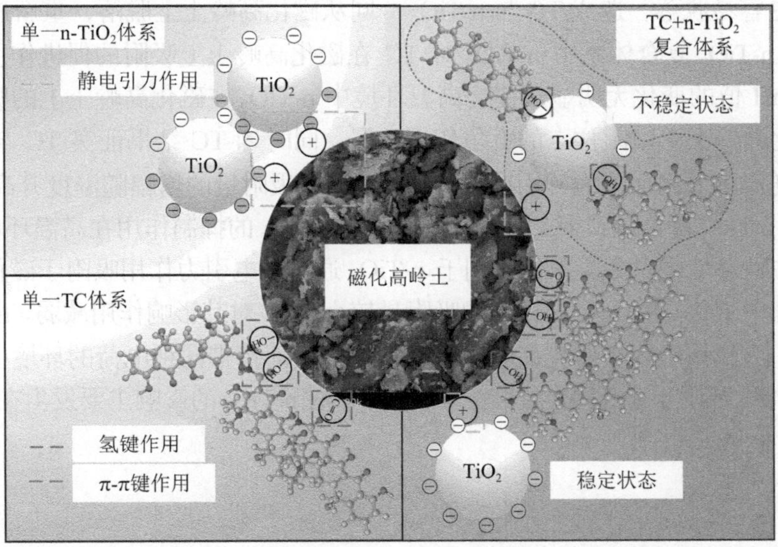

图 5-18　TC + n-TiO_2 复合体系中 TC 和 n-TiO_2 在磁化高岭土表面的共吸附行为机制

（十）小结

本节采用 TC 和 n-TiO_2 作为典型重金属污染物和纳米材料，考察了 TC 和 n-TiO_2 在正电荷黏土矿物（磁化高岭土）上的共吸附行为，并通过多种表征方式对吸附前后磁化高岭土表面结构、形貌、元素组成、官能团组成及电荷性质进行了表征，对比了单一和复合体系中磁化高岭土吸附 TC 和 n-TiO_2 前后的表征差异，探讨了 TC + n-TiO_2 复合体系中 TC 和 n-TiO_2 在磁化高岭土上的共吸附行为机制。主要结论如下。

① TC + n-TiO_2 复合体系中的 n-TiO_2 会抑制 TC 在磁化高岭土上孔径填充和 π-π 键相互作用。S_{BET}结果证实 n-TiO_2 在磁化高岭土上的吸附会填充磁化高岭土上的部分大孔结构，抑制 TC 在磁化高岭土大孔结构中的孔径填充作用，FT-IR 结果证实 n-TiO_2 在磁化高岭土上的吸附会减弱 TC 与磁化高岭土之间的 π-π 键相互作用。

② TC + n-TiO_2 复合体系中稳定吸附态 n-TiO_2 在磁化高岭土上的吸附被 TC 抑制。表征结果证实，磁化高岭土表面以大孔结构为主，同时具有少量微孔结构，与沸石类似。SEM 和S_{BET}结果证实，复合体系中的 TC 会填充磁化高岭土上的部分孔隙结构，造成磁化高岭土的比表面积减小，此外 TC 还会造成磁化高岭土表面吸附的 n-TiO_2 团聚体的体积减小。这就导致磁化高岭土表面和孔隙中的稳定吸附态的 n-TiO_2 数量减少，因此复合体系中稳定吸附态 n-TiO_2 的吸附量减小。

③ 复合体系中磁化高岭土表面存在 TC 和 n-TiO_2 的结合体，TC 和 n-TiO_2 之间可以通

过氢键作用相结合。结合前文沸石及椰壳炭中的结果和无磁化高岭土对照组及 FT-IR 分析结果，复合体系中被吸附于磁化高岭土上的 n-TiO_2 会为 TC 提供新的氢键吸附位点(—OH)，复合体系中的 TC 可以通过氢键作用吸附于磁化高岭土表面的 n-TiO_2 上，这是造成复合体系中 TC 吸附量增大的原因。

④ 与单一 TC 体系相比，TC + n-TiO_2 复合体系中 TC 的脱附量增大。复合体系中吸附于磁化高岭土上的 n-TiO_2 为 TC 提供了额外的氢键吸附位点，但吸附于 n-TiO_2 上的 TC 会造成 n-TiO_2 与磁化高岭土之间的静电引力作用减弱，使得磁化高岭土上被吸附的 n-TiO_2 稳定性降低，更容易脱落，造成 TC 与 n-TiO_2 一同从磁化高岭土上脱落，重新进入环境中。

⑤ TC + n-TiO_2 复合体系中 n-TiO_2 对 TC 在磁化高岭土上吸附的促进作用在高温环境中更强，随 pH 值的变化无明显规律。高温环境中 n-TiO_2 在磁化高岭土上的吸附量减少，n-TiO_2 对磁化高岭土上吸附位点的竞争作用减弱，同时 N-TC 结果证实 TC 与 n-TiO_2 之间的相互作用随温度升高而增大，因此复合体系中 TC 吸附量的增幅随温度升高而增大。

⑥ TC + n-TiO_2 复合体系中 TC 对稳定吸附态 n-TiO_2 的抑制作用在高温环境中减弱，且主要发生在中性环境中。高温条件不利于 n-TiO_2 通过静电引力作用吸附于磁化高岭土上，因此高温环境中磁化高岭土上 n-TiO_2 的吸附量较小，TC 对其影响作用减弱。由于 n-TiO_2 主要通过静电引力作用吸附于磁化高岭土上，在二者表面携带同种电荷的环境中（酸性和碱性），n-TiO_2 难以吸附于磁化高岭土上。因此，TC 对 n-TiO_2 的影响主要发生在中性环境中。

第6章

未来发展

第一节　研究背景与核心挑战

一、纳米二氧化钛环境应用的技术优势与全球治理需求

在全球工业化进程加速的背景下，新污染物排放导致的环境问题呈现多介质复合污染的特征。世界卫生组织数据显示，全球每年因水污染引发的疾病负担占总疾病负担的16%，空气中细颗粒物（$PM_{2.5}$）年均浓度超标地区覆盖全球60%的人口，土壤重金属污染影响超过15%的耕地面积。传统环境治理技术在应对低浓度、难降解污染物时面临效率瓶颈，而纳米材料的出现为突破这一困境提供了新路径。作为纳米材料家族中的明星成员，纳米二氧化钛（TiO_2）以其独特的物理化学性质构建了环境修复的技术优势矩阵。

（一）光催化反应的量子效率优势

锐钛矿型纳米TiO_2在紫外光激发下（$\lambda < 387nm$），价带电子跃迁产生的光生空穴（h^+）氧化电位可达3.0V，足以氧化90%以上的有机污染物（如苯系物氧化电位为2.0～2.5V）。实验室数据表明，50nm粒径的TiO_2对甲基橙的光降解速率常数为0.08，是块体材料的8倍。这种尺寸效应带来的比表面积提升（$100m^2/g$以上）使单位质量材料的反应活性位点增加3个数量级。

（二）环境相容性与功能可调性

通过表面羟基化改性，纳米TiO_2在水体中的分散稳定性提升40%（Zeta电位从+20mV调节至−30mV），可适应pH＝4～10的广泛水质条件。生物安全性评价显示，粒径＞100nm的TiO_2颗粒在哺乳动物细胞中的摄取率低于5%，远低于碳纳米管等材料的细胞毒性阈值。这种独特的“环境友好，功能可调”特性，使其在饮用水深度处理（去除痕量农药残留）、室内空气净化（降解甲醛至$0.01mg/m^3$以下）、污染土壤修复（促进多环芳烃的光降

解矿化）等场景中展现出工程应用潜力。

（三）技术经济性优势

相较于传统催化材料（如贵金属催化剂成本 > 10 万元/吨），纳米 TiO_2 的工业化生产成本已降至 5000 元/吨以下。以处理 1t 含酚废水为例，TiO_2 光催化工艺的能耗为 1.2kWh，仅为臭氧氧化法的 1/3，且无二次污染物生成。联合国环境规划署（UNEP）2024 年报告指出，全球纳米环境技术市场中 TiO_2 相关应用占比达 45%，年增长率保持在 18%以上，成为支撑绿色技术转型的核心材料。

二、环境介质复杂性的多维度解析

（一）污染物的多元异构特性

① 有机污染物的分子多样性挑战。以抗生素类污染物为例，四环素类药物（如四环素 TC、金霉素 CTC）的分子结构中含有多个共轭双键和羟基基团，在纳米 TiO_2 表面的吸附呈现 pH 依赖性：当 $pH < 3.3$（TC 等电点）时，质子化氨基（$—NH_3^+$）与 TiO_2 表面羟基（—OH）形成氢键吸附；当 $pH > 7.4$ 时，去质子化羧基（$—COO^-$）与带正电的 TiO_2 表面（等电点 6.8）发生静电排斥。这种分子形态的转变导致 TC 的光降解速率在 $pH = 5$ 时比 $pH = 9$ 时快 2.3 倍。更复杂的是，新污染物如磺胺类药物（SMX）与天然有机质（DOM）形成的配合物，会占据 TiO_2 表面 50%～70%的活性位点，使实际水体中的降解效率下降 60%以上。

② 重金属离子的价态与配位化学。Cr(Ⅵ)在酸性条件下以 $Cr_2O_7^{2-}$ 形态存在，易被 TiO_2 光生电子还原为 Cr(Ⅲ)（还原电位 1.33V），而 As(Ⅲ)在中性水体中以 H_3AsO_3 分子形态吸附，需先被氧化为 As(V)（氧化电位 0.56V）才能有效去除。同步辐射 XAFS（X 射线吸收精细结构）分析显示，Hg^{2+} 在锐钛矿（101）晶面的吸附存在两种配位模式：低浓度时（< 10μmol/L）形成单齿单核配位（Hg—O 键长 2.05Å），高浓度时转化为双齿双核配位（键长 2.12Å）。这种配位结构变化使 Hg^{2+} 的光催化还原速率呈现非线性变化。

（二）纳米二氧化钛的材料参数空间

① 晶型差异引发的反应路径分异。金红石型 TiO_2 的光生载流子复合速率（寿命 < 10ns）是锐钛矿型（寿命 > 100ns）的 10 倍以上，但前者的电子迁移率［$10cm^2/(V \cdot s)$］是后者的 3 倍，导致金红石型在还原反应［如 Cr(Ⅵ)去除］中表现更优，而锐钛矿型在氧化反应（如苯酚降解）中效率更高。板钛矿型作为亚稳态晶型，其（201）晶面的氧空位浓度比锐钛矿高 30%，可增强对 NO_x 的吸附活化能力。

② 表面功能化的界面效应。氨基修饰（$—NH_2$）使 TiO_2 表面电荷从正电转为负电（zeta 电位为−40mV），对带负电的染料分子（如刚果红）的吸附容量提升至 150mg/g，而羧基修饰（—COOH）可通过形成 Ti—O—C 键增强对重金属离子的螯合能力（如 Pb^{2+} 吸附量从 30mg/g 增至 80mg/g）。最新研究发现，表面接枝二氧化硅壳层（5nm 厚度）可将 TiO_2 在海水中的溶解速率从 10μg/(L · d)降至 1μg/(L · d)，显著提升材料稳定性。

（三）动态环境因子的耦合作用机制

① 多场协同的动力学影响温度变化。通过阿伦尼乌斯（Arrhenius）方程影响反应速率：当水温从10℃升至30℃时，TiO_2光催化降解甲苯的速率常数从0.02增至0.06，活化能约为25kJ/mol。光照条件的复杂性更甚：紫外光（UVC，200～280nm）直接激发TiO_2价带电子，而可见光（400～700nm）需通过掺杂改性（如N掺杂使带隙降至2.7eV）才能响应，此时光生载流子产率仅为紫外光的15%～20%，但通过构建异质结（如$TiO_2/g\text{-}C_3N_4$）可将量子效率提升至35%。

② 天然有机质的双重作用。腐殖酸（HA）作为DOM的主要成分，在低浓度（< 10mg/L）时通过光敏化作用（三线态HA传递能量）提升TiO_2的可见光响应，使双酚A降解效率提高20%；但高浓度（> 50mg/L）时，HA分子在TiO_2表面形成物理屏障，遮蔽活性位点，导致降解效率下降40%。这种“浓度阈值效应”与HA的分子量分布（< 1000的小分子促进反应，> 10000的大分子抑制反应）密切相关。

③ 离子强度的胶体化学效应。当水体中Ca^{2+}浓度超过5mmol/L时，纳米TiO_2的团聚速率常数从$0.1s^{-1}$增至$0.5s^{-1}$，平均粒径从50nm增长至200nm，比表面积下降60%，导致对疏水性污染物（如菲）的吸附能力下降35%。海水环境中（离子强度0.6mol/L），高浓度Na^+通过压缩双电层（从100nm至10nm）使TiO_2的分散稳定性降低70%，但Mg^{2+}和HCO_3^-形成的微沉淀（$MgCO_3$）可在TiO_2表面形成保护膜，减缓光腐蚀速率（25%）。

三、现有研究范式的局限性分析

（一）单一体系研究的外推风险

实验室常用的“单一纳米材料-单一污染物-恒定条件”研究模式，与实际环境存在三重差异。

① 污染物复杂性外推偏差：标准溶液中苯酚的TiO_2光降解速率为0.1mg/L，但在含5种共存有机物的工业废水中，因竞争吸附和自由基猝灭，实际速率降至0.03mg/L，现有动力学模型预测误差达±40%。

② 材料多态性忽略：市售纳米TiO_2产品的粒径分布（10～100nm）和晶型混杂（锐钛矿/金红石 = 7∶3），导致比表面积和活性位点密度的实测值与理论值偏差达20%～30%，而多数研究采用单分散模型材料（如P25），忽略了工业级材料的多态性影响。

③ 环境因子动态性缺失：模拟日光照射时，现有研究多采用恒定光强（如$100mW/cm^2$），但自然光照存在光强波动（$0～1000mW/cm^2$）和昼夜节律，导致光生载流子的产生-复合过程呈现周期性变化，这种动态效应使污染物去除效率的日变化幅度可达±50%。

（二）界面作用机制的认知缺口

① 多污染物协同反应路径不明。当抗生素与重金属共存时，可能发生吸附位点竞争-反应中间体猝灭-氧化还原循环干扰三重作用。四环素与Cu^{2+}在TiO_2表面的吸附竞争使前者的降解速率下降30%，同时Cu^{2+}的光还原产物Cu^0会捕获光生电子（捕获效率为40%），抑制·OH自由基生成。这种跨类污染物的交互作用机制，在现有研究中仅针对10%左右

的典型组合（如 TC-Cu^{2+}、SMX-Pb^{2+}）开展过研究，对数千种实际共存污染物的作用网络仍属未知。

② 纳米材料老化行为的环境响应。在环境中迁移过程中，纳米 TiO_2 会发生光老化（光照导致表面羟基损失 15%～20%）、生物老化（微生物分泌的胞外聚合物包裹使活性位点减少 30%）和化学老化（硫化物反应生成 TiS_2 钝化层）。例如，在污水处理厂的活性污泥中，经过 7 天停留的 TiO_2 颗粒表面羧基含量下降 50%，对磺胺甲噁唑的吸附能力丧失 40%，这种老化效应导致现有技术寿命评估模型（基于新鲜材料数据）存在显著误差。

（三）分析检测技术的瓶颈制约

① 纳米材料环境行为的精准表征难题。现有检测技术在解析纳米 TiO_2 的“环境形态”时面临多重挑战：单颗粒 ICP-MS（电感耦合等离子体质谱法）虽能测定颗粒浓度（检测限 10^7 颗粒/L），但无法区分团聚体与分散颗粒；透射电镜（TEM）制样过程中的干燥效应会改变颗粒的实际分散状态（误差达±20%）；X 射线光电子能谱（XPS）的表面灵敏度（探测深度为 5～10nm）难以反映颗粒内部的元素分布（如掺杂元素的晶内扩散）。

② 微量污染物界面反应的原位监测。对于浓度低于 10μg/L 的新污染物（如全氟辛酸 PFOA），传统色谱检测（HPLC-MS/MS，高效液相色谱串联质谱）的前处理过程（固相萃取）会引入±15%的回收率误差，而原位光谱技术（如表面增强拉曼光谱 SERS）受限于纳米 TiO_2 自身的荧光干扰，检测信噪比低于 3∶1。这种检测瓶颈导致对低浓度污染物的界面反应动力学研究数据匮乏。

四、复杂性研究的方法论突破方向

（一）多维度实验体系的构建

① 梯度复杂系统实验平台。建立“基础体系（单一污染物）→简化体系（3～5 种污染物）→复杂体系（实际环境样本）”的三级实验架构，如在人工配水中逐步添加 DOM（5～50mg/L）、重金属（1～100μmol/L）、表面活性剂（1～100mg/L），构建污染物复杂度指数（PCI），量化交互作用强度与 PCI 的相关性（$R^2 > 0.85$）。

② 动态环境因子模拟技术。开发多场耦合反应装置，实现温度（±0.1℃精度）、光照（波长 200～800nm 可调，光强波动±5%）、pH 值（自动滴定控制±0.05 单位）的实时动态调控，模拟季风气候区的昼夜温差（15℃日较差）、雨季旱季的 pH 值骤变（±2 单位）等真实场景，获取动态条件下的反应动力学数据。

（二）跨尺度表征技术的整合

① 微观结构解析技术。同步辐射 X 射线吸收近边结构（XANES）结合分子动力学模拟（MD），可在 0.1nm 精度解析污染物分子在 TiO_2 表面的吸附构型［如苯环与（101）面的夹角为 30°±5°］；高分辨扫描透射电镜（STEM-HAADF）配合电子能量损失谱（EELS），能定位单个重金属离子（如 As^{3+}）在 TiO_2 晶格中的替位缺陷位置（精度达 0.05nm）。

② 宏观效应评估技术。生态微宇宙（ecological microcosm）实验中，通过植入生物传

感器（如发光细菌毒性仪、藻类荧光监测仪），实时记录纳米 TiO_2 与污染物交互作用对生态系统的级联效应。当 TiO_2 浓度超过 50μg/L 时，水溞的心跳频率下降 10%，进而导致初级生产力（藻类生物量）下降 15%。这种跨营养级的效应传递机制需通过结构方程模型（SEM）进行量化解析。

（三）数据驱动的模型化研究

① 机器学习预测模型。利用随机森林算法整合 1000 余组实验数据（包括材料参数 20 多项、环境因子 15 项、反应结果 5 项），构建纳米 TiO_2 界面反应预测模型，对未知污染物组合的去除效率预测准确率可达 82%，显著优于传统动力学模型（$R^2 = 0.65$）。特征重要性分析显示，表面羟基密度（占比 35%）、污染物分子极性（25%）、离子强度（20%）是影响反应效率的关键参数。

② 多物理场耦合模型。基于 COMSOL Multiphysics 建立纳米 TiO_2 环境过程的三维数值模型，耦合光吸收（朗伯-比尔定律）、载流子迁移（漂移-扩散方程）、污染物传质（纳维-斯托克斯方程）和表面反应动力学（朗缪尔-欣谢尔伍德模型），模拟光反应器内的流场分布对 TiO_2 团聚行为的影响，优化反应器设计使传质效率提升 20%。

纳米二氧化钛与环境污染物的界面交互作用，本质上是一个多变量、多尺度、非线性的复杂系统问题。现有研究的局限性，恰是未来突破的科学增长点。当务之急是构建“材料特性-环境因子-污染物行为”的三维关联数据库，开发融合实验表征、理论计算、数值模拟的一体化研究平台。随着同步辐射技术、单细胞测序技术、机器学习算法的深度介入，我们有望在未来 5～10 年内实现从“简化体系认知”到“复杂系统调控”的范式转变，为纳米材料的环境安全应用奠定坚实的科学基础。这一过程不仅需要环境科学与材料科学的深度交叉，更需借助数据科学的力量，在纷繁复杂的变量中提炼出普适性规律，最终实现对纳米二氧化钛环境行为的精准预测与定向调控。

第二节　基础研究深化：从微观机制到多尺度耦合

一、复杂环境下交互作用机制的深度解析

（一）吸附位点竞争的分子作用机制

在实际地表水体中，抗生素与重金属的复合污染已成为典型问题。以四环素类抗生素（TC）与 Cu^{2+} 的共存体系为例，纳米 TiO_2 表面的羟基基团（—OH）构成了核心反应界面。TC 分子结构中的酰胺基（—CONH—）和烯醇羟基（—C═COH）在 $pH < 6.8$ 时带正电，通过氢键（O—H···O）与 TiO_2 表面羟基形成双齿配位吸附；而 Cu^{2+} 则通过配体交换反应，与表面羟基形成单齿或双齿配位键（Ti—O—Cu）。这种竞争吸附导致两类污染物的吸附等温线呈现显著差异：Langmuir 模型拟合显示，TC 的单分子吸附能为 12.5kJ/mol，而 Cu^{2+} 的吸附能达 18.2kJ/mol，表明重金属离子对活性位点的占据具有热力学优势。

当 TC 与 Cu^{2+} 浓度比为 1∶1（均为 50μmol）时，TiO_2 对 TC 的光降解效率从单一体系

的 75%骤降至 45%～50%，反应速率常数k从 0.06 降至 0.035。通过表面羟基化改性（如 NaOH 溶液处理），TiO_2表面羟基密度从 2.3 个/nm^2提升至 5.8 个/nm^2，比表面积从 85m^2/g增至 120m^2/g，此时 TC 的降解效率可恢复至 65%～70%，证明吸附位点数量是缓解竞争效应的关键因素。更复杂的竞争体系如磺胺甲噁唑（SMX）与Pb^{2+}共存时，SMX 的噻唑环结构与Pb^{2+}的二价阳离子形成离子-π相互作用，导致两者在TiO_2（101）晶面的共吸附能比单一吸附高 3.2kJ/mol，形成协同占据活性位点的现象，使 SMX 的光降解中间产物（如对氨基苯磺酸）积累量增加 40%。

（二）反应路径的交叉干扰效应

光生载流子的选择性消耗。纳米TiO_2光催化过程中，光生电子（e^-）和空穴（h^+）的分配决定了反应路径。在Cu^{2+}/TC 共存体系中，Cu^{2+}/Cu^0的标准还原电位（0.34V）低于 TC 的降解电位（1.2V），导致光生电子优先还原Cu^{2+}（量子效率分配比为 6∶4），使参与 TC 氧化的·OH 自由基产量减少 30%。电子自旋共振（ESR）检测显示，单一 TC 体系中·OH 信号强度为 500，共存体系中降至 350，而·O_2^-信号（源于电子与O_2反应）增强 25%，表明载流子流向发生显著改变。

中间产物的二次反应。重金属离子的还原产物可能引发新的反应路径。例如，Cr(Ⅵ)被还原生成的 Cr(Ⅲ)会在TiO_2表面形成羟基配合物［$Cr(OH)_2^+$］，其水解产物可与 TC 的降解中间产物（如 2-氨基苯二甲酸）形成稳定螯合物，导致 TOC 矿化率从单一体系的 60%降至 45%。更值得关注的是，抗生素降解产生的含氮中间产物（如亚硝胺类）与Hg^{2+}共存时，会在TiO_2表面发生光催化硝化反应，生成具有强致癌性的亚硝基化合物，其生成速率比单一体系提升 2 倍，揭示了复合污染可能引发的次生风险。

（三）配位构型与晶型依赖性的量子化学解析

同步辐射 XAFS 技术对Cu^{2+}在TiO_2表面的配位结构解析显示，在锐钛矿（101）面主要形成平面四边形配位（Cu—O 键长 2.01Å，配位数 4），而在金红石（110）面则倾向于八面体配位（键长 2.09Å，配位数 6）。DFT（密度泛函理论）计算表明，这种配位差异导致Cu^{2+}在锐钛矿表面的吸附能（−2.1eV）比金红石表面（−1.8eV）高 0.3eV，解释了为何锐钛矿型TiO_2对Cu^{2+}的吸附能力更强（吸附容量为 35mg/g）。表面修饰剂的引入可调控配位构型：当TiO_2表面接枝乙二胺（EDA）后，Cu^{2+}与 EDA 的氨基形成螯合配位（五配位结构），吸附能提升至−2.5eV，同时 TC 的吸附位点从羟基转向 EDA 的亚氨基，实现两类污染物的空间分离吸附，降解效率恢复至单一体系的 90%。这种分子层面的精准调控，为解决多污染物竞争问题提供了新思路。

二、动态环境因子的时序性影响机制

（一）温度波动的动力学效应

温度对纳米TiO_2光催化反应的影响遵循阿伦尼乌斯定律，其活化能分布在 20～40kJ/mol 区间。以苯酚降解为例，当水温从 10℃升至 30℃时，反应速率常数k从 0.015 增至 0.05，对应的活化能为 32kJ/mol。昼夜温差（如夏季日间 25℃/夜间 15℃）导致反应速率呈现正弦曲线变化，夜间速率仅为日间的 60%，这种周期性波动使实际水体处理中污染物去除效率的日均值比恒温条件下降 15%～20%。

温度还影响纳米 TiO_2 的团聚行为：当水温低于 15℃时，颗粒布朗运动减弱，zeta 电位绝对值（−35mV）较高，分散性良好；但当温度升至 30℃以上时，离子热运动加剧，双电层压缩，团聚速率常数从 0.2 增至 1.0，平均粒径从 60nm 增至 150nm，比表面积下降 40%，导致对疏水性污染物（如菲）的吸附能力下降 30%。这种温度-分散性-反应效率的连锁效应，在河流季节性治理中需重点考量。

（二）pH 值骤变的界面电荷调控

纳米 TiO_2 的等电点约为 6.8，pH 值的动态变化直接调控表面电荷状态。当 pH < 6.8 时（如酸雨导致水体 pH 值骤降至 5.0），表面质子化形成 $Ti—OH_2^+$，对带负电的污染物（如 SMX，$pK_a = 5.7$，pH = 5 时约 50%离子化）的静电排斥减弱，吸附容量从 10mg/g 增至 20mg/g；而当 pH > 6.8 时（如碱性工业废水排放导致 pH 值升至 9.0），表面去质子化形成 $Ti—O^-$，增强对阳离子污染物（如亚甲基蓝，MB）的静电吸引，吸附量从 50mg/g 增至 80mg/g。

这种电荷变化对反应路径的影响更为显著：在酸性条件下（pH = 5），TC 以两性离子形态存在，与 TiO_2 表面的氢键作用主导，光降解主要通过 h^+直接氧化；而在碱性条件下（pH = 9），TC 以阴离子形态存在，静电排斥导致吸附量下降，但此时 ·OH 自由基生成量增加（O_2 溶解度提升 20%），降解路径转为以自由基氧化为主导（贡献率 80%）。pH 值骤变（如 1h 内 pH 值从 6 升至 8）会引发表面电荷的非平衡状态，形成瞬时高活性位点（如带正电的 Ti^{3+}缺陷），使短时间内的降解速率提升 1.5 倍，但 2h 后因电荷重新平衡，速率回归稳态。

（三）氧化还原电位（Eh）的反应路径切换

Eh 的动态变化（范围−500mV～1200mV）决定了纳米 TiO_2 的氧化还原反应倾向：在好氧条件下（Eh > 400mV），光生空穴主导反应，优先氧化有机污染物（如苯酚→CO_2）；而在厌氧条件下（Eh < −200mV），光生电子累积，触发还原反应，如 Cr(Ⅵ)→Cr(Ⅲ)（还原效率提升 50%，30min 内去除率从 40%升至 90%）。这种路径切换与污染物的氧化还原电位密切相关：当 Eh 介于 0～200mV 时（如地下水环境），同时存在氧化（·OH 生成）和还原（金属离子还原）反应，形成竞争机制。

Eh 还影响纳米 TiO_2 的表面态分布：低 Eh 条件下（如稻田厌氧层），TiO_2 表面形成氧空位浓度增加 30%，氧空位作为电子捕获中心，延长载流子寿命，促进 Cr(Ⅵ)的分步还原。

（四）多因子耦合的协同增强效应

实际环境中，温度、pH 值、光照、Eh 常呈现联动变化，如夏季暴雨过程中，水温从 30℃骤降至 20℃，pH 值从 7.0 降至 5.5，光照强度从 800mW/cm² 降至 200mW/cm²，Eh 从 300mV 升至 450mV。这种多因子耦合对纳米 TiO_2 性能的影响远非单一因子效应的简单叠加：低温（20℃）与低 pH 值（5.5）协同使 TiO_2 表面正电荷增强，对 SMX 的吸附量提升 20%，但弱光照（200mW/cm²）导致载流子产量下降，最终降解效率仅为单一适宜条件

（30℃，pH = 7，800mW/cm^2）的 60%。

通过响应面法（RSM）对四因子（温度、pH 值、光强、Eh）的交互作用进行分析，温度与光强的交互效应最显著（F值为 25.3），表现为高温下光强对反应速率的促进作用增强；而 pH 值与 Eh 的交互作用（F值 为 18.7）主要体现在表面电荷与氧化还原反应的协同上，当 pH > 7 且 Eh > 400mV 时，形成"强氧化-高静电排斥"条件，导致阳离子污染物去除效率下降 30%。这种复杂的耦合效应，要求未来研究必须突破单因子分析范式，建立多变量动态模型。

三、机制解析的技术前沿与挑战

（一）原位动态表征技术

时间分辨光谱技术可捕捉光生载流子的迁移过程，发现温度升高时载流子迁移速率从 1×10^5cm/s 增至 2×10^5cm/s，直接解释了动力学增强效应。原位 AFM（原子力显微镜）在液体环境下的观测显示，pH 值骤变时 TiO_2 表面纳米结构发生可逆膨胀（体积变化率 5%～10%），导致吸附位点空间分布改变，这是传统离线表征无法捕捉的动态过程。

（二）跨尺度建模方法

分子动力学模拟（MD）结合密度泛函理论（DFT），可在原子尺度解析温度对吸附构型的影响：30℃时 TC 分子在 TiO_2 表面的吸附倾角为 45°，而 15℃时变为 30°，导致反应活性位点暴露量差异。宏观尺度的传递-反应模型（如考虑湍流扩散的 CFD 模型）显示，动态温度场下反应器内的 TiO_2 颗粒分布均匀性下降 15%，需通过搅拌速率优化（从 200r/min 增至 300r/min）来维持处理效率。

（三）研究瓶颈与未来方向

当前研究仍存在三大挑战：多污染物体系中未知交互作用（如三嗪类农药与稀土离子的共存效应）占比超过 80%，缺乏系统性研究；动态环境因子的高频变化（如秒级光照波动）对载流子寿命的影响机制尚不明确；原位表征技术的空间分辨率（目前约 10nm）仍难以解析单个活性位点的动态行为。

未来需构建"高通量实验-多尺度模拟-机器学习"的整合研究平台，实现从机制解析到工程应用的跨越式发展。

四、多尺度研究体系的构建与整合

（一）微观尺度：分子-原子层面的作用机理解析

在纳米二氧化钛（TiO_2）与污染物交互作用的微观世界中，物质间的相互作用以原子键合、电子转移和分子构型变化为核心，构成了复杂环境行为的基础。扫描隧道显微镜（STM）在超高真空环境下（10^{-9}Pa）可实现亚纳米级分辨率，直接观测到苯甲酸分子在 TiO_2（101）晶面的吸附取向。当表面羟基密度为 2.0 个/nm^2 时，苯甲酸通过羧基与羟基形成氢键，呈现平面吸附（分子平面与晶面夹角 < 15°），吸附能为−0.85eV；而当羟基密度降至 0.5 个/nm^2，分子转为垂直吸附（夹角 > 70°），吸附能降至−0.52eV，揭示了表面官能团分布对吸附模式的精准调控。

高分辨透射电子显微镜（HRTEM）结合能量色散 X 射线光谱（EDS）可定位重金属离子在 TiO_2 晶格中的掺杂位点。以 As^{3+}为例，在锐钛矿（101）晶面，As^{3+}通过取代 Ti^{4+}形成替位缺陷，导致晶格参数发生 0.3%的畸变（*a*轴从 3.78Å 增至 3.80Å），这种结构变化通过 EDS 的 Ti/As 元素面扫描（分辨率 5nm）清晰呈现。分子动力学模拟（MD）进一步量化了羟基密度对吸附能的影响：当羟基密度从 0.5 个/nm^2 增至 8.0 个/nm^2，对硝基苯酚的吸附能从−0.6kcal/mol 增至−2.1kcal/mol，每增加 1 个羟基，吸附能平均增加 0.25kcal/mol，符合 Langmuir 吸附模型的预测。

量子力学计算（DFT）在解析光催化反应路径中发挥关键作用。以·OH 自由基降解苯酚为例，计算显示亲电加成路径（攻击苯环 C—OH 对位）的活化能为 12.5kcal/mol，而氢提取路径（夺取酚羟基氢）的活化能为 15.8kcal/mol，因此亲电加成是主导反应路径，与原位红外光谱检测到的中间产物（对苯二酚）分布一致。当 TiO_2 表面存在氧空位时，·OH 的生成能从 2.3eV 降至 1.8eV，反应速率提升 3 倍，揭示了缺陷工程对催化活性的增强机制。

（二）介观尺度：颗粒-团聚体的行为特征与环境响应

介观尺度（1nm～10μm）是连接微观分子作用与宏观环境行为的桥梁，纳米 TiO_2 的团聚-分散行为在此尺度中呈现复杂的胶体化学特征。在水体中，初始粒径为 10nm 的 TiO_2 颗粒在 Ca^{2+}浓度 > 10mmol/L 时，因双电层压缩（zeta 电位从−35mV 升至−15mV），团聚速率常数从 0.1s 增至 0.3s，平均粒径在 30min 内从 50nm 增长至 200nm。动态光散射（DLS）可实时监测粒径分布变化（分辨率 1nm），结合 zeta 电位测试（精度±1mV），发现腐殖酸（HA）浓度 > 10mg/L 时，通过静电排斥（zeta 电位降至−45mV）和空间位阻效应，使 TiO_2 的团聚临界浓度（CCC）从 5mmol/L 提升至 20mmol/L，形成稳定胶体。

介观模型构建基于 DLVO（Derjaguin-Landau-Verwey-Overbeek）理论，该理论整合分子间作用力和双电层排斥能，可预测不同水体环境下的分散-团聚平衡。结合团聚动力学方程，可推算纳米 TiO_2 在土壤孔隙中的运移距离：在低离子强度（1mmol/L）的沙质土壤中，运移距离可达 20cm（孔隙度 0.35），而在高离子强度（50mmol/L）的黏土中仅为 5cm，与土柱穿透实验结果一致。

表面修饰技术在介观尺度调控中至关重要。当 TiO_2 表面接枝聚乙烯醇（PVA，分子量为 10000）后，空间位阻层厚度达 5nm，使团聚活化能从 15kJ/mol 增至 30kJ/mol，在硬水（Ca^{2+} = 50mmol/L）中的分散稳定性提升 4 倍，为设计抗团聚型环境修复材料提供了理论依据。

（三）宏观尺度：生态系统层面的效应评估与风险预测

宏观尺度研究聚焦纳米 TiO_2 在生态系统中的级联效应，通过中宇宙实验（mesocosm）和生态模型实现从生物个体到流域尺度的风险评估。在淡水 mesocosm 系统（体积 100L）中，当 TiO_2 浓度 > 100μg/L 时，小球藻（*Chlorella vulgaris*）的叶绿素 a 含量在 7d 内下降 20%，光合作用效率从 0.75 降至 0.60，透射电镜观察显示叶绿体类囊体结构出现肿胀（膜间距从 30nm 增至 50nm）。对斑马鱼（*Danio rerio*）的 28d 慢性暴露实验表明，肝脏组织中的丙二醛（MDA）含量升高 35%，超氧化物歧化酶（SOD）活性下降 25%，实时定量 PCR（聚合酶链反应）检测到抗氧化基因（cat、sod1）表达量上调 1.8 倍，揭示氧化应激是主要的毒性机制。

生态模型 FATE 整合了纳米材料的环境归趋（迁移、转化、降解）与生物效应数据。以长江中下游典型湖泊（太湖）为例，模型输入参数包括 TiO_2 排放源（污水处理厂尾水，10kg/d）、水动力条件（流速 0.1m/s）、沉积物特征（有机质含量 2%）。模拟结果显示，夏季丰水期湖体中 TiO_2 的稳态浓度为 50（表层水）～200μg/L（底层水），沉积物中累积量达 10mg/kg，超过藻类生长抑制阈值（EC_{50} = 150μg/L）的区域占湖区面积的 12%。基于物种敏感性分布（SSD）模型，推导得出 TiO_2 的环境安全阈值为 80μg/L，为制定地表水质量标准提供了科学依据。

跨尺度关联研究揭示了微观机制向宏观效应的传递路径：TiO_2 表面羟基密度（微观）影响对藻细胞表面多糖的吸附亲和力（介观），进而导致细胞膜完整性破坏（宏观毒性）。通过结构方程模型（SEM）量化这种跨尺度效应，发现羟基密度每增加 1 个/nm^2，藻细胞吸附量提升 15%，最终导致叶绿素含量下降 5%。

五、环境风险评估与管理：从科学认知到政策实践

（一）风险评估体系的科学化构建

① 多维度风险评估指标体系。物理化学特性（粒径、晶型、表面电荷、溶解度）决定纳米 TiO_2 的环境行为（如粒径 $<$ 50nm 易通过生物膜屏障，表面正电荷增强与带负电生物分子的相互作用），暴露特征（环境浓度、暴露途径、持续时间）影响风险水平（如大气中纳米 TiO_2 浓度 $>$ 50μg/m^3 时增加呼吸系统暴露风险），生物效应（细胞毒性、遗传毒性、生态毒性）需结合分子生物学技术（如彗星试验、qPCR 检测基因表达变化）进行评估。联合毒性研究发现，纳米 TiO_2 与表面活性剂（如十二烷基磺酸钠 SDS）共存时，对藻类的毒性效应呈现协同增强。

② 先进检测技术与数据整合。单颗粒电感耦合等离子体质谱（SP-ICP-MS）可精确测定环境介质中纳米 TiO_2 的浓度（检测限低至 10^7 颗粒/L）、粒径分布（10～500nm）和溶解态钛含量，激光诱导击穿光谱（LIBS）可实现对土壤中纳米 TiO_2 的原位检测（检测深度达 5cm）。基于机器学习的风险预测模型（如随机森林、神经网络）整合多源数据（材料特性、环境参数、生物响应），可将风险评估准确率从 60%提升至 85%。

（二）环境管理策略的系统化实施

① 分级分类监管框架。参照欧盟 REACH 法规（《关于化学品注册、评估、许可和限制的法规》）和美国 EPA（环境保护署）的纳米材料管理指南，建立纳米 TiO_2 的生产登记制度（要求申报粒径、表面修饰剂、年产量）、使用许可制度（限制在饮用水处理中的最大允许浓度为 50μg/L）和排放清单制度（工业废水排放前需去除 90%以上的纳米颗粒）。针对不同应用场景（水处理、空气净化、农业喷施）制定差异化标准，如农业领域规定纳米 TiO_2 喷施浓度不得超过 100mg/kg 土壤，避免对土壤微生物群落造成负面影响（如固氮菌数量

下降率 > 20%)。

② 全过程监控与应急响应。建立国家级纳米材料环境监测网络，在典型流域（如太湖、珠江三角洲）和城市大气监测点部署自动采样设备，实时监控纳米 TiO_2 的浓度动态（时间分辨率为 1h）和形态变化（如团聚体比例、表面电荷波动）。开发应急处理技术包，针对突发泄漏事件（如运输过程中纳米 TiO_2 粉末泄漏），可采用生物可降解聚合物（如壳聚糖）进行絮凝沉降，处理效率达 95%以上，同时避免二次污染。

六、跨学科协同与人才培养：破解交叉领域研究瓶颈

（一）复合型人才培养体系的构建

针对纳米材料环境效应研究的多学科属性，高校应打破传统学科壁垒，设立“纳米材料与环境交叉科学”本科及研究生专业。该专业以材料科学（占比 30%）、环境科学与工程（30%）、生物医学（20%）、数据科学（20%）为四大支柱，构建“三维一体”课程体系。基础理论模块：开设“纳米材料合成化学”“环境界面化学”“生态毒理学基础”“计算材料学导论”等课程，打通材料制备与环境效应的基础认知；技术方法模块：设置“多尺度表征技术”（涵盖 TEM/SEM/ICP-MS 等十多种检测技术）“环境数值模拟”（含 COMSOL/EFDC 等建模工具）“机器学习与环境数据分析”等课程，培养跨尺度研究能力；应用实践模块：开发“纳米环境技术工程化设计”“环境风险评估与管理”“绿色纳米技术创新”等案例课程，引入太湖蓝藻治理、工业废水深度处理等真实工程案例。

建设“纳米环境行为模拟平台”与“多尺度分析测试中心”两大核心平台。模拟平台：配备多场耦合反应装置、生态微宇宙系统，支持从纳米颗粒分散行为到生态系统级联效应的全链条实验；测试中心：整合同步辐射 XAFS（探测原子配位结构）、单颗粒 ICP-MS、流式细胞仪等高端设备，实现从 1nm（原子尺度）到 10m（流域模型）的跨尺度表征。

推行“问题导向学习（PBL）+ 项目制研究（PR）”双轨模式。本科阶段：设置“纳米 TiO_2 去除水中抗生素的效能优化”等跨学科项目，学生需组队完成材料合成（材料组）、毒性测试（生物组）、工艺设计（工程组），培养团队协作与系统思维；研究生阶段：实施“双导师制”，校内导师（环境科学背景）与企业导师（纳米材料工程师）共同指导“工业废水处理中纳米材料的规模化应用”课题，要求同时产出学术论文（如“环境科学与技术”）与工程技术方案（如专利申报）。

（二）产学研用深度融合的培养路径

与行业龙头企业共建三类实践基地。纳米材料制备基地：学生参与绿色合成工艺优化，掌握工业化生产中的粒径控制、表面修饰等关键技术。环境治理工程基地：在工业废水处理现场开展中试试验。环境风险评估基地：参与某纳米材料生产园区的环境监测，利用 SP-ICP-MS 测定大气中 TiO_2 颗粒浓度，结合 FATE 模型预测生态风险等级。

纳米材料与环境效应领域的复合型人才培养，本质是对传统学科教育范式的重构。通过打破“材料-环境-生物-工程”的学科壁垒，构建“理论教学-实践创新-产业转化-国际视野”的立体化培养体系，才能培育出既懂纳米材料设计，又能解决复杂环境问题，兼具技术创新与风险管控能力的新时代人才。这一体系的持续完善，不仅是高校教育改革的重要

实践，更是推动纳米技术环境安全应用、实现“双碳”目标的核心智力保障。随着人工智能、合成生物学等新技术的融入，未来的培养体系将更加注重“学科深度交叉＋技术快速迭代＋全球问题导向”，为解决人类面临的共同环境挑战输送更多跨维度创新人才。

纳米二氧化钛与典型污染物在环境界面的交互作用研究，既是揭示纳米材料环境行为的科学前沿，也是推动其安全高效应用的技术基石。未来研究需突破单一尺度、简化体系的局限性，构建“微观机制-介观行为-宏观效应”的多维度研究框架，开发融合绿色化学、信息技术、生物技术的新型污染控制技术，建立基于大数据和人工智能的环境风险动态评估体系。通过跨学科协同创新与全链条管理体系建设，有望实现纳米技术从“实验室研发”到“规模化应用”的安全过渡，为解决全球环境挑战提供可持续的解决方案。随着研究的深入，纳米二氧化钛在环境治理中的潜力将进一步释放，助力人类迈向绿色低碳的可持续发展未来。

参考文献

[1] 张莹，陈光才，刘泓. 纳米颗粒的土壤环境行为及其生态毒性研究进展[J]. 江苏农业科学, 2018, 46(13): 8-12.

[2] 杨显玉，吕雅琼，邵平，等. 四川盆地大气氨与氮氧化物排放对细颗粒物污染的影响及减排潜力[J]. 中国环境科学, 2022, 42(08): 3502-3511.

[3] 袁小燕，叶芝祥，钱骏. 二氧化硫在成都市大气颗粒物表面非均相反应初探[C/OL]. 中国环境科学学会 2016 年学术年会, 2016.

[4] 吴旭东. 南极半岛自然环境与人居环境大气颗粒物特征与关键影响因素分析[D]. 合肥: 中国科学技术大学, 2024.

[5] 胡洪营，夏军，陈卓，等. 新污染物的水环境伦理问题及对策[J]. 环境工程, 2025, 43(01): 1-11.

[6] 王思权. 皖江下游地区持久性有机物的界面交换[D]. 芜湖: 安徽师范大学, 2017.

[7] 周庆红. 采煤沉陷水体底泥—水界面持久性有机污染物迁移行为研究[D]. 淮南: 安徽理工大学, 2015.

[8] 许梦雅. 洞庭湖沉积物磷-镉交互作用及机理研究[D]. 长沙: 中南林业科技大学, 2024.

[9] 郭东明. 微细颗粒物及痕量有害物质污染治理技术[M]. 北京: 化学工业出版社, 2019.

[10] 刘宏芳. 地下水中硒污染的原位纳米材料修复研究[M]. 北京: 化学工业出版社, 2020.

[11] 冉鑫，杨龙，屈庆. 功能碳及贵金属纳米材料的制备及应用[M]. 北京: 化学工业出版社, 2023.

[12] 刘蕊. 二氧化钛与氮化碳基光催化材料——制备、性能及表征[M]. 3 版. 北京: 化学工业出版社, 2024.

[13] 柯扬船. 聚合物-无机纳米复合材料[M]. 北京: 化学工业出版社, 2003.

[14] 廖蕾. 金属氧化物半导体纳米线的物性研究及器件研制[M]. 武汉: 武汉理工大学出版社, 2017.

[15] 孙广. 氧化物半导体气敏材料制备与性能[M]. 北京: 化学工业出版社, 2018.

图 2-2　具有显著荧光性能的零维碳纳米材料：碳量子点

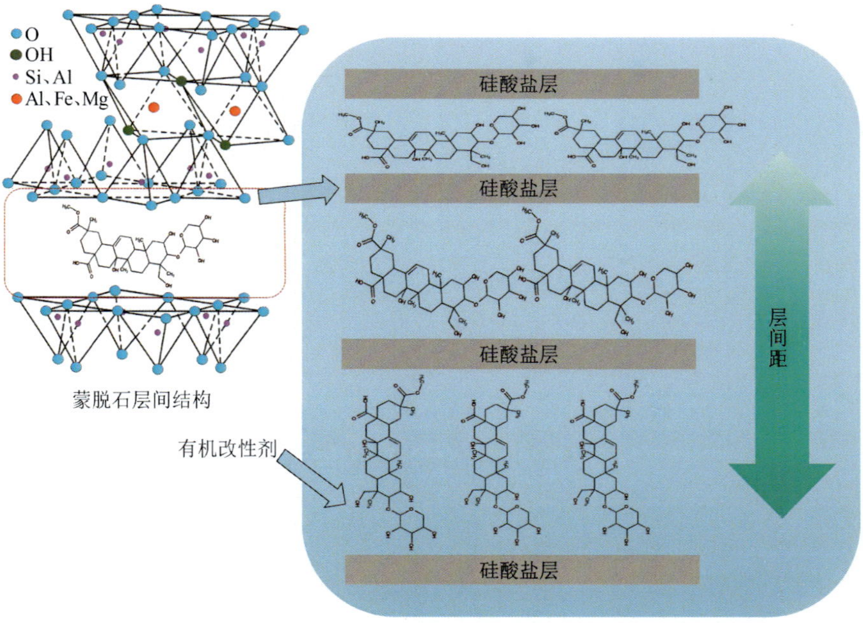

图 2-9　纳米黏土矿物的有机改性机制（层间插层）示意（有机改性在层间的不同排列方式改变了蒙脱石层间距）

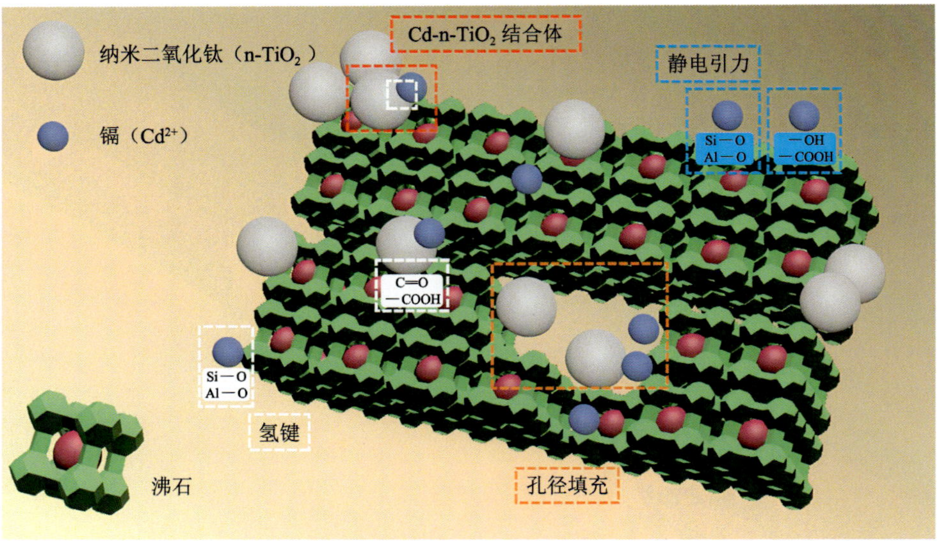

图 4-12　复合体系中 Cd^{2+}和 n-TiO_2在沸石表面的共吸附机制

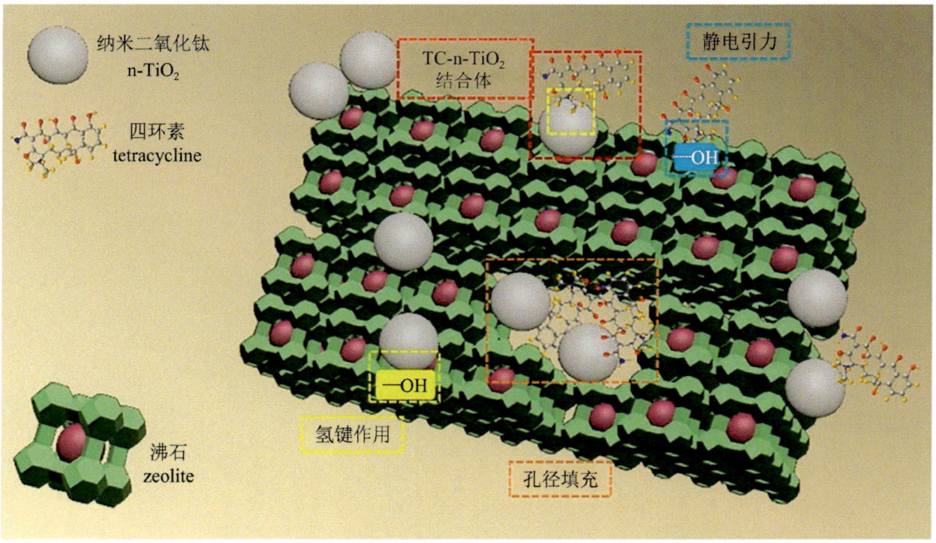

图 4-22　TC + n-TiO_2复合体系中 TC 和 n-TiO_2在沸石上的共吸附机制

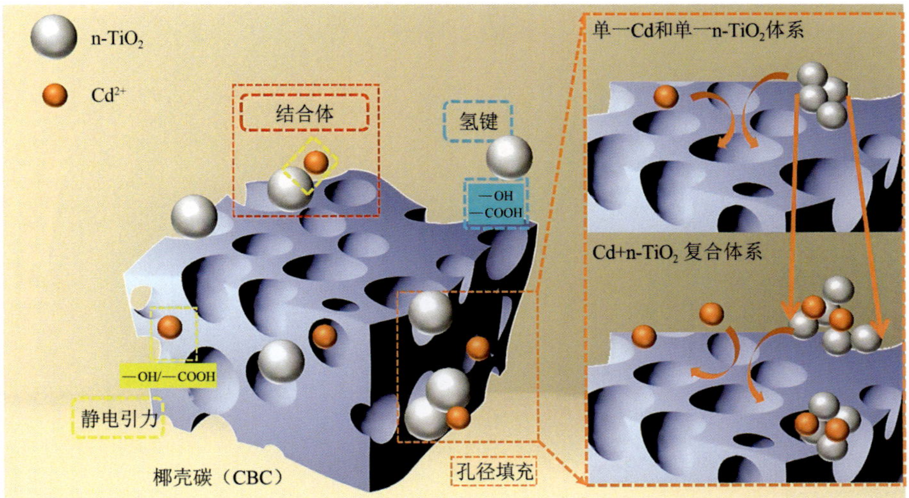

图 4-34　共存体系中 Cd^{2+}和 n-TiO$_2$之间的拮抗作用机制

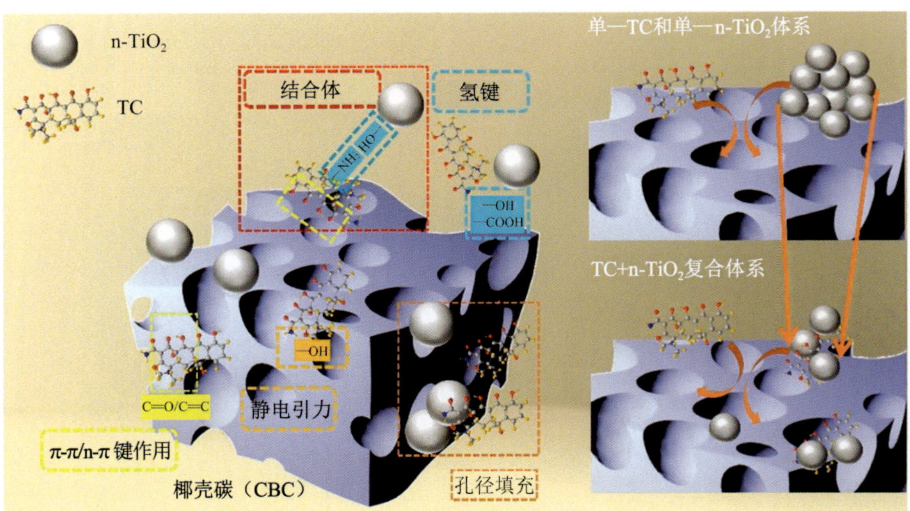

图 4-42　TC + n-TiO$_2$复合体系中 TC 和 n-TiO$_2$在椰壳炭上的共吸附机制

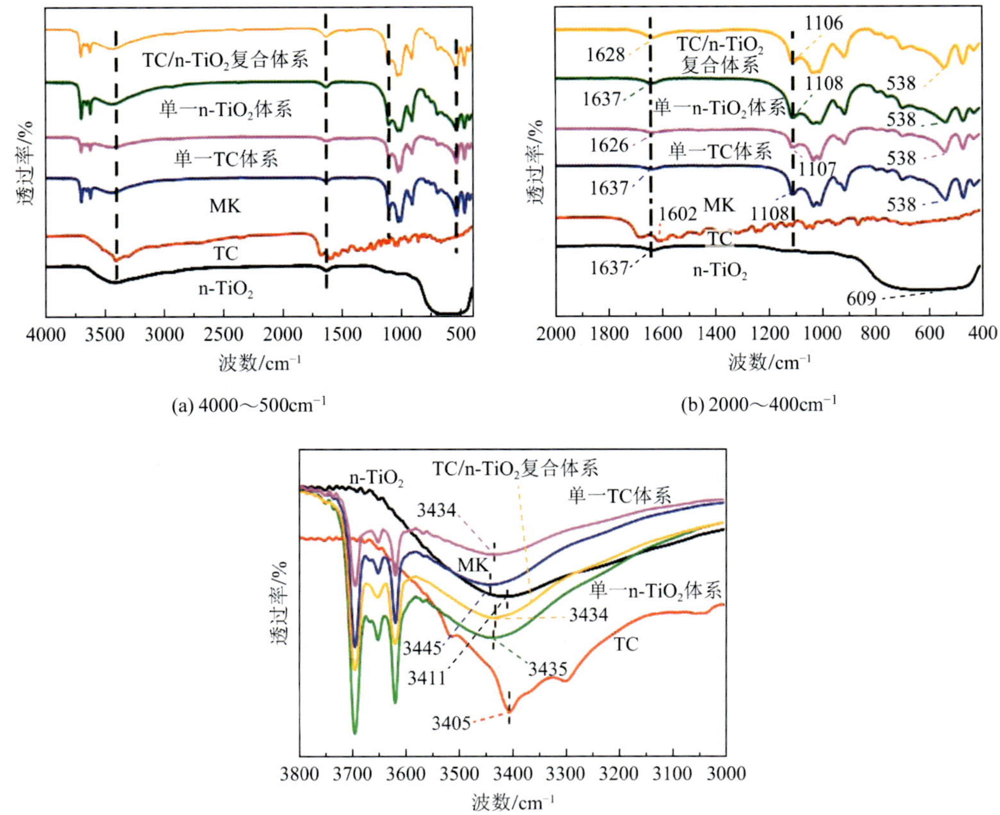

(a) 4000～500cm^{-1}

(b) 2000～400cm^{-1}

(c) 3800～3000cm^{-1}

图 5-15 单一和复合体系中磁化高岭土吸附后的 FT-IR 图谱

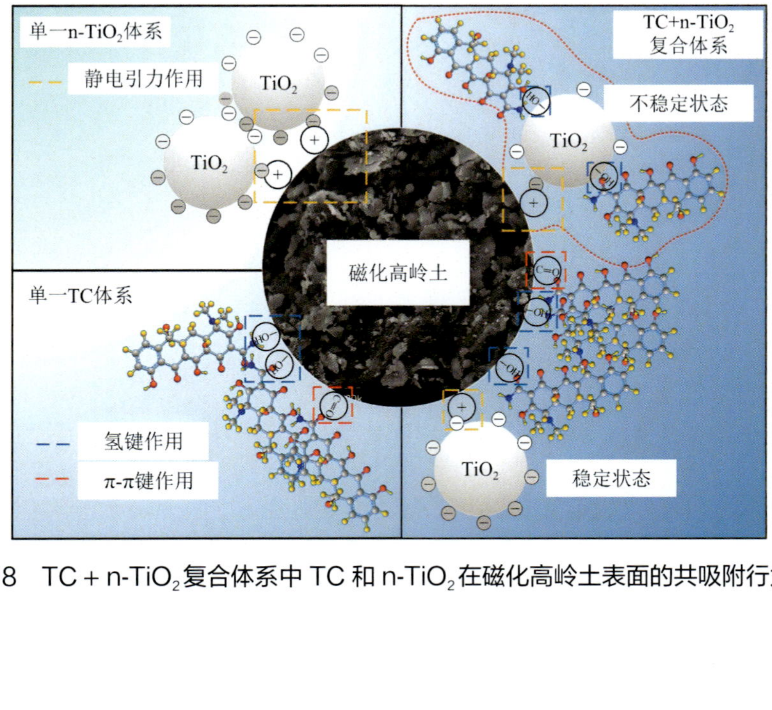

图 5-18 TC + n-TiO$_2$复合体系中 TC 和 n-TiO$_2$在磁化高岭土表面的共吸附行为机制